国家自然科学基金项目(52174074、51704098)资助
河南省优秀青年科学基金项目(222300420048)资助
河南省高校科技创新人才项目(23HASTITO12)资助
河南理工大学杰出青年基金项目(J2021-4)资助

深部巷道围岩能量耗散与卸压支护调控技术

王　猛　著

中国矿业大学出版社
・徐州・

图书在版编目(CIP)数据

深部巷道围岩能量耗散与卸压支护调控技术 / 王猛著.—徐州：中国矿业大学出版社，2023.2

ISBN 978 - 7 - 5646 - 5708 - 6

Ⅰ.①深… Ⅱ.①王… Ⅲ.①巷道围岩—能量消耗—研究②巷道围岩—卸压—巷道支护—研究 Ⅳ.①TD263

中国国家版本馆 CIP 数据核字(2023)第 029932 号

书　　名 深部巷道围岩能量耗散与卸压支护调控技术

著　　者 王　猛

责任编辑 章　毅

出版发行 中国矿业大学出版社有限责任公司

（江苏省徐州市解放南路　邮编 221008）

营销热线 (0516)83885370　83884103

出版服务 (0516)83995789　83884920

网　　址 http://www.cumtp.com　**E-mail**:cumtpvip@cumtp.com

印　　刷 苏州市古得堡数码印刷有限公司

开　　本 787 mm×1092 mm　1/16　**印张** 12　**字数** 235 千字

版次印次 2023 年 2 月第 1 版　2023 年 2 月第 1 次印刷

定　　价 52.00 元

前　言

煤矿进入深部开采阶段后，煤岩体在高地应力、高地温以及高渗透压的长时间作用下，其内部组织结构、力学行为响应等特征发生了根本性变化，从而导致巷道易发生非线性大变形，给矿井安全高效生产带来了严峻挑战。围岩应力、岩性和支护是影响深部巷道稳定的三大要素，单纯从岩性和支护方面控制深部巷道变形往往难以取得满意效果，而相对降低围岩应力才是控制深部巷道稳定的根本。本书聚焦深部巷道围岩控制问题，采用实验室试验、数值模拟、理论分析和现场工业性试验等方法，基于能量守恒和有限差分等理论，开发了煤岩破坏能量耗散新算法，提出了深部巷道围岩失稳的能量判据，研究了钻孔卸压和主动支护对深部巷道围岩能量演化及稳定的调控效应，指导了深部巷道支护设计，主要研究成果有：① 开发了损伤煤岩能量耗散有限差分算法，定位了巷道主破坏位置和主裂隙通道，突破了损伤煤岩稳定状态的定量评估难题；② 研究了巷道埋深、侧压系数、断面形状对深部巷道围岩耗散能演化的影响规律，提出了深部巷道灾变失稳的能量判据；③ 研究了卸压钻孔长度、直径和间排距对深部巷道能量耗散的影响规律，从能量角度提出了卸压参数的确定方法；④ 推导了锚杆吸能和极限储能的表达式，研究了锚杆预紧力、长度、间排距、锚固性能等参数对深部巷道能量耗散及稳定性的调控规律，开发了深部巷道卸压支护调控技术。

本书共 6 章，第 1 章介绍本书的研究背景、意义及国内外研究现状；第 2 章介绍了实验室试验和煤岩耗散能有限差分算法的开发过程，同时基于工程现场验证了能量模型的合理性；第 3 章介绍了深部巷道和深部卸压巷道围岩能量耗散和变形特征，从能量角度阐述了钻孔卸压对深部巷道围岩稳定的作用规律，提出了卸压钻孔参数的确定方法；第 4 章基于深部巷道“支护-围岩”弹塑性力学模型，研究了锚杆支护对深部巷道围岩稳定的调控效应，从能量角度给出了支护（加固）参数的理论确定依据；第 5 章介绍了研究成果在工程现场的应用；第 6 章对本书所做的工作进行了总结。

在本书的编写过程中，参考了国内外文献资料，工程应用过程中得到了徐州矿务集团有限公司、宿州煤电（集团）有限公司等煤炭企业管理人员和工程技术人员的大力支持。同时，本书的出版得到了国家自然科学基金面上项目

(52174074)、国家自然科学基金青年基金项目(51704098)、河南省优秀青年科学基金项目(222300420048)、河南省高校科技创新人才项目(23HASTITO12)和河南理工大学杰出青年基金项目(J2021-4)的资助。此外,本书编写过程中,郑冬杰、宋子枫、夏恩乐、张洋等人在文字录入、图表绘制方面做了大量工作,在此一并表示感谢。

由于作者水平有限,书中难免存在疏漏之处,恳请读者批评指正。

著　者

2022年10月

目　录

1 绪 论

1.1 研究背景与意义

煤炭作为促进我国经济发展的主要化石能源之一，在能源生产和消费结构中所占比例长期保持在 60%左右[1-2]。在“十三五”期间，我国煤炭消费量年均增速维持在 0.7%左右[3]，为我国经济发展做出了重要贡献。虽然我国近年来大力推进并优化多元化的能源消费结构，但是从国家能源资源和安全战略考虑，在相当长的时间内，煤炭作为我国主体能源消费的地位不会改变[2,4-5]。目前，我国 80%以上的煤炭产量来自井工开采，这需要在地下开掘大量巷道。有关数据显示，我国煤矿每年新掘进的巷道总长度已经超过了 1.2×10^4 km，巷道的维护效果直接影响着矿井的安全高效生产[6]。

随着煤炭需求量和开采强度的不断增加，我国浅部煤炭资源逐渐枯竭，目前，我国中东部矿区已进入深部开采阶段[7-10]。据不完全统计，中东部矿区开采深度超过 800 m 的煤矿有 100 余处[9]，开采深度并以每年 10～25 m 的速度增加[6]。随着煤矿开采深度的增加，煤岩体在高地应力、高地温以及高渗透压的长时间作用下，其内部的组织结构、力学行为响应等特征均发生了根本性的变化，从而导致巷道出现了不同程度的非线性大变形（如图 1-1 所示），给矿井的安全生产带来了严重的影响[10-19]。因此，深部巷道围岩的稳定控制问题已成为制约深部矿井安全高效生产的关键因素之一。

为控制深部巷道围岩的稳定，国内外学者经过大量研究，指出围岩应力、岩性和支护是影响巷道稳定的三大因素。但是单纯从支护方面控制深部巷道变形是相当困难的，而相对降低围岩应力才是控制该类巷道变形的根本[20-25]。巷道应力转移的实质是采用人为方法降低围岩所处的环境应力或改变围岩的应力分布，从而减小围岩破裂范围，保持巷道长期稳定。工程实践表明，对于一些极难维护的高应力巷道，应力转移可以比加强支护和围岩加固取得更好的矿压控制

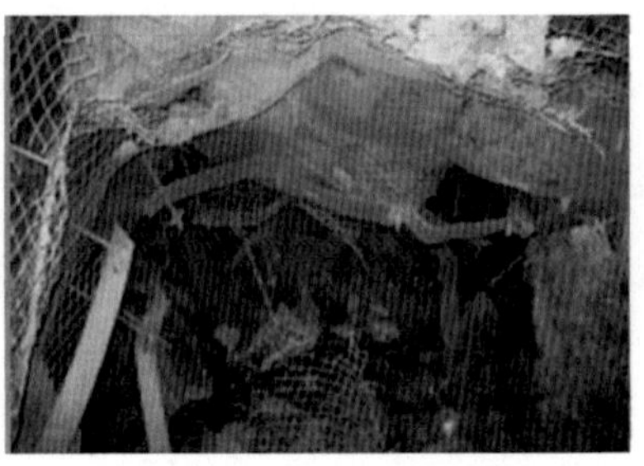

图 1-1　深部巷道大变形照片

效果[26-29]。但是，基于应力转移的诸多卸压技术将对开挖卸荷后的煤岩体产生二次损伤[30]，卸压后巷道围岩承载能力及结构稳定性均得到不同程度的弱化，支护体受力也会产生动态响应，同时支护又对卸压诱发围岩的二次破坏具有一定的抑制作用，即卸压效果和围岩稳定状态受到卸压与支护两个关键因素的共同影响[31]。无法准确揭示卸压与围岩强度损伤的关系，也就无法针对性地给出巷道支护技术及参数，导致目前深部巷道常用的卸压技术设计总是参考一些经验，无法提供科学、准确的卸压方案与支护技术，制约了卸压技术在深部巷道支护工程中的推广应用。

热力学定律认为能量驱动物质破坏，岩体在变形破坏过程中始终与外界存在着能量的交换：积聚、耗散、转化和释放等[32]。从能量角度揭示巷道围岩变形失稳特征更符合煤岩体破坏的力学本质。因此本书采用现场调研、室内试验、数值模拟、理论分析和现场工业性试验等方法，基于能量平衡和有限差分理论，推导煤岩能量计算的有限差分方程，编制能量计算模型的有限差分程序，结合建立锚杆支护与围岩能量耦合模型，从卸压、支护与围岩三要素出发，分析能量场与支护场控制围岩稳定的耦合效应，揭示“卸压-支护”与围岩稳定的耦合作用机理，提出卸压与支护技术及参数的确定方法，为深部巷道围岩稳定控制提供一条合理有效的途径，丰富巷内卸压理论与深部巷道围岩稳定控制理论[33]。

1.2　国内外研究现状

国外从 20 世纪 80 年代已经针对深部矿井问题展开深入研究，国际岩石力学学会(International Society for Rock Mechanics，ISRM)于 1989 年在法国召开主题为“深部岩石力学”的国际会议，会议专家主张对深部开采问题展开相应的专题研究。我国采矿专家在20世纪90年代初也开始关注深部矿井开采问题[34]，并相继列为国家“九五”计划、“十五”计划的重点研究课题，取得了丰富的研究成果，推动了深部巷道控制理论的发展[35]，在“十三五”期间，将“深部岩体力学与开采理论”列入国家重点研发计划项目[36]。

1.2.1 深部巷道围岩控制理论与技术

深部巷道围岩的稳定控制是保证深部煤炭资源安全高效开采的前提[37]。由于深部煤岩体长期受到高地应力、高地温、高渗透压及强时间效应的影响，其组织结构、力学行为特征及工程响应均发生了根本性变化，巷道掘出后极易表现出非线性大变形特征，围岩稳定控制原理必然不同于传统浅部巷道。深部巷道支护常允许围岩产生一定的塑性破坏，释放部分积聚在围岩内部的弹性变形能[38-41]，而维护巷道稳定的关键在于控制弹性变形能的释放程度，即通过调控卸(让)压与支护的耦合作用关系达到控制围岩稳定的目的，因此，在浅部巷道中常采用的一些单一控制手段(如锚网喷、砌碹和金属支架等)应用于深部巷道后往往不能解决问题。

现阶段，许多学者采用弹塑性理论和蠕变理论研究深部巷道围岩稳定控制的问题[42]。绝大部分学者认为深部巷道的变形包括2个阶段：① 初期变形阶段，巷道开挖后，巷道围岩强度受到扰动急剧衰减，主要表现为弹塑性变形；② 后期蠕变阶段，初期弹塑性变形基本结束，巷道围岩变形随时间的变化而逐渐增大，主要表现为时间效应的蠕变[43]。在围岩弹塑性变形研究领域，E. Hoke等[44]把残余强度引入Mohr-Coulomb(莫尔-库仑)准则中进行计算；于学馥等[45-48]通过分析岩石的应变软化、扩容和残余变形等破坏特征，修正了弹塑性解析解。

经过大量工程实践，很多学者意识到岩体应力场、力学性质及变形破坏特征等随着时间的变化而逐渐变化，时间效应对工程岩体的动态特征及支护设计具有非常重要的意义，并开始注重于岩石(体)流变的研究。有学者曾将流变学引入岩土工程领域进行研究，将岩石(体)的流变理论引入岩体力学，从理论上解答了围岩稳定性与时间的关系。随着研究的深入，许多学者采用实验室试验和实际测量，选取岩石的弹塑性和黏滞性来设定一些基本元件，通过调整模型参数及组合元件数目，给流变问题的解答开辟了新的路径，具有代表性的有广义Kelvin(开尔文)模型、Burgers(伯格斯)模型、Poynting-Thomson模型、西原模型等。

为解决深部巷道支护难题，国内外学者通过大量研究，提出了一系列的稳定控制理论，比较有代表性的有“能量支护理论”、“联合支护理论”和“应力控制理论”等。M.D.G. Salamon 于 20 世纪 70 年代提出了“能量支护理论”，认为支护与围岩存在能量的传递与交换，围岩在变形过程中释放一部分能量，支护结构吸收一部分能量，总能量遵循守恒定律，主张利用支护结构控制围岩的能量释放[49-50]。之后，苏联煤矿科学院提出了巷道支护的能量原理，认为巷道开挖引起的应力重分布、变形和破裂过程存在能量耗散，围岩总能量一部分用于岩体变形破裂，另一部分消耗于引起支护的受力与位移，当围岩释放能量与支护体储存能量达到平衡时，围岩与支护便处于稳定状态[51]。基于能量守恒理论，谢和平等[52-53]研究了岩石变形破坏过程中能量耗散和释放与岩石强度和整体破坏的内在联系，建立了基于能量耗散的强度丧失准则和基于可释放应变能的整体破坏准则，讨论了隧洞围岩发生整体破坏的临界条件，为现场工程的支护设计提供了理论基础；张斌川[54]建立了开挖岩体与支护能量的关系模型，提出了以能量释放稳定临界点为合理支护时机，指导了深部软岩巷道的支护设计；高明仕等[55]推导了在震源冲击扰动时巷道围岩的能量失稳准则，据此对冲击地压巷道进行了防冲支护设计；王桂峰等[56]通过分析锚网索支护的防冲机制，从支护构建柔性吸能和能量平衡角度，反求了巷道支护防冲能力及支护参数；单仁亮等[57]通过建立让压锚杆能量本构模型，推导了锚杆支护设计参数的计算公式，指导了巷道锚杆支护设计。

与“能量支护理论”同期，奥地利工程师 L.V. Rabcevicz 提出了“新奥法支护理论”，认为支护结构与围岩共同承担围岩压力，其中围岩为主要承载体，还指出合理支护体系应充分发挥围岩自身的承载能力[58-59]；之后，张国云等[60-62]全面论述了新奥地利隧道施工法（以下简称“新奥法”）的基本思想和主要原则，并将其概括为 22 条，用于支护设计、施工、监测反馈等各项工作，形成了比较完整的理论体系；冯豫[63]在对“新奥法支护理论”深入研究的基础上，提出了“联合支护理论”，主张对深部大变形巷道的控制应遵循“先柔后刚、先让后抗、柔让适度、稳定支护”的原则，并由此发展起来了锚喷网索、锚喷网架、锚带网架、锚带喷架等联合支护技术；J.Sun 等[64-66]对“联合支护理论”的应用展开了进一步的研究，提出了“锚喷-弧板支护理论”，认为支护不能总是强调释放压力，压力释放至一定程度后要采取刚性支撑，坚决限制和控制围岩变形。20 世纪 80 年代，苏联学者在总结工程经验的基础上提出了“应力控制理论”[67]，认为巷道开挖卸荷将释放部分应力，同时又向深部围岩转移部分应力，剩余的围岩应力将由支护结构承担,采用局部弱化手段调节围岩应力分布状态,改善巷道的应力环境,能够有效地提高围岩稳定性[68],由此开发了分阶段导巷掘进卸压、松动爆破卸压[69]、开槽(缝)卸压及钻孔卸压技术[70],取得了良好的围岩控制效果。近年来,随着能量平衡、新奥法及应力控制等支护理论在工程实践中的不断革新,深部巷道稳定控制理论得到了丰富的发展,如我国学者相继提出了"松动圈支护理论""主次承载区支护理论""围岩强度强化理论""高预紧力强力支护理论""工程地质学支护理论""关键部位耦合支护理论"等[71-75],并开发了相应的围岩稳定控制技术,很大程度上推动了深部巷道稳定控制理论的发展。

总体来讲,对于深部高应力巷道,延用浅部巷道控制理念及支护技术很难控制开挖后围岩大变形,无论是"能量支护理论""联合支护理论""应力控制理论",还是后期发展的诸多围岩控制理论,都讲究多种控制技术、支护工序与围岩强度和刚度的耦合,同时又特别强调"适度"的概念,如"应力控制理论",卸压虽在一定程度上具有释放和转移围岩高应力的作用,同时也将对开挖卸荷后煤岩体产生二次损伤,若卸压程度过大,塑性区内围岩强度损伤程度过高,必将严重降低支护体承载能力及围岩结构稳定性,诱发巷道灾变失稳,得不偿失。再如"联合支护理论",其控制围岩稳定的关键在于"柔让适度",即一次让压支护允许巷道稳定塑性区的有控扩展,二次支护则应保证最大限度发挥稳定塑性区的承载能力,限制非稳定塑性区的大范围扩展,为此,二次支护时机成为决定与评判"柔让适度"的重要指标。而在工程现场,由于真实揭示卸(让)压引起的围岩强度损伤规律与破裂区扩展规律相对比较困难,也就无法定量分析卸(让)压效果及评估围岩的稳定状态,"适度卸(让)压"多停留在定性分析阶段,导致深部巷道支护工程中卸(让)压及支护参数的确定依靠经验类比的成分居多,不能提出科学、准确的围岩控制方案,无法取得满意的围岩控制效果。

1.2.2 深部巷道卸压控制理论与技术

卸压技术起源于苏联,后在德国、英国、波兰、美国、日本等国家的深部矿井均有不同程度的应用和发展,积累了许多宝贵的经验[76]。例如,德国采矿专家研发了由钢套管和让压件组成的钢套管组合支架,配合使用底板开槽等应力转移技术;波兰的巷道支护主要采用重型金属可缩性封闭支架,辅以钻孔、松动爆破等卸压技术改善巷道应力环境;苏联的深部矿井采用有限让压装配式支架与松动爆破卸压等联合控制技术。我国在借鉴国外工程实践经验的基础上,卸压-支护技术也取得了较大进步,如淮南矿业(集团)有限责任公司在深部矿井支护中率先采用"锚喷-弧板""锚喷-可缩性支架"等支护方法，并配合使用钻孔、开槽等应力转移技术，取得较好的效果，成功解决了该矿复杂条件下巷道的支护难题。

各国学者对于卸压机理的普遍认识是：卸压从降低围岩应力的角度出发，通过一些人为的措施，在巷道内部或外部形成若干破坏区域，改变巷道所处的应力环境，降低巷道附近原本较高的围岩应力，使巷道处于应力降低区，充分发挥围岩的自承能力，达到保持巷道稳定的目的[26,36-44]。目前，国内外深部矿井常用的卸压技术概括起来主要包括巷内卸压技术和巷外卸压技术两种。其中，巷外卸压是通过掘进卸压巷或开采解放层等方法在巷道外部形成一定范围的卸压区，利用围岩应力重新分布的特点将巷道布置在应力降低区内，达到有效改善巷道维护状况的一种技术措施[26]。例如，美国基姆·瓦尔特公司、苏联罗文无烟煤联合公司主要采用掘进卸压巷的方法维护深部高应力巷道，我国阳泉、鹤壁、淮北、开滦等矿区采用开采解放层的方法改善巷道应力环境，均取得较好的巷道维护效果[77]。巷内卸压技术则是针对高应力巷道开挖后围岩产生较大的膨胀变形，采用加强支护也难以维护其稳定的情况，通过在巷道内对围岩采取钻孔、松动爆破、切缝、开槽、掘导巷等措施，使巷道壁内的围岩形成一定深度的弱化区，将围岩浅部的集中应力转移至较深处，以达到控制围岩变形、保持巷道稳定的目的。巷内卸压技术的诸多方法在其作用原理方面基本类似，只是卸压工艺有所差别。相比于巷外卸压技术，巷内卸压技术具有工艺简单、施工方便、工程量小等优点，其应用范围更为广泛。在经历多年改进与发展的基础上，巷内卸压技术已成功应用于各国的生产实践，促进了深部巷道卸压理论的快速发展，如钻孔卸压技术成功应用于德国的索菲亚·雅可巴煤矿、比利时的贝莱恩煤矿等；松动爆破技术应用于苏联的基洛夫斯卡娅煤矿以及我国的芦岭煤矿、朱仙庄煤矿等；开槽、切缝技术在德国、苏联等许多深部矿井中进行了大量的工业性试验，取得了良好的围岩控制效果。

实践证明，巷内卸压技术是主动降低巷道围岩应力，防止巷道产生强烈变形的一种有效技术措施，与通常采用的增强支护强度的加固法相比，采用巷内卸压技术维护巷道可取得较好的技术经济效益。但由于巷内卸压技术的应用将对开挖卸荷后的煤岩体产生二次损伤，卸压后巷道围岩承载能力及结构稳定性均得到不同程度的弱化，以往对卸压技术的研究主要集中在卸压方法层面，未重视卸压程度与围岩稳定以及支护结构的相互作用关系，导致设计的卸压及支护参数的现场应用效果与理论设计出现较大偏差，如作者在博士论文中仅探讨了支护结构受力在卸压期间的动态响应特征，对于支护控制卸压效果及围岩稳定的耦合效应并未展开分析，导致后期支护参数设计偏大，巷道支护成本过高[78]；同时，由于从应力转移角度难以有效提出评估量化卸压、支护与围岩耦合作用的关键变量指标，卸压程度与卸压效果的评估仅停留在定性分析层面，无法给出卸压技术的适用条件及关键参数的确定方法，也就无法形成完整的卸压理论体系。上述问题的存在导致目前深部巷道常用的卸压技术设计多是参考一些经验，无法提供科学、准确的卸压方案与支护技术，制约了巷内卸压技术在深部巷道支护工程中的推广应用。

1.3 存在的问题

深部巷道掘进初期即表现出强烈的碎胀扩容变形，之后受时间效应影响围岩发生蠕变，给深部巷道围岩稳定维护带来了极大的困难[79]。当前，国内外学者虽在深部巷道卸压弱化控制方面取得了一些进展，但对卸压-支护耦合作用机制的研究较少，主要体现在以下几个方面：

(1) 以往对卸压技术的研究主要集中在卸压方法层面，对于卸压程度与围岩强度损伤关系及卸压后围岩行为特征响应的研究相对较少；

(2) 研究过程中忽略了支护对卸压程度及围岩稳定状态的影响，常导致巷道难以取得满意的卸压效果或无法有效控制卸压后围岩的蠕变，限制了卸压技术的应用领域；

(3) 仅从应力转移和变形控制角度研究卸压机理无法有效评估量化卸压后围岩的稳定状态，给卸压与支护技术设计带来了极大困难；

(4) 卸压技术体系不够完善，缺少卸压技术适用条件、卸压参数和支护技术及参数的确定方法。

以上问题的存在导致目前深部巷道常用的卸压技术设计多是参考一些经验，无法提供科学、准确的卸压方案与支护技术，制约了卸压技术在深部巷道支护工程中的推广应用，很难取得满意的巷道支护效果。

1.4 主要研究内容与方法

本书以深部高应力巷道作为研究对象，结合徐州矿务集团有限公司三河尖煤矿和宿州煤电(集团)有限公司界沟煤矿实际生产地质条件和支护现状，基于能量守恒、有限差分等理论，综合采用现场调研、室内试验、数值模拟、理论分析和工业性试验等方法，系统研究深部巷道围岩能量耗散与卸压支护调控技术，主要研究内容如下：

(1) 煤岩能量耗散模型的开发与应用

基于能量守恒和有限差分理论，推导煤岩体弹性能和耗散能的有限差分方程，编制能量耗散模型的有限差分程序，实现对数值模拟软件的二次开发，补充数值软件能量计算模块。依据室内试验和数值模拟的结果对比，校验能量耗散模型的合理性，反演数值模拟煤岩体物理力学参数，为后续理论和数值分析研究提供基础。

(2) 深部巷道变形破坏特征与能量耗散特征

利用开发的煤岩能量耗散模型，建立深部巷道三维数值分析模型，研究巷道埋深、侧压系数、断面形状等不同条件下巷道围岩变形破坏特征与能量耗散特征，揭示巷道围岩变形破坏与能量耗散间的内在联系，选取合理的变量指标量化评估围岩稳定性，定位巷道主破坏位置与主裂隙通道。

(3) 深部卸压巷道能量耗散规律与卸压参数确定

选取钻孔卸压技术作为研究对象，建立深部巷道钻孔卸压数值分析模型，研究钻孔参数(长度、直径、间排距等)对深部巷道能量耗散与围岩稳定的影响规律，揭示深部巷道卸压弱化控制机理，从能量耗散角度提出卸压钻孔参数的确定方法，为井巷工程卸压钻孔设计提供理论依据，完善深部巷道的巷内卸压技术体系。

(4) 深部巷道围岩能量耗散的支护调控效应

建立锚杆支护与围岩力学分析模型，提出围岩耗散能力学表征方法，推导锚杆支护吸能和极限储能数学表达式，建立锚杆支护控制围岩稳定的能量判据；利用数值分析模型，进一步验证锚杆支护参数对深部巷道和深部卸压巷道围岩能量耗散的调控效果，开发深部巷道卸压支护协同控制技术。

(5) 现场工业性试验

选取三河尖煤矿吴庄区运输大巷和界沟煤矿 1025 机巷作为试验地点进行现场工业性试验，针对试验巷道的生产地质条件，优化确定合理的卸压参数与支护参数。通过检测试验巷道的围岩变形、锚杆受力和围岩裂隙发育规律等矿压数据，检验并验证研究成果的合理性和可靠性。

根据上述研究内容及研究方法，确定研究技术路线如图 1-2 所示。

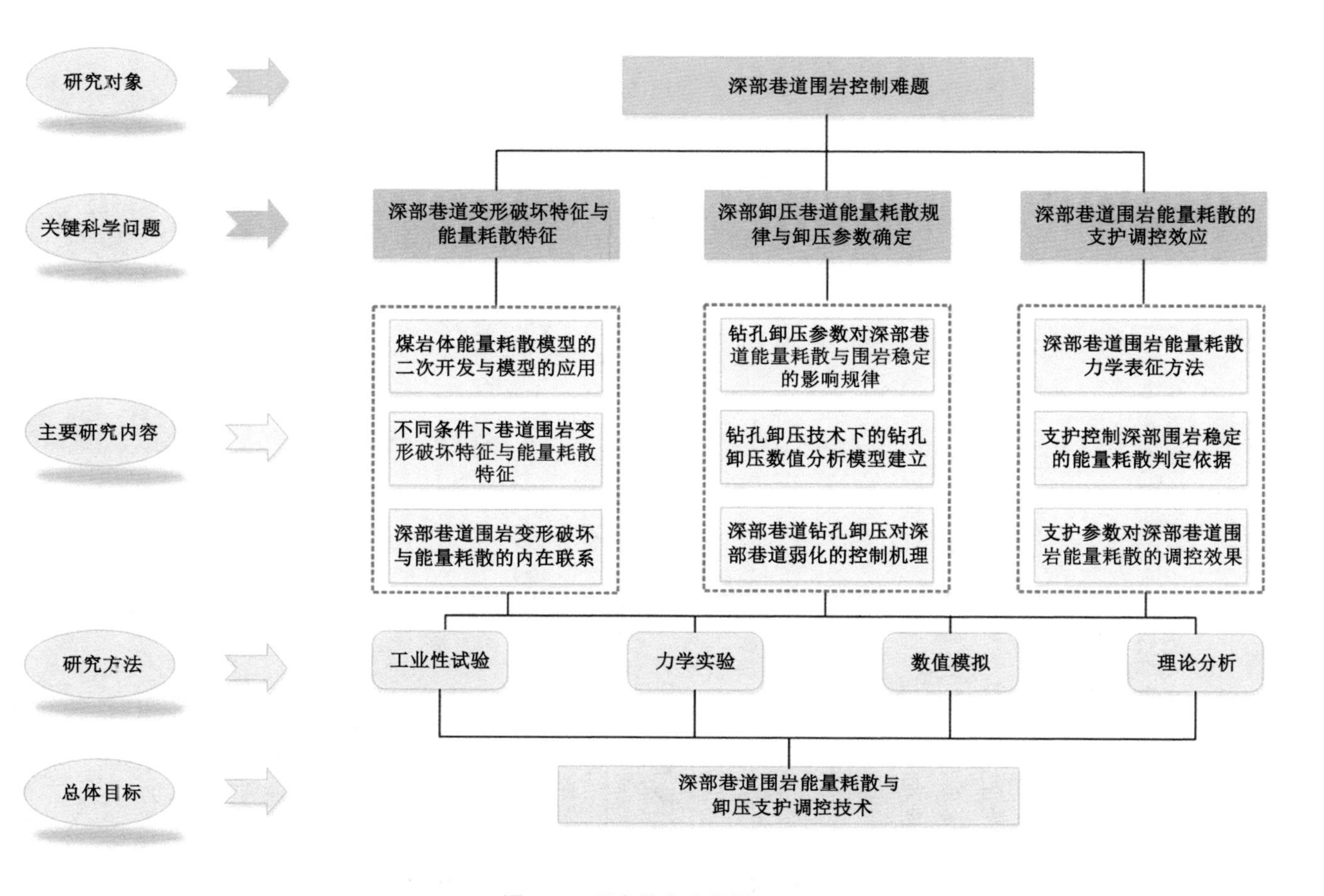
研究对象
关键科学问题
主要研究内容
研究方法
总体目标
深部巷道围岩控制难题
深部巷道变形破坏特征与能量耗散特征
深部卸压巷道能量耗散规律与卸压参数确定
深部巷道围岩能量耗散的支护调控效应
煤岩体能量耗散模型的二次开发与模型的应用
不同条件下巷道围岩变形破坏特征与能量耗散特征
深部巷道围岩变形破坏与能量耗散的内在联系
钻孔卸压参数对深部巷道能量耗散与围岩稳定的影响规律
钻孔卸压技术下的钻孔卸压数值分析模型建立
深部巷道钻孔卸压对深部巷道弱化的控制机理
深部巷道围岩能量耗散力学表征方法
支护控制深部围岩稳定的能量耗散判定依据
支护参数对深部巷道围岩能量耗散的调控效果
工业性试验
力学实验
数值模拟
理论分析
深部巷道围岩能量耗散与卸压支护调控技术

图 1-2 研究技术路线图

2　煤岩能量耗散模型的开发与应用

煤岩破坏是能量驱动下的一种状态失稳现象，从能量角度描述煤岩强度及变形行为是评价工程岩体安全和稳定性的有效途径之一。根据热力学定律，假设煤岩变形破坏在封闭系统内完成，与外界不存在热交换，则煤岩变形破坏可看成是弹性能和耗散能之间相互转换的结果。本章基于能量守恒和有限差分理论，推导了煤岩弹性能和耗散能的有限差分方程，编制了能量耗散模型的有限差分程序，实现对数值模拟软件的二次开发，补充数值软件能量计算模块。通过对比室内试验和数值模拟结果，校验了能量耗散模型的合理性，反演了煤岩体物理力学参数，为后续理论和数值模拟研究提供了基础。

2.1　室内岩石力学试验

2.1.1　试验岩样和设备

试验岩样取自三河尖煤矿吴庄区运输大巷，室内选取岩性均匀、结构完整性好的试件加工标准岩样，测定岩样的直径、高度等参数，并选取合适的岩样进行编号，如图2-1和表2-1所示。室内岩石力学试验采用河南理工大学GCTS RTX-3000岩石力学试验系统，如图2-2所示。GCTS RTX-3000岩石力学试验系统由计算机控制，可用于单轴压缩、三轴压缩、直接拉伸、巴西劈裂、断裂韧性、蠕变、水压致裂、渗透等试验，试验可采用应力、位移、应变等多种控制方式，其轴向刚度大、测试精度高。

图2-1　试验岩样

图2-2　GCTS RTX-3000岩石力学试验系统

表 2-1　试验岩样参数与试验方案

编号	岩性	直径/mm	高度/mm	质量/g	设计方案
UC0-1	砂岩	49.72	99.92	497.50	常规单轴压缩试验
UC0-2	砂岩	49.72	97.86	479.77	常规单轴压缩试验
UC1-1	砂岩	49.92	101.08	508.21	常规三轴压缩试验，σ_3=5 MPa
UC2-1	砂岩	50.06	100.22	495.62	常规三轴压缩试验，σ_3=10 MPa
UC3-1	砂岩	49.82	98.68	495.98	常规三轴压缩试验，σ_3=15 MPa
UC4-1	砂岩	50.06	99.98	498.57	常规三轴压缩试验，σ_3=20 MPa
UC5-1	砂岩	50.02	98.92	500.70	常规三轴压缩试验，σ_3=25 MPa
UC5-2	砂岩	50.04	96.22	479.39	常规三轴压缩试验，σ_3=25 MPa

注：σ_3 指围压，MPa。

2.1.2　室内岩石力学试验方案

采用常规单轴压缩、三轴压缩试验测定岩石试样的基本力学参数，为进一步研究岩石试样的能量演化提供基础数据，试验方案如下：

(1) 常规单轴压缩试验：采用轴向位移控制方式进行加载，位移加载速率为0.001 mm/s，入口力设为1 kN，岩样安装完毕后加载直至破坏，获取岩石单轴抗压强度及其应力-应变全过程曲线，试验设计2块岩样。

(2) 常规三轴压缩试验：第一步，采用应力控制加载模式，加载速率设为0.05 MPa/s，为保证试样稳定性，以偏应力($\sigma_1-\sigma_3$)=0.5 MPa，施加围压至5、10、15、20、25 MPa，分别相当于埋深200、400、600、800、1 000 m的岩层静水压力；第二步，采用轴向位移控制加载方式，位移速率为0.001 mm/s，加载至试样破坏，获取岩石三轴抗压强度及其应力-应变全过程曲线，试验设计6块岩样。

2.1.3　室内岩石力学测试结果

常规单轴压缩、三轴压缩试验对全过程的轴向应力、轴向应变、环向应变等参数进行采集，采集频率为0.2 s，图2-3给出了试样常规单轴压缩、三轴压缩试验过程中的轴向应变-偏应力[ε_1-($\sigma_1-\sigma_3$)]、轴向应变-环向应变(ε_1-ε_3)以及轴向应变-体积应变(ε_1-ε_v)曲线，图2-4给出了常规单轴压缩、三轴压缩试验岩石的破坏模式，具体测试结果如表2-2所示。

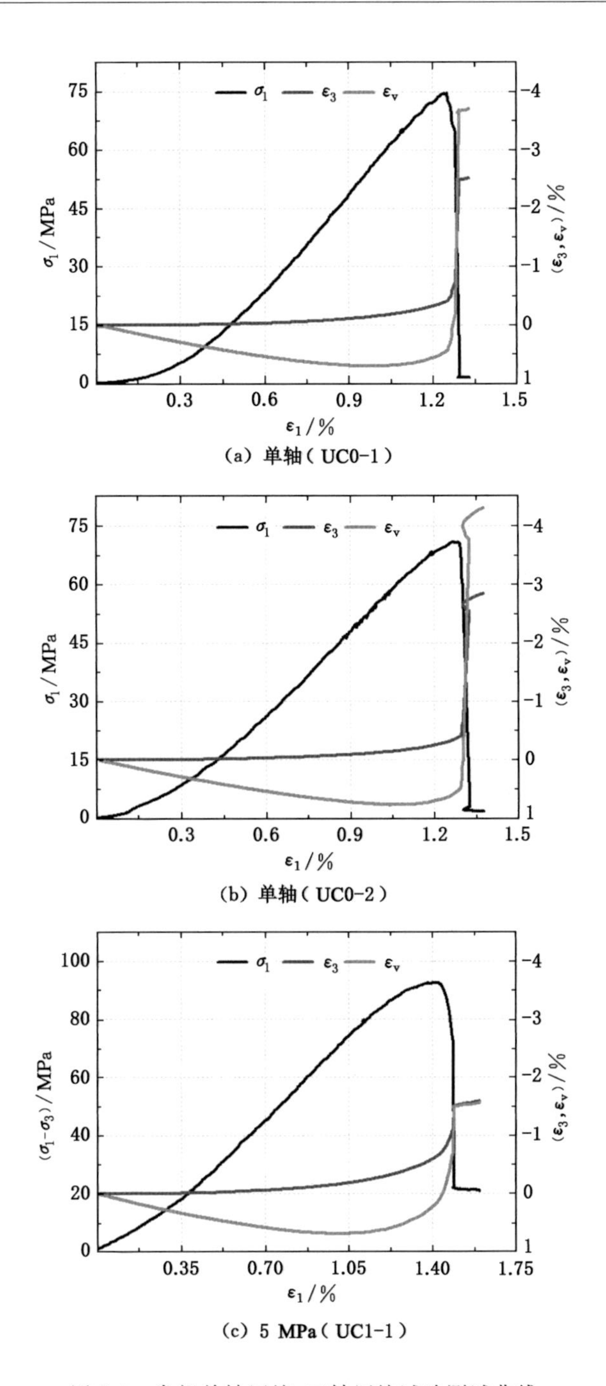

(a) 单轴（UC0-1）

(b) 单轴（UC0-2）

(c) 5 MPa（UC1-1）

图 2-3　常规单轴压缩、三轴压缩试验测试曲线

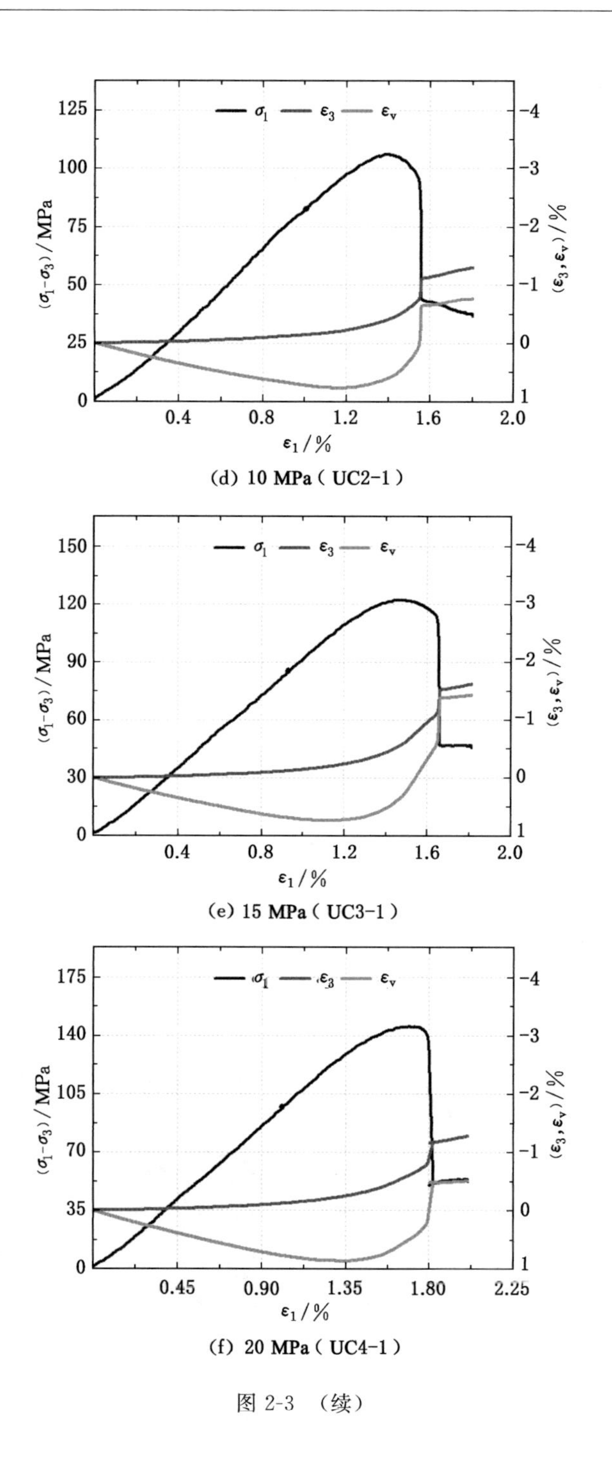

(d) 10 MPa (UC2-1)

(e) 15 MPa (UC3-1)

(f) 20 MPa (UC4-1)

图 2-3 （续）

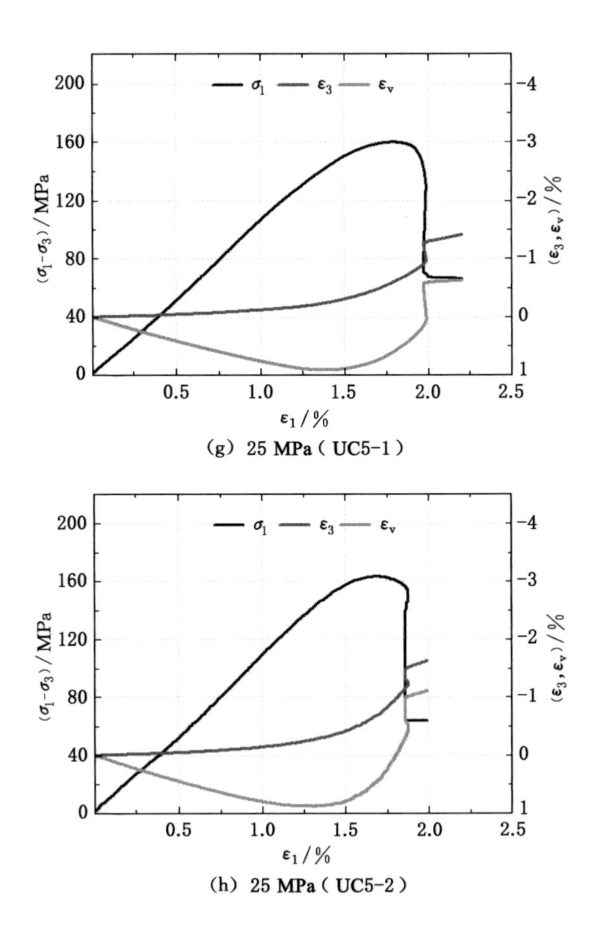

(g) 25 MPa (UC5-1)

(h) 25 MPa (UC5-2)

图 2-3 （续）

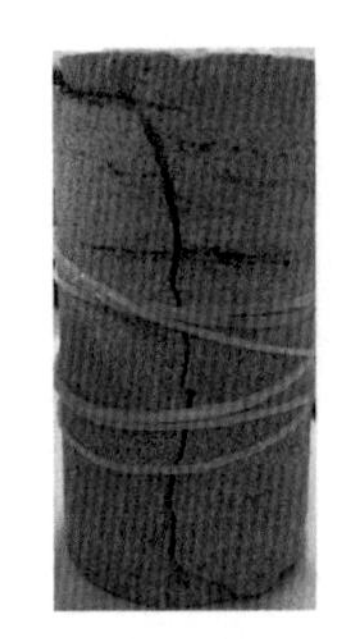

(a) 单轴 (UC0-1)

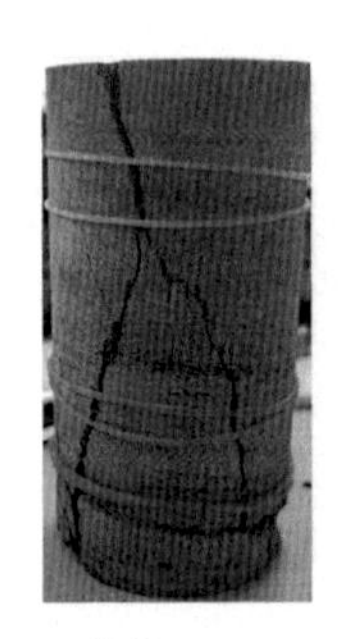

(b) 单轴 (UC0-2)

(c) 5 MPa (UC1-1)

(d) 10 MPa (UC2-1)

图 2-4　常规单轴压缩、三轴压缩试验岩石的破坏模式

(e) 15 MPa (UC3-1)　(f) 20 MPa (UC4-1)　(g) 25 MPa (UC5-1)　(h) 25 MPa (UC5-2)

图 2-4　(续)

表 2-2　常规单规压缩、三轴压缩试验测试结果

试件编号	围压/MPa	峰值强度/MPa	残余强度/MPa	弹性模量/MPa	割线模量/MPa	泊松比	峰值轴向应变	峰值环向应变	峰值体积应变
UC0-1	0	74.50	1.74	8 339	5 999	0.205	0.012 503	−0.004 001	0.004 478
UC0-2	0	70.76	2.15	7 267	5 508	0.219	0.012 847	−0.003 823	0.005 201
UC1-1	5	97.51	25.81	8 049	6 542	0.207	0.014 139	−0.006 284	0.001 710
UC2-1	10	116.11	46.39	9 020	7 581	0.182	0.013 997	−0.004 045	0.006 003
UC3-1	15	137.01	60.52	9 478	8 289	0.171	0.014 720	−0.005 634	0.003 452
UC4-1	20	165.27	72.51	9 740	8 596	0.141	0.016 899	−0.006 028	0.005 011
UC5-1	25	184.85	90.49	11 028	8 994	0.139	0.017 772	−0.005 784	0.006 204
UC5-2	25	188.23	88.72	11 201	9 708	0.162	0.016 814	−0.006 838	0.004 474

注:"+"表示岩样环向压缩或体积减小,"−"表示岩样环向扩容或体积增加。

由图 2-3、图 2-4 和表 2-2 可以看出以下几点。

(1) 所取砂岩试样在常规单轴压缩下,平均峰值强度为 72.63 MPa、平均残余强度约为1.95 MPa、平均弹性模量为 7 803 MPa、平均割线模量约为 5 754 MPa、平均泊松比为 0.212,峰值时对应的轴向应变、环向应变以及体积应变的差异性均较小,峰值前试样均表现出轴向压缩、环向扩容、体积减小的特点,峰后阶段均出现应力跌落现象。

(2) 在试样的常规三轴压缩试验中出现应力小幅度突增后又降低的现象[图 2-3 中的(c)～(g)],这是由于试样受载变形过程中出现岩体结构性调整所导致的,不同围压下常规三轴压缩试验中试样峰后破坏均出现应力跌落的现象。

(3) 图 2-5 给出了不同围压 σ_3 下峰值强度 σ_1 和残余强度 σ_1' 的线性拟合结果($\sigma_1 = A + B\sigma_3$)(形式),其相关性系数均达到 0.98 以上,表明所取砂岩试样破坏符合线性 Mohr-Coulomb 强度准则,线性回归方程式见式(2-1)和式(2-2)所示:

$$\sigma_1 = 72.614\,2 + 4.528\,5\sigma_3 \qquad R^2 = 0.996\,43 \tag{2-1}$$

$$\sigma_1' = 5.590\,0 + 3.436\,1\sigma_3' \qquad R^2 = 0.986\,87 \tag{2-2}$$

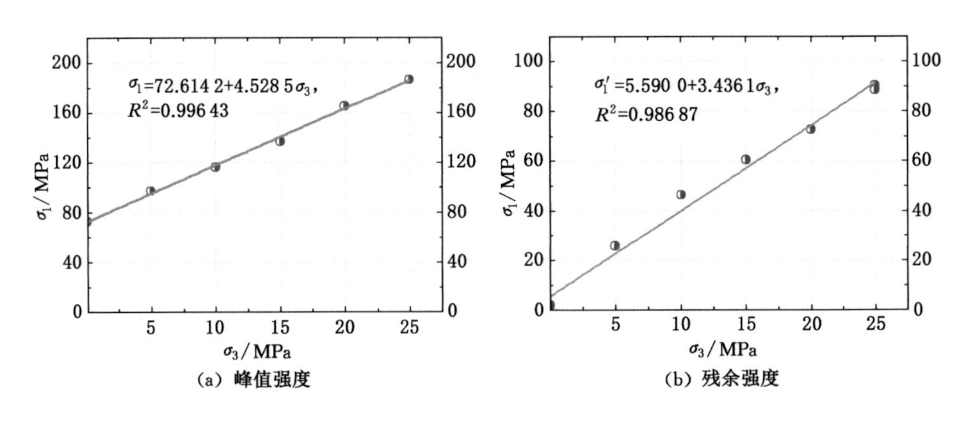

图 2-5　不同围压下峰值强度、残余强度的线性拟合结果

根据式(2-1)和式(2-2)的线性拟合 A、B 参数计算所取砂岩试样的 Mohr-Coulomb 强度参数黏聚力 c 以及内摩擦角 φ,A、B 计算式如下:

$$A = \frac{1 + \sin\varphi}{1 - \sin\varphi} = \tan^2\left(\frac{\pi}{4} + \frac{\varphi}{2}\right) \tag{2-3}$$

$$B = \frac{2c\cos\varphi}{1 - \sin\varphi} \tag{2-4}$$

计算得到峰值时期强度参数 $\varphi = 39.66°$,$c = 17.069\,1$ MPa;残余阶段强度参数均呈现不同的衰减,计算得到该阶段 $\varphi = 33.30°$,$c = 1.507\,8$ MPa。

(4) 试样峰值点对应的轴向应变随围压的增加整体呈现上升趋势,而环向应变和体积应变的变化则不明显,在峰后破坏阶段的环向应变和体积应变增加速度较快,岩石的峰后软化特征在应力-应变曲线上表现为环向应变迅速增加,峰前及峰后塑性破坏阶段试样整体处于压缩状态,峰后阶段试样出现应力跌落现象时,即试样发生脆性破坏,此时试样由压缩状态瞬间转变为扩容膨胀状态。

(5) 从轴向应变-偏应力测试曲线可以看出,随着围压或静水压力的增加,试样处于压密阶段的时间逐渐减少，这是由于试样的压密阶段主要是发生在施加围压或静水压力的过程中，它反映了一种深部岩体效应：随着埋深的增加，静水压力逐渐升高，岩体本身的密实程度逐渐增加。

（6）砂岩试样的常规单轴压缩试验中，试样以纵向劈裂为主破坏模式，其间伴随着局部剪切破坏，且试样破碎程度较大，而在常规三轴压缩试验中，试样以剪切破坏为主，且随着围压增大试样破碎程度逐渐变小，表明围压作用下试样由劈裂破坏转化为剪切破坏。

2.2 岩样加载能量演化的理论分析

2.2.1 能量计算方法

假设岩石在外力作用下产生变形的过程中不存在热交换，即岩样受载变形过程是一个封闭系统，此时，外力做功所产生的总输入能量为 W，根据热力学第一定律，可以得到：

$$W = W_e + W_d \tag{2-5}$$

式中，W_e 表示岩石受载过程中储存的可释放弹性应变能，简称弹性能；W_d 表示岩石受载过程中用于内部损伤、塑性变形等所损失的耗散能。图 2-6 给出了试样受载变形过程中的能量演化特征。

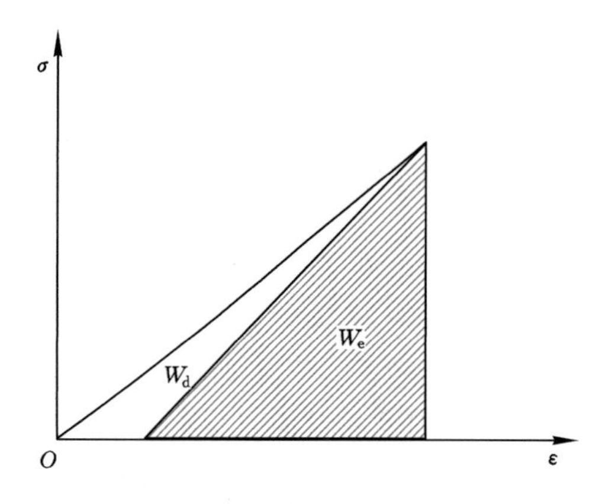

图 2-6 试样受载变形过程中的能量演化特征

在常规单轴压缩试验中，试验机轴向输入的能量 W_z 等于试样所吸收的能量 W，而常规三轴压缩试验中，试验机轴向输入的能量 W_z 包括试样所吸收的能量 W 以及环向膨胀对液压油做功所释放的能量 W_h，因此常规三轴压缩试验中总输入能量的计算公式可表示为：

$$W=\int_0^{\varepsilon_1}\sigma_1 d\varepsilon_1+2\int_0^{\varepsilon_3}\sigma_3 d\varepsilon_3 \tag{2-6}$$

式中，$\int_0^{\varepsilon_1}\sigma_1 d\varepsilon_1$ 表示轴向输入的能量 W_z；$\int_0^{\varepsilon_3}\sigma_3 d\varepsilon_3$ 表示试样环向膨胀对液压油做功所释放的能量 W_h。

需要注意的是，现有岩石试验机测得的环向变形仅为试样中部的变形，实际上，试样沿轴向方向不同位置的环向变形是不均匀的，尤其是试样发生破坏时，现有岩石试验机无法测得准确的环向变形。相关文献对此进行了讨论，指出平均环向变形大约为试验测得试样中部变形的二分之一[80-81]。

在研究岩石变形过程中的能量转化特征时，可利用弹性能的可逆性和耗散能的不可逆性计算弹性能和耗散能，相关文献提出了岩体单元弹性能的计算公式[52]，见式(2-7)：

$$\begin{aligned}W_e&=\frac{1}{2}\sigma_i\varepsilon_{ie}=\frac{1}{2}(\sigma_1\varepsilon_{1e}+\sigma_2\varepsilon_{2e}+\sigma_3\varepsilon_{3e})\\&=\frac{1}{2}\left\{\frac{\sigma_1^2}{E_1'}+\frac{\sigma_2^2}{E_2'}+\frac{\sigma_3^2}{E_3'}-\upsilon'\left[\left(\frac{1}{E_1'}+\frac{1}{E_2'}\right)\sigma_1\sigma_2+\left(\frac{1}{E_1'}+\frac{1}{E_3'}\right)\sigma_1\sigma_3+\left(\frac{1}{E_2'}+\frac{1}{E_3'}\right)\sigma_2\sigma_3\right]\right\}\end{aligned} \tag{2-7}$$

式中，σ_i、ε_{ie}分别表示3个主应力方向上的应力和弹性应变；E_i' 表示卸载弹性模量；υ'表示卸载泊松比。

耗散能 W_d 可表示为：

$$W_d=W-W_e \tag{2-8}$$

2.2.2 理论计算结果分析

在计算能量时，忽略试验初期施加静水压力过程中的能量转化，认为该过程是岩石试样在恢复其原始状态，同时为简化计算公式，采用弹性模量 E 和泊松比 υ 代替卸载弹性模量 E_i' 和卸载泊松比 υ'进行计算，在恒定围压 $\sigma_2=\sigma_3$ 下，假设平均环向变形为试验测得试样中部变形的二分之一，总输入能 W 的计算公式可简化为：

$$W=\int_0^{\varepsilon_1}\sigma_1 d\varepsilon_1+2\sigma_3\varepsilon_3 \tag{2-9}$$

弹性能 W_e 的计算公式简化为：

$$W_e=\frac{1}{2E}(\sigma_1^2+2\sigma_3^2-4\upsilon\sigma_1\sigma_3-2\upsilon\sigma_3^2) \tag{2-10}$$

基于室内岩石力学试验测试数据结果，采用 Excel、Origin 数据处理软件计算单位岩体的总输入能、弹性能以及耗散能，图 2-7 给出了不同围压下能量与应变之间的关系图，表 2-3 给出了单位岩体处于峰值强度以及试样破坏前后的各种能量计算结果。

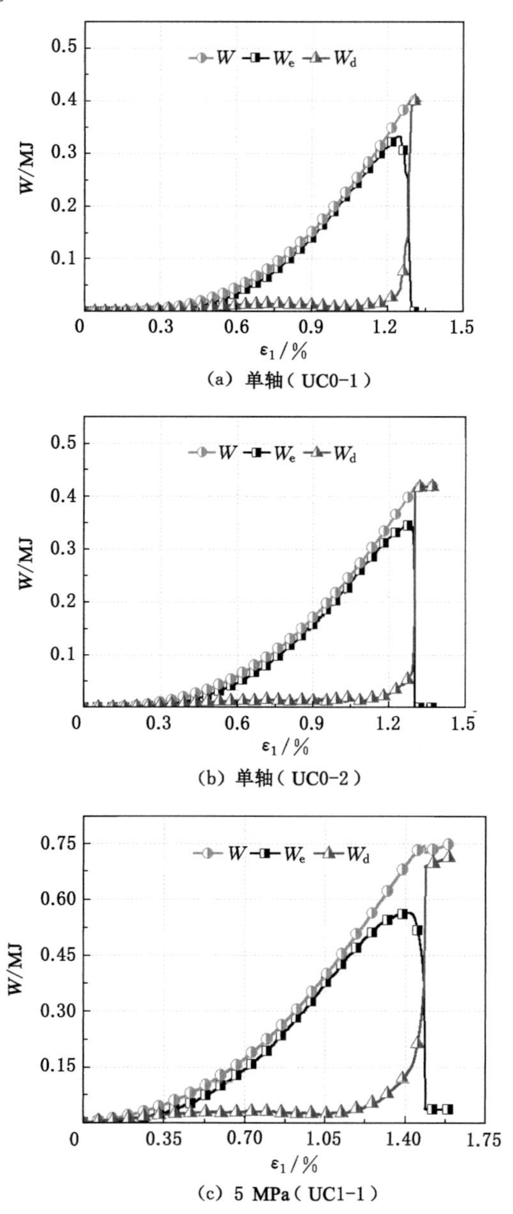

图 2-7 不同围压下单元岩体的能量与应变的关系

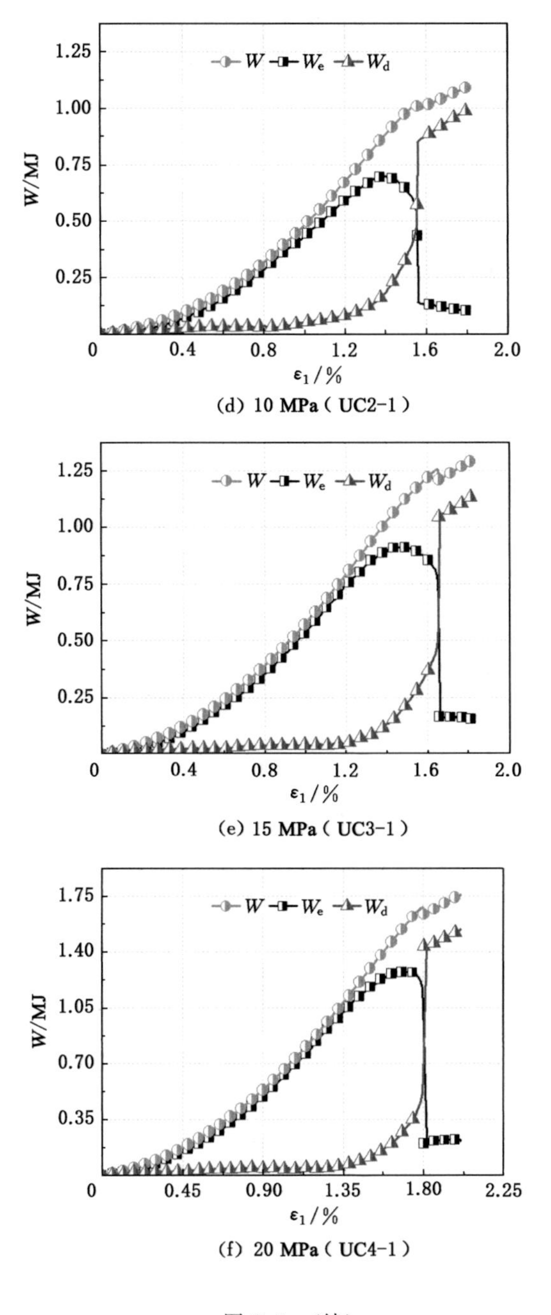

(d) 10 MPa (UC2-1)

(e) 15 MPa (UC3-1)

(f) 20 MPa (UC4-1)

图 2-7 （续）

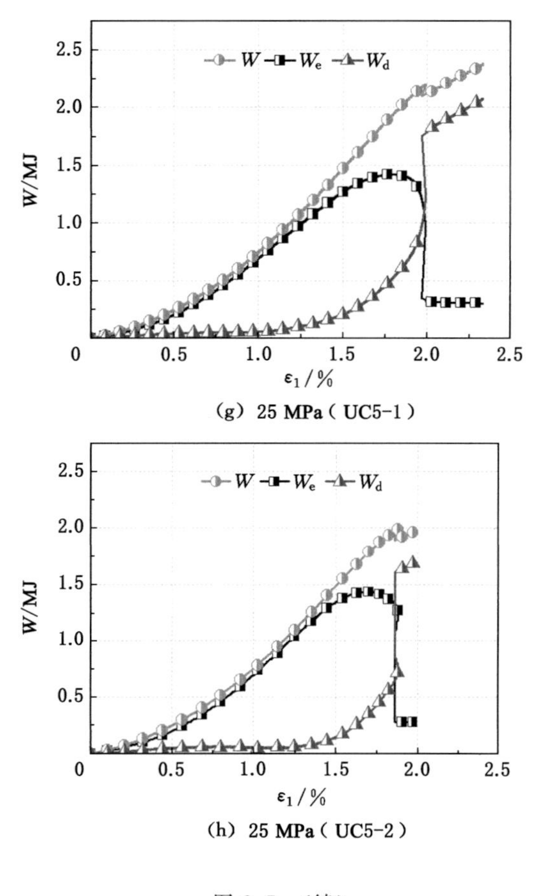

(g) 25 MPa(UC5-1)

(h) 25 MPa(UC5-2)

图 2-7 (续)

由图 2-7 和表 2-3 可以看出:

(1) 常规单轴压缩试验中,在试样加载的初期,试验机输入能绝大部分转化为弹性能积聚起来,耗散能缓慢增加,在峰前塑性变形阶段,耗散能增加速率有所提高,但此时弹性能仍占据着主导地位,试样 UC0-1 和 UC0-2 达到峰值强度时,单位岩体总输入能、弹性能、耗散能分别为 0.372 95 MJ 和 0.405 97 MJ、0.332 79 MJ 和 0.344 50 MJ、0.010 16 MJ 和 0.061 47 MJ,弹性能占总输入能的比例分别为89.23%和 84.86%;进入峰后阶段,耗散能增加速率大幅度的提高,试样破坏后,所积聚的弹性能近乎全部转化为了耗散能,此时,单位岩体总输入能、弹性能、耗散能分别为 0.400 19 MJ 和 0.417 25 MJ、0.000 18 MJ 和 0.000 32 MJ、0.400 01 MJ 和 0.416 93 MJ,耗散能所占比例高达 99.96%和 99.92%。

表 2-3 单位岩体能量计算结果

试件编号		UC0-1	UC0-2	UC1-1	UC2-1	UC3-1	UC4-1	UC5-1	UC5-2
围压/MPa		0	0	5	10	15	20	25	25
峰值	应力/MPa	74.50	70.76	97.51	116.11	137.01	165.27	184.85	188.23
	总输入能/MJ	0.372 95	0.405 97	0.701 38	0.880 27	1.105 15	1.549 80	1.908 46	1.757 71
	轴向输入能/MJ	0.372 95	0.405 97	0.732 80	0.920 72	1.189 66	1.670 02	2.052 63	1.928 66
	环向释放能/MJ	—	—	0.031 42	0.040 45	0.084 51	0.120 22	0.144 18	0.170 95
	弹性能/MJ	0.332 79	0.344 50	0.564 87	0.698 20	0.911 38	1.275 43	1.418 51	1.434 09
	耗散能/MJ	0.010 16	0.061 47	0.136 51	0.182 07	0.193 77	0.274 37	0.489 95	0.323 62
破坏前	应力/MPa	43.95	60.19	77.75	92.38	118.77	151.25	161.27	164.81
	总输入能/MJ	0.397 93	0.416 53	0.743 08	1.006 99	1.251 72	1.672 19	2.193 92	1.937 63
	轴向输入能/MJ	0.397 93	0.416 53	0.797 93	1.097 10	1.434 28	1.850 39	2.431 94	2.263 13
	环向释放能/MJ	—	—	0.054 85	0.090 11	0.182 56	0.178 20	0.238 02	0.325 50
	弹性能/MJ	0.115 82	0.249 27	0.354 83	0.433 52	0.675 13	1.059 22	1.063 33	1.081 94
	耗散能/MJ	0.282 11	0.167 26	0.388 25	0.573 47	0.576 58	0.612 96	1.130 58	0.855 69
破坏后	应力/MPa	1.74	2.15	25.81	46.39	60.52	72.51	90.49	88.72
	总输入能/MJ	0.400 19	0.417 25	0.726 77	0.991 72	1.214 29	1.642 93	2.097 34	1.886 78
	轴向输入能/MJ	0.400 19	0.417 25	0.801 67	1.100 43	1.440 79	1.876 21	2.416 06	2.263 13
	环向释放能/MJ	—	—	0.074 90	0.108 71	0.226 5	0.233 28	0.318 73	0.376 35
	弹性能/MJ	0.000 18	0.000 32	0.044 19	0.166 46	0.196 26	0.212 23	0.342 81	0.278 07
	耗散能/MJ	0.400 01	0.416 93	0.682 58	0.825 26	1.018 03	1.430 70	1.788 62	1.608 71

(2) 常规三轴压缩试验中，试验围压分别为5、10、15、20、25 MPa，对应峰值时期单位岩体积聚的弹性能分别为0.564 87、0.698 20、0.911 38、1.275 43、1.426 30 MJ，单位岩体耗散能分别为0.136 51、0.182 07、0.193 77、0.274 37、0.406 79 MJ；对应宏观破坏时期单位岩体积聚的弹性能分别为0.044 19、0.166 46、0.196 26、0.212 23、0.310 44 MJ，单位岩体耗散能分别为0.682 58、0.825 26、1.018 03、1.430 70、1.698 67 MJ。图2-8给出了试样峰值强度时期以及宏观破坏时期单位岩体各种能量与围压的关系图，由图可知，不同阶段试样所吸收的能量 W、轴向输入的能量 W_z、环向膨胀对液压油做功所释放的能量 W_h、积聚的弹性能 W_e、耗散能 W_d 均随围压的增加呈近似线性增加，这表明同一变形时期，随着岩层埋深的增加，其本身储存的能量越多。

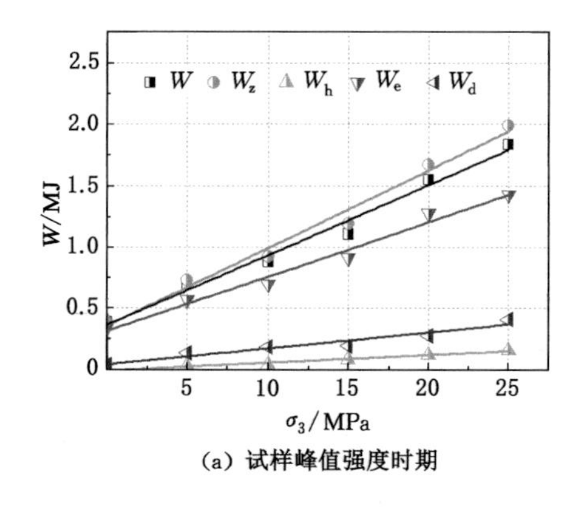

(a) 试样峰值强度时期

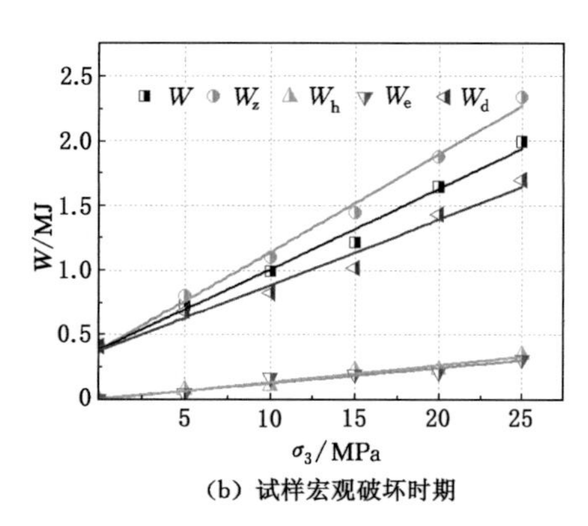

(b) 试样宏观破坏时期

图2-8 不同围压下单位岩体的能量特征

(3) 根据能量演化特征可以将常规三轴压缩岩石变形过程分为4个阶段，具体包括线性积聚阶段、渐进耗散阶段、瞬间释放阶段、持续耗散阶段。线性积聚阶段是指试样加载初期，该阶段试验机输入的机械能大部分转化为弹性能积聚在岩石的内部；渐进耗散阶段是指岩样塑性变形快速增加时期，塑性变形所占总应变比例逐渐提高，该阶段试验机弹性能比例逐渐减小、耗散能比例逐渐增加；瞬间释放阶段是指岩样发生宏观破坏时期，该阶段试验机输入的机械能以及前期积聚的弹性能大部分以破断面表面能的形式释放或耗散；持续耗散阶段是指试样进入残余变形时期，该阶段岩石本身具有的储能能力较低，试验机输入的机械能大部分用于试样塑性变形。

2.3 岩样加载能量演化的数值分析

2.3.1 模型建立与参数确定

FLAC^{3D}是一个三维有限差分程序,它是由美国ITASCA(依泰斯卡)公司研发的连续介质力学分析软件,具有命令驱动模式、转移性、开放性等特点,尤其是在求解及后处理方面,优势更加明显,广泛应用于国内外土木工程研究领域[82]。

2.3.1.1 数值模型建立

根据室内岩石力学试验方案及结果,建立径高比=1∶2的试样三维数值计算模型,如图2-9所示,模型尺寸:直径$\phi(X\times Z)=50$ mm,高$Y=100$ mm,划分为17 280个单元格,模型底部采用固定位移边界,环向采用应力边界等价于施加围压,上部边界通过控制轴向位移进行模拟试验,计算时忽略岩石自重影响。

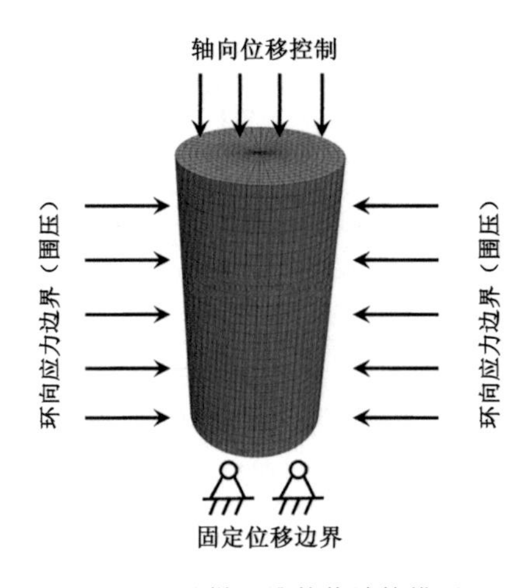

图2-9 试样三维数值计算模型

2.3.1.2 模型参数确定

FLAC^{3D}应变软化模型选用岩石的塑性参数ε^{ps}作为自变量,以黏聚力和内摩擦角衰减作为因变量,进行表征岩石峰后强度的衰减程度,为将室内岩石试验结果应用于数值模拟中,需要建立合理的岩石峰后强度衰减模型。

相关文献替换推导了FLAC^{3D}应变软化模型中的塑性参数ε^{ps}对塑性剪切应变γ_p的关系[83],见公式(2-11):

$$\varepsilon^{ps}=\frac{\sqrt{3}}{3}\frac{\sqrt{1+N_\Psi+N_\Psi^2}}{1+N_\Psi}\gamma_p \tag{2-11}$$

其中：

$$N_{\Psi}=\frac{1+\sin \Psi}{1-\sin \Psi} \tag{2-12}$$

式中，Ψ 为岩石剪胀角，假设剪胀角恒定，$\Psi=12°$，计算得到 $\varepsilon^{ps}=0.504\gamma_{p}$。

塑性剪切应变 γ_{p} 的量值等于最大主塑性应变和最小主塑性应变差值的绝对值[83]，见公式(2-13)：

$$\gamma_{p}=|\varepsilon_{1p}-\varepsilon_{3p}| \tag{2-13}$$

式中 ε_{1p}、ε_{3p} 分别表示最大主塑性应变和最小主塑性应变，ε_{1p}、ε_{3p} 可由公式(2-14)和公式(2-15)计算：

$$\varepsilon_{1p}=\varepsilon_{1}-\varepsilon_{1e} \tag{2-14}$$

$$\varepsilon_{3p}=\varepsilon_{3}-\varepsilon_{3e} \tag{2-15}$$

式中，ε_{1}、ε_{3} 分别表示轴向总应变和横向总应变，ε_{1e}、ε_{3e} 分别表示轴向弹性应变和横向弹性应变。

为了研究问题的方便，假设岩石峰后卸载模量等于初始弹性模量，可简化岩石峰后软化力学模型，如图 2-10 所示，ε_{1e}、ε_{3e} 可由公式(2-16)和公式(2-17)计算：

$$\varepsilon_{1e}=\sigma_{1}/E_{1} \tag{2-16}$$

$$\varepsilon_{3e}=\sigma_{1}/E_{3} \tag{2-17}$$

式中，E_{1}、E_{3} 分别表示轴向弹性模量和横向弹性模量，σ_{1} 表示轴向极限应力。

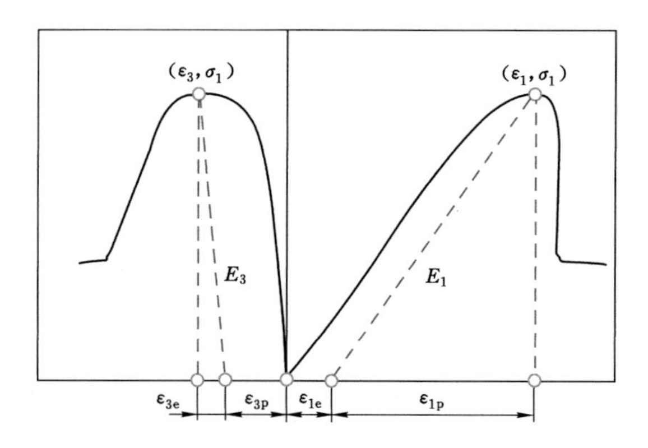

图 2-10 简化岩石峰后软化力学模型

有学者给出了一种岩石峰后软化阶段黏聚力以及内摩擦角的计算方法[84-85]：假设在不同围压、相同等效塑性参数 ε^{ps} 条件下对应的极限应力符合 Mohr-Coulomb 强度准则，由此可计算岩石峰后对应不同塑性参数下的黏聚力 c、内摩擦角 φ。本书采用该方法确定岩石峰后软化阶段力学参数。

图 2-11 给出了不同峰后塑性参数 ε^{ps} 对应的不同围压 σ_3 下的极限应力 σ_1

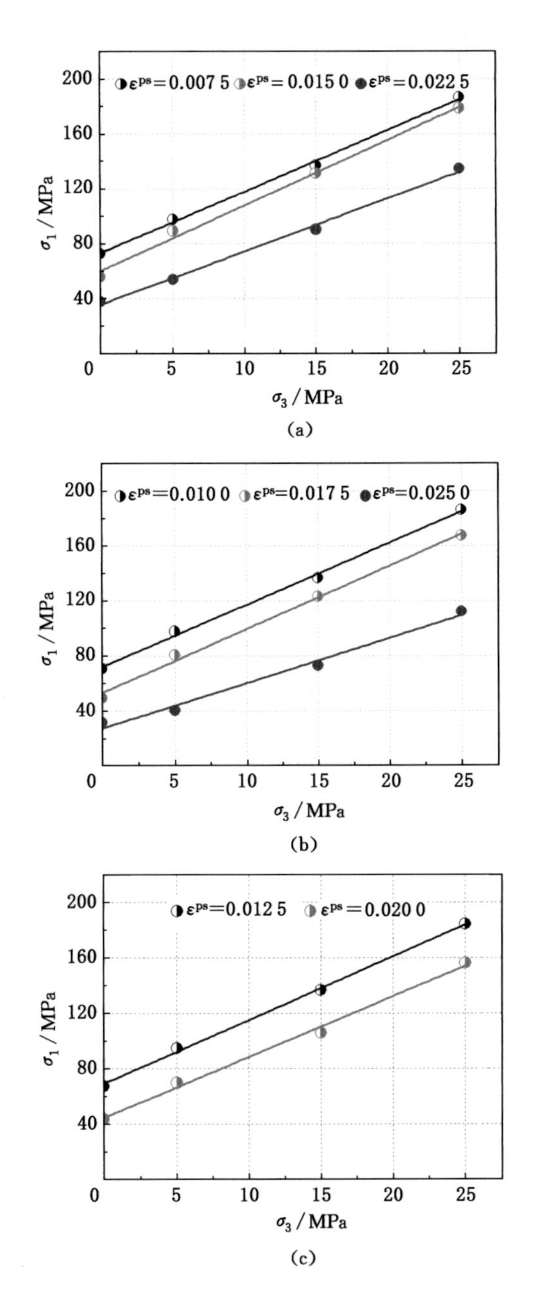

图 2-11　不同塑性参数下极限应力 σ_1 与围压 σ_3 的关系

以及拟合曲线(选取0、5、15、25 MPa围压进行计算),表2-4给出了其线性拟合结果($\sigma_1=A+B\sigma_3$形式),其相关性系数均达到0.98以上,符合Mohr-Coulomb强度准则,因此可计算不同塑性参数ε^{ps}对应的黏聚力c和内摩擦角φ。

表2-4 岩石峰后软化阶段力学参数

塑性参数ε^{ps}	拟合曲线	相关性系数R^2	黏聚力c/MPa	内摩擦角φ/(°)
0.007 5	$\sigma_1=72.614\ 2+4.528\ 5\sigma_3$	0.996 43	17.069 1	39.66
0.010 0	$\sigma_1=71.907\ 6+4.523\ 3\sigma_3$	0.995 78	16.905 1	39.64
0.012 5	$\sigma_1=67.161\ 4+4.675\ 1\sigma_3$	0.992 37	15.530 8	40.36
0.015 0	$\sigma_1=59.978\ 0+4.776\ 9\sigma_3$	0.991 91	13.721 1	40.83
0.017 5	$\sigma_1=53.121\ 9+4.624\ 4\sigma_3$	0.993 76	12.351 4	40.12
0.020 0	$\sigma_1=43.704\ 8+4.461\ 5\sigma_3$	0.996 59	10.345 7	39.33
0.022 5	$\sigma_1=35.541\ 1+3.869\ 8\sigma_3$	0.993 68	9.033 5	36.11
0.025 0	$\sigma_1=27.370\ 2+3.278\ 2\sigma_3$	0.980 08	7.558 4	32.18

本书主要研究聚焦在岩样峰值及峰后残余时期对应的应力-应变,因此弹性模量选用割线模量更为恰当,同时根据理论计算得到峰值时期的塑性参数$\varepsilon^{ps}=0.007\ 5$,数值计算时,岩样峰前阶段不发生塑性变形,即该塑性参数值对应数值模拟中的塑性参数为$\varepsilon^{ps}=0.000\ 0$,这样可以确定强度衰减阶段的黏聚力$c$和内摩擦角$\varphi$。基于2.1.3岩石力学试验测试结果及上述分析,可以确定所取各个试样的弹性模量、泊松比、黏聚力、内摩擦角以及峰后强度衰减参数,具体如表2-5和表2-6所示。

表2-5 岩石峰前基本力学参数

<table>
<tr><th>试件编号</th><th>密度
/(kg·m^{-3})</th><th>弹性模量/MPa</th><th>泊松比</th><th>黏聚力c/MPa</th><th>内摩擦角φ/(°)</th></tr>
<tr><td>UC0-1</td><td>2 526</td><td>5 999</td><td>0.205</td><td rowspan="8">17.069 1</td><td rowspan="8">39.66</td></tr>
<tr><td>UC0-2</td><td>2 565</td><td>5 508</td><td>0.219</td></tr>
<tr><td>UC1-1</td><td>2 570</td><td>6 542</td><td>0.207</td></tr>
<tr><td>UC2-1</td><td>2 513</td><td>7 581</td><td>0.182</td></tr>
<tr><td>UC3-1</td><td>2 579</td><td>8 289</td><td>0.171</td></tr>
<tr><td>UC4-1</td><td>2 534</td><td>8 596</td><td>0.141</td></tr>
<tr><td>UC5-1</td><td>2 577</td><td>8 994</td><td>0.139</td></tr>
<tr><td>UC5-2</td><td>2 534</td><td>9 708</td><td>0.162</td></tr>
</table>

表 2-6　岩石峰后强度衰减参数

塑性参数 ε^{ps}	0	0.002 5	0.005	0.007 5	0.010 0
黏聚力 c/MPa	17.069 1	16.905 1	15.530 8	13.721 1	12.351 4
内摩擦角 φ/(°)	39.66	39.64	40.36	40.83	40.12
塑性参数 ε^{ps}	0.012 5	0.015 0	0.017 5	0.500 0	1
黏聚力 c/MPa	10.345 7	9.033 5	7.558 4	1.507 8	1.507 8
内摩擦角 φ/(°)	39.33	36.11	32.18	33.30	33.30

2.3.2　数值计算试验方案

参照室内岩石力学试验方案确定数值计算的试验方案，具体方案如下：

(1) 常规单轴压缩试验：模型采用试样 UC0-1 的基本力学参数(表 2-5 和表 2-6)，采用轴向位移控制方式加载，位移速率为 2.5×10^{-5} mm/step，加载直至破坏，获取岩石单轴抗压强度及应力-应变全过程曲线，试验设计 1 块岩样。

(2) 常规三轴压缩试验：模型采用试样 UC1-1、UC2-1、UC3-1、UC4-1、UC5-1的基本力学参数(表 2-5 和表 2-6)，第一步，施加三向应力边界 $\sigma_1=\sigma_2=\sigma_3=5$、10、15、20、25 MPa，初始应力平衡后分别相当于埋深 200、400、600、800、1 000 m 的岩层静水压力；第二步，采用轴向位移控制方式加载，位移速率为 2.5×10^{-5} mm/step，加载直至破坏，获取岩石三轴抗压强度以及应力-应变全过程曲线，试验设计 5 块岩样。

2.3.3　能量耗散模型的开发

FLAC^{3D}具有命令驱动模式、转移性、开放性等特点，因此可将 2.2.1 部分中得到的能量计算方法通过 FISH 语言嵌入 FLAC^{3D}中，从而通过数值计算的方法更加深入地研究不同岩石受载变形过程的能量演化特征，继而从能量的角度揭示岩石的变形破坏机制。

FLAC^{3D}采用显示差分算法，通过给定 t 时刻应力值 σ_i^{I} 和 Δt 时间步下的总应变增量 $\Delta\varepsilon_i$，进而求解 $t+\Delta t$ 时刻的应力状态 σ_i^{N}[86-87]。

其中，总应变增量 $\Delta\varepsilon_i$ 可表示为：

$$\Delta\varepsilon_i=\Delta\varepsilon_i^{\mathrm{e}}+\Delta\varepsilon_i^{\mathrm{p}} \tag{2-18}$$

式中，$\Delta\varepsilon_i^{\mathrm{e}}$ 和 $\Delta\varepsilon_i^{\mathrm{p}}$ 分别表示弹性应变增量和塑性应变增量，$i=x,y,z$，下同。屈服前只有 $\Delta\varepsilon_i^{\mathrm{e}}$，屈服后 $\Delta\varepsilon_i$ 可按式(2-18)求得。

弹性部分应力增量可由广义 Hooke(胡克)定律求得：

$$\Delta\sigma_i = S_i(\Delta\varepsilon_i^{e}) \tag{2-19}$$

式中，$\Delta\sigma_i$ 指弹性应力增量，S_i 是弹性应变增量 $\Delta\varepsilon_i^{e}$ 的函数。

基于 Mohr-Coulomb 强度准则[88]的应变软化模型在峰后软化过程控制强度参数描述材料的峰后软化行为，对于剪切破坏，非关联流动法则改写为：

$$\Delta\varepsilon_i^{p} = \lambda^{s}\frac{\partial g^{s}}{\partial\sigma_i} \tag{2-20}$$

式中，g^{s} 为剪切势函数，λ^{s} 为塑性因子。

因此，联立式(2-18)、式(2-19)和式(2-20)，由总应变表示的应力增量为 $\Delta\sigma_i$：

$$\Delta\sigma_i = S_i(\Delta\varepsilon_i) - \lambda^{s}S_i\left(\frac{\partial g^{s}}{\partial\sigma_i}\right) \tag{2-21}$$

进而求解得到 $t+\Delta t$ 时刻应力 σ_i^{N} 为：

$$\begin{cases}\sigma_1^{N} = \sigma_1^{I} - \lambda^{s}(\alpha_1 - \alpha_2 N_{\Psi}) \\ \sigma_2^{N} = \sigma_2^{I} - \lambda^{s}\alpha_2(1 - N_{\Psi}) \\ \sigma_3^{N} = \sigma_3^{I} - \lambda^{s}(-\alpha_1 N_{\Psi} + \alpha_2)\end{cases} \tag{2-22}$$

式中，α_1、α_2 分别为切变模量 G 和体积模量 K 控制的岩石材料常数，其中，$\alpha_1 = K + 4G/3$，$\alpha_2 = K - 2G/3$。在求解能量时，需要捕捉单元格 t 时刻的应力 σ_i^{I}、Δt 时间步的应变增量 $\Delta\varepsilon_i$ 以及 $t+\Delta t$ 时刻的单元应力分量 σ_i^{N}，计算 Δt 时间步单元格平均应力分量 $\overline{\sigma_i}$，求解单元总能量和弹性应变能，从而进一步计算单元耗散能。

如图 2-12 所示，采用单元格 t 时刻的应力 σ_i^{I} 和 $t+\Delta t$ 时刻的单元应力 σ_i^{N} 的平均值表征 Δt 时间步单元格的应力 $\overline{\sigma_i}$，即

$$\overline{\sigma_i} = \frac{1}{2}(\sigma_i^{I} + \sigma_i^{N}) \tag{2-23}$$

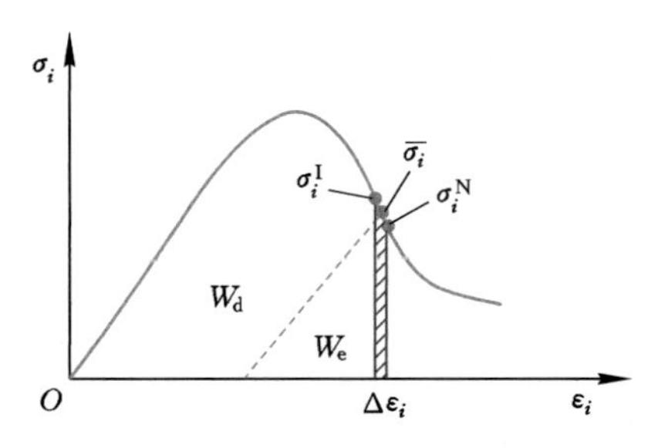

图 2-12　单元格能量计算简图

将式(2-22)代入式(2-23)可以得到 Δt 时间步的单元格平均应力分量$\overline{\sigma_i}$：

$$\begin{cases}\overline{\sigma_1}=\sigma_1^{\mathrm{I}}-\dfrac{1}{2}\lambda^{s}(\alpha_1-\alpha_2 N_{\Psi})\\ \overline{\sigma_2}=\sigma_2^{\mathrm{I}}-\dfrac{1}{2}\lambda^{s}\alpha_2(1-N_{\Psi})\\ \overline{\sigma_3}=\sigma_3^{\mathrm{I}}-\dfrac{1}{2}\lambda^{s}(-\alpha_1 N_{\Psi}+\alpha_2)\end{cases}\tag{2-24}$$

假设 t 时刻对应第 n 循环，$t+\Delta t$ 时刻对应第 $n+1$ 循环，则第 $n+1$ 循环内总能量增量可表示为：

$$\begin{aligned}\Delta W&=\sum\overline{\sigma_i}\Delta\varepsilon_i\\&=\left[\sigma_1^{\mathrm{I}}-\frac{1}{2}\lambda^{s}(\alpha_1-\alpha_2 N_{\Psi})\right]\Delta\varepsilon_1+\left[\sigma_2^{\mathrm{I}}-\frac{1}{2}\lambda^{s}\alpha_2(1-N_{\Psi})\right]\Delta\varepsilon_2+\\&\quad\left[\sigma_3^{\mathrm{I}}-\frac{1}{2}\lambda^{s}(-\alpha_1 N_{\Psi}+\alpha_2)\right]\Delta\varepsilon_3\end{aligned}\tag{2-25}$$

$t+\Delta t$ 时刻的单元总能量等于 $n+1$ 循环总能量增量累加，即

$$W=\sum_{0}^{n+1}\Delta W\tag{2-26}$$

不考虑峰后弹性模量的衰减，单元内可释放的弹性能可由下式计算：

$$\begin{aligned}W_{\mathrm{e}}&=\frac{1}{2}\sum\sigma_i\varepsilon_i=\frac{1}{2}\sum\frac{\sigma_i^2}{E}\\&=\frac{1}{2E}\sum\left[\sigma_1^{\mathrm{I}}-\frac{1}{2}\lambda^{s}(\alpha_1-\alpha_2 N_{\Psi})\right]^2+\left[\sigma_2^{\mathrm{I}}-\frac{1}{2}\lambda^{s}\alpha_2(1-N_{\Psi})\right]^2+\\&\quad\left[\sigma_3^{\mathrm{I}}-\frac{1}{2}\lambda^{s}(-\alpha_1 N_{\Psi}+\alpha_2)\right]^2\end{aligned}\tag{2-27}$$

单元内部的耗散能计算式如下：

$$W_{\mathrm{d}}=\sum_{0}^{n+1}\Delta W-W_{\mathrm{e}}\tag{2-28}$$

采用 FISH 语言将岩石能量计算模型写入 $\mathrm{FLAC^{3D}}$应变软化模型中，开发过程如图 2-13 所示，具体开发过程为：模型建立后，首先对单元进行编号，并设置运算输出节点 Q，定义单循环运算时步 m；其次，运算之前捕捉各单元初始应力 σ_i^{I}，启动第一循环运算，捕捉 m 时步后单元应力 σ_i^{N} 和应变增量 $\Delta\varepsilon_i$，计算单元能量；最后，判定运算是否到达设置的输出节点，若是，则将计算能量赋值给相应

单元格，输出能量演化云图，导出数据并结束，若否，则启动下一循环，直至到达设置的运算终点。需要注意，采用能量模型模拟实验室加载和卸载试验时，一般采用位移加载，设置运算终点为 Step 时间步。注意：假设模型单元体变形产生的总能量只包括单元体弹性能和耗散能，忽略单元体其他形式的能量转化。

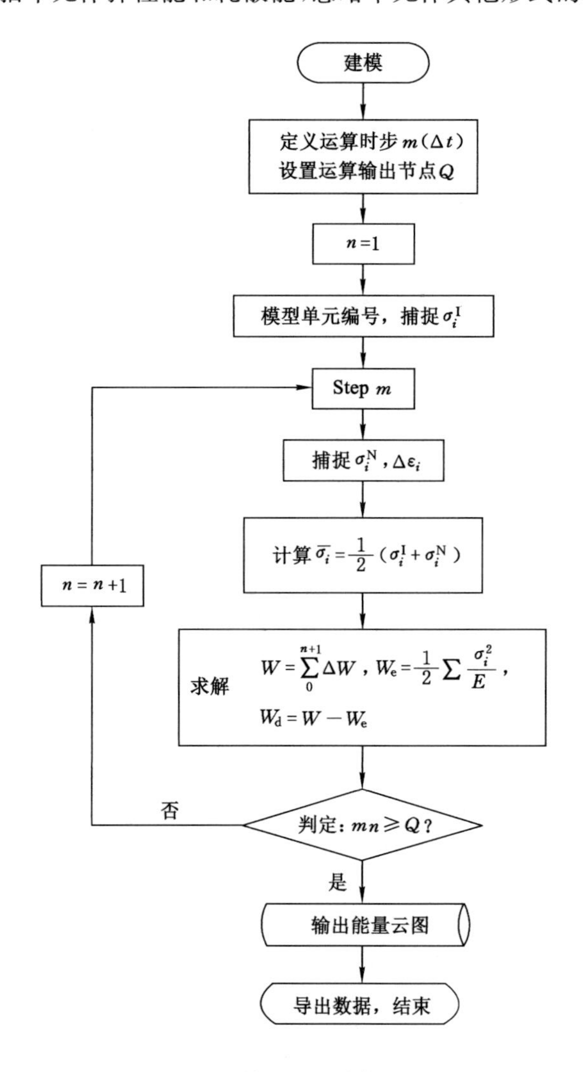

图 2-13 单元能量计算流程图

2.3.4 数值计算结果分析

数值计算过程中，全程记录模型的应力与应变，得到如图 2-14 所示的应力-应变曲线，其中，P-S-S 表示应力-应变曲线的峰值位置、R-S-S 表示应力-应变曲线的峰后跌落进入残余强度时的位置，从图中可以看出数值计算结果与室内试验结果比较吻合，表明本书中确定的岩石力学参数可以较好地描述其力学特性。

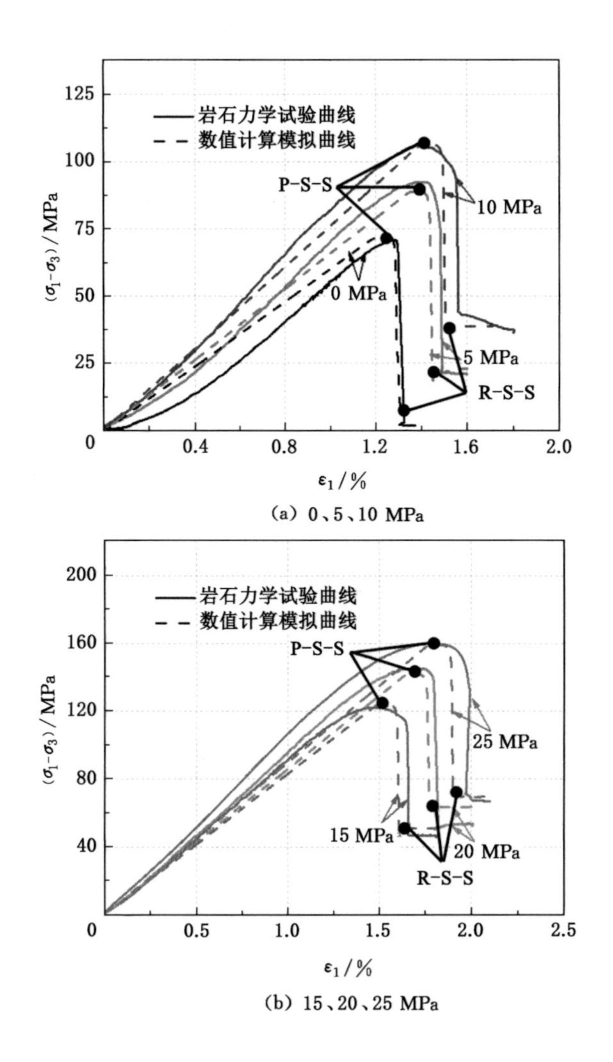

图 2-14　数值计算模拟和岩石力学试验曲线对比图

图 2-15～图 2-20 分别给出了围压 $\sigma_2=\sigma_3=0$、5、10、15、20、25 MPa 时试样的应力、能量分布云图(取自 $Z=0$ 平面)，图中由左至右表示 X 方向由 -25 mm 至25 mm，由下至上表示 Y 方向由 0 mm 至 100 mm。

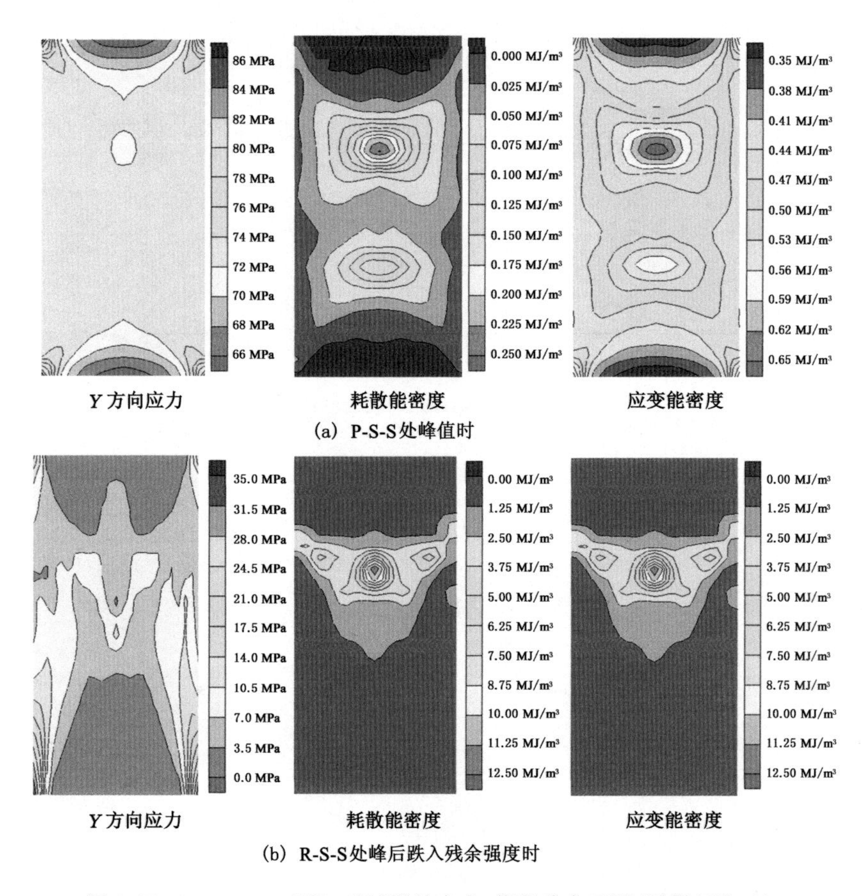

图 2-15　$\sigma_2=\sigma_3=0$ MPa 时试样的应力、能量分布云图(试样 UC0-1)

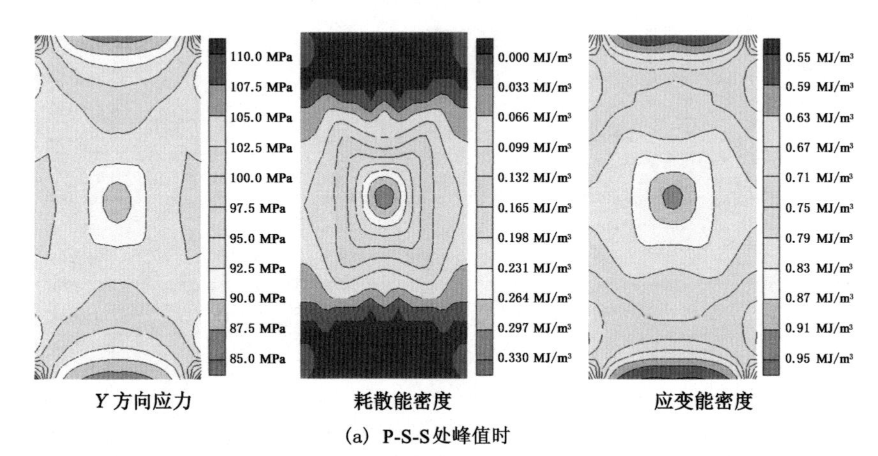

图 2-16　$\sigma_2=\sigma_3=5$ MPa 时试样的应力、能量分布云图(试样 UC1-1)

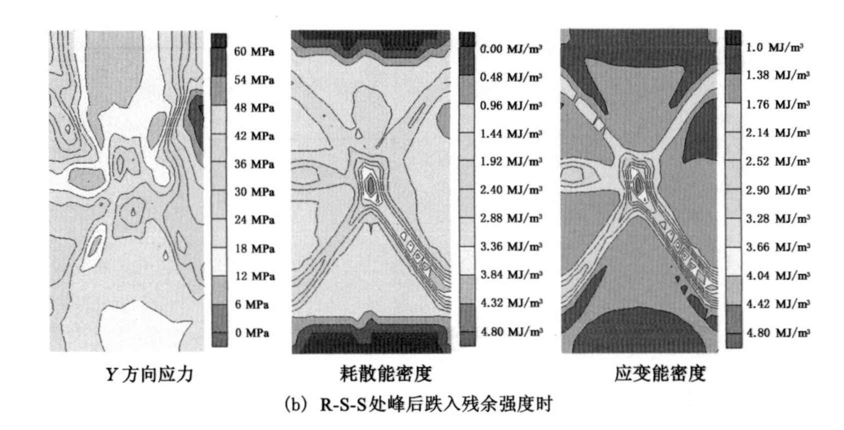

(b) R-S-S处峰后跌入残余强度时

图 2-16 （续）

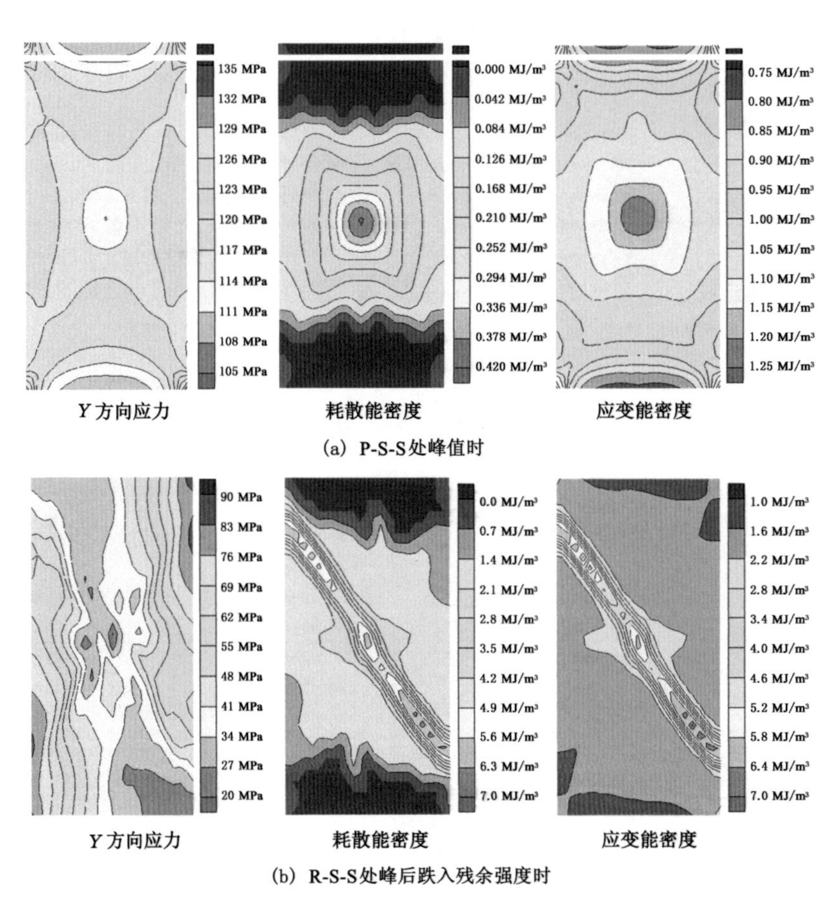

(b) R-S-S处峰后跌入残余强度时

图 2-17 $\sigma_2=\sigma_3=10$ MPa 时试样的应力、能量分布云图(试样 UC2-1)

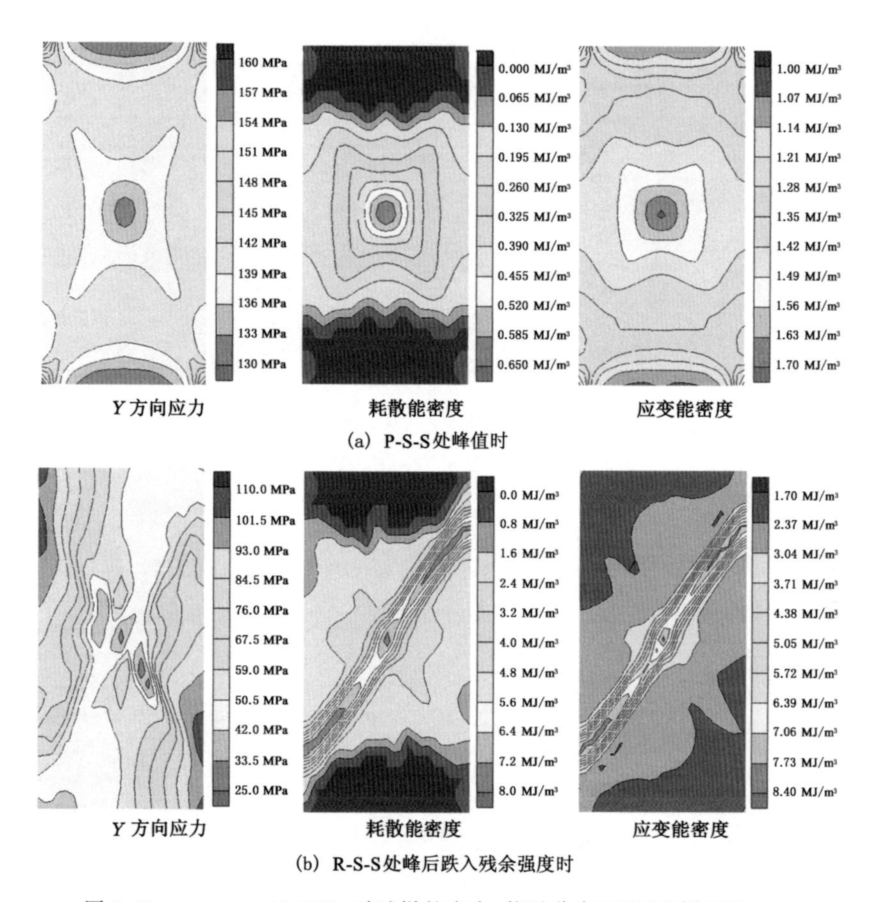

(a) P-S-S处峰值时

(b) R-S-S处峰后跌入残余强度时

图 2-18 $\sigma_2=\sigma_3=15$ MPa 时试样的应力、能量分布云图(试样 UC3-1)

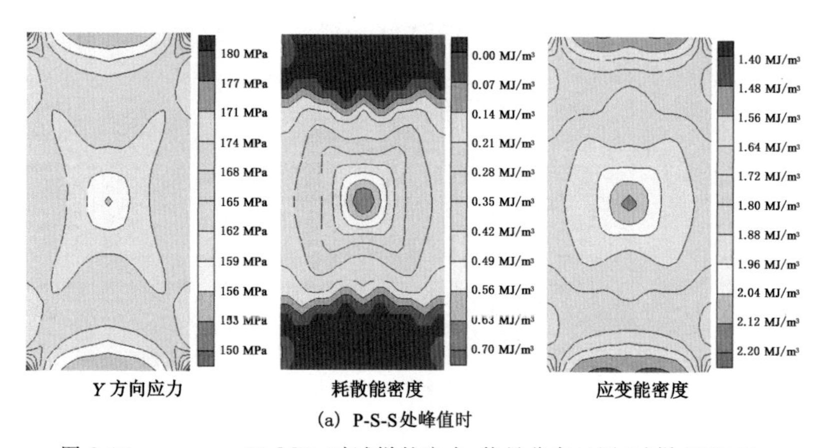

(a) P-S-S处峰值时

图 2-19 $\sigma_2=\sigma_3=20$ MPa 时试样的应力、能量分布云图(试样 UC4-1)

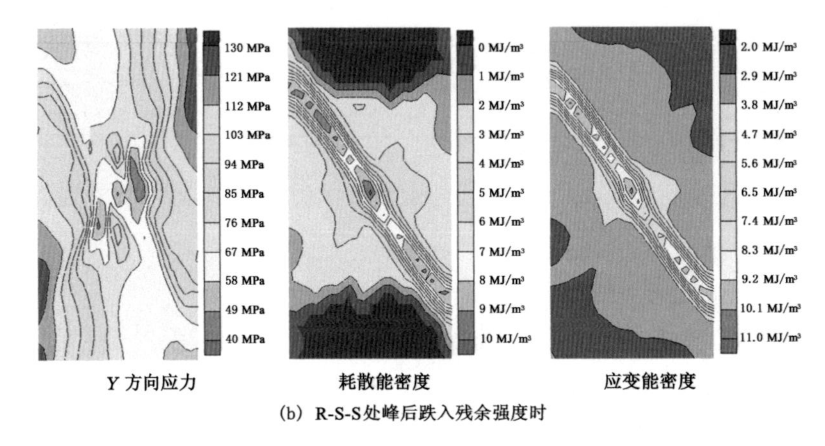

(b) R-S-S处峰后跌入残余强度时

图 2-19 (续)

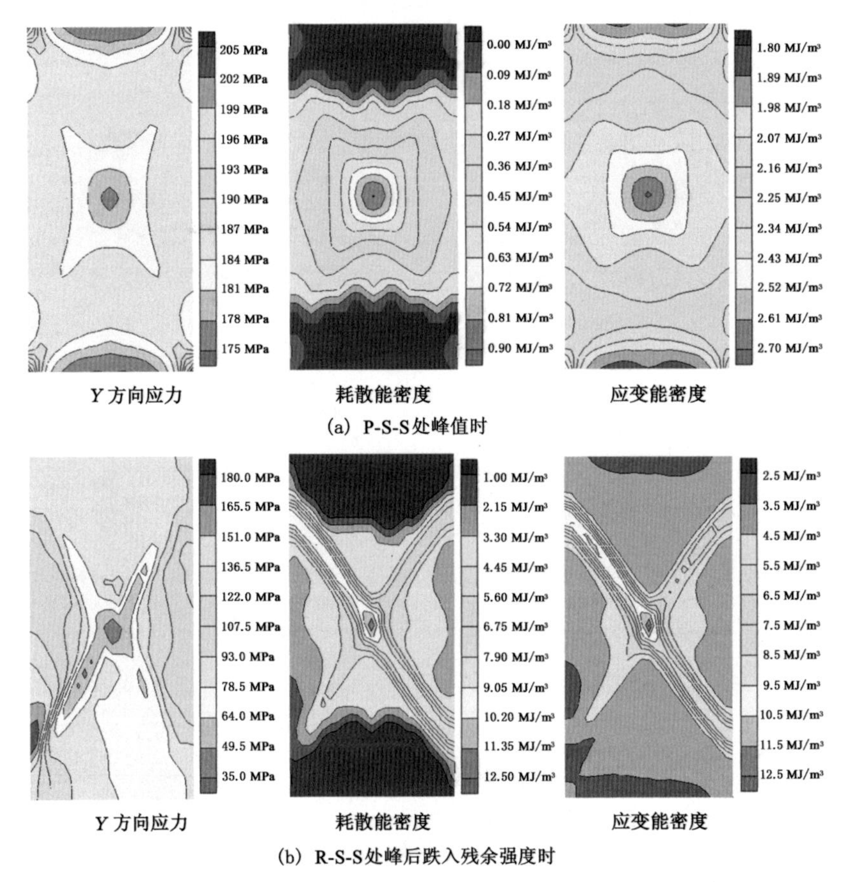

(b) R-S-S处峰后跌入残余强度时

图 2-20 $\sigma_2=\sigma_3=25$ MPa 时试样的应力、能量分布云图(试样 UC5-1)

从图 2-14 和图 2-15 可以看出，在 $\sigma_2=\sigma_3=0$ MPa 的岩石压缩数值计算中，峰前应力-应变关系近似呈线性，应力-应变曲线上的峰值应力约为 72.97 MPa，P-S-S和 R-S-S 处的 Y 方向应力、耗散能密度、应变能密度分布云图近似关于 $X=0$ mm 对称。从 P-S-S 处的分布云图可以看出，峰值时期应力在 66～86 MPa 范围内波动，大部分区域应力集中在 72～74 MPa 范围内；耗散能密度在 0～0.250 MJ/m^3 范围内波动，大部分区域在 0～0.075 MJ/m^3 范围内；应变能密度在 0.35～0.65 MJ/m^3 范围内波动，大部分区域在 0.35～0.53 MJ/m^3 范围内。此时，耗散能和应变能存在两个能量集中核区，能量密度呈双“O”形分布并向外扩散，这两个区域能量密度明显增加，其中，上部核区能量密度较下部核区有所增加，这是由于通过 $Y=100$ mm 处施加位移控制导致应力或能量由上方传递至下方，且传递不充分形成的。R-S-S 处的 Y 方向应力呈“X”形式分布，验证了常规单轴压缩试验时的破坏模式，耗散能密度和应变能密度均大幅度增加，能量密度均在 0～12.50 MJ/m^3 范围内波动，高能量密度分布集中上部“核区”，其余部分均较小，大部分区域在 0.50～2.50 MJ/m^3 范围内，耗散能密度和应变能密度的分布相似性较大，表明岩石破坏后应变能大部分转化为耗散能。

从图 2-14 和图 2-16 可以看出，在 $\sigma_2=\sigma_3=5$ MPa 的岩石压缩数值计算中，峰前应力-应变关系近似呈线性，峰值应力约为 93.66 MPa。P-S-S 处峰值时期应力在 85.0～110.0 MPa 范围内波动，大部分区域应力集中在 92.5～97.5 MPa 范围内；耗散能密度在 0～0.330 MJ/m^3 范围内波动，大部分区域在 0～0.198 MJ/m^3 范围内；应变能密度在 0.55～0.95 MJ/m^3 范围内波动，大部分区域在 0.63～0.83 MJ/m^3 范围内。此时，耗散能和应变能存在一个能量集中核区，这是由于围压作用导致应力或能量由上方传递而充分形成的，较 $\sigma_2=\sigma_3=5$ MPa的岩石压缩数值计算试验，Y 方向应力、耗散能密度、应变能密度均有所增加。R-S-S 处的 Y 方向应力分布较为复杂，“X”形式分布较为扭曲，岩石破坏后应变能大部分转化为耗散能，“O”形能量密度核区转化为“X”形分布，且存在一条明显的条形状，耗散能密度在 0～4.80 MJ/m^3 范围内波动，应变能密度在 1.00～4.80 MJ/m^3。

从图 2-14 和图 2-17 可以看出，在 $\sigma_2=\sigma_3=10$ MPa 的岩石压缩数值计算中，峰前应力-应变关系近似呈线性，峰值应力约为 115.83 MPa。P-S-S 处峰值时期应力在 105～135 MPa 范围内波动，大部分区域应力集中在 111～123 MPa 范围内；耗散能密度在 0～0.420 MJ/m^3 范围内波动，大部分区域在 0～

0.252 MJ/m^{3}范围内；应变能密度在0.75～1.25 MJ/m^{3}范围内波动，大部分区域在0.95～1.15 MJ/m^{3}范围内。整体相对$\sigma_2=\sigma_3=5$ MPa的岩石压缩数值计算有所增加，但分布形态变化不大。R-S-S处的Y方向应力分布更为复杂，出现明显的条形状能量密度集中区域，该区域就是岩石宏观破坏形成的，耗散能密度在0～7.0 MJ/m^{3}范围内波动，应变能密度在1.0～7.0 MJ/m^{3}范围内波动，表明岩石破坏后应变能大部分转化为耗散能密度。

从图2-14和图2-18可以看出，在$\sigma_2=\sigma_3=15$ MPa的岩石压缩数值计算中，峰前应力-应变关系近似呈线性，峰值应力约为137.88 MPa。P-S-S处峰值时期应力在130～160 MPa范围内波动，大部分区域应力集中在136～148 MPa范围内，耗散能密度在0～0.650 MJ/m^{3}范围内波动，大部分区域在0～0.455 MJ/m^{3}范围内；应变能密度在1.00～1.70 MJ/m^{3}范围内波动，大部分区域在1.28～1.56 MJ/m^{3}范围内。R-S-S处的Y方向应力分布更为复杂，条形状能量密度集中区域更为明显，且量值逐渐增大，耗散能密度在0～8.0 MJ/m^{3}范围内波动，应变能密度在1.70～8.40 MJ/m^{3}范围内波动。

从图2-14和图2-19可以看出，在$\sigma_2=\sigma_3=20$ MPa的岩石压缩数值计算中，峰前应力-应变关系近似呈线性，峰值应力约为160.57 MPa。P-S-S处峰值时期应力在150～180 MPa范围内波动，大部分区域应力集中在156～168 MPa范围内；耗散能密度在0～0.70 MJ/m^{3}范围内波动，大部分区域在0～0.49 MJ/m^{3}范围内；应变能密度在1.40～2.20 MJ/m^{3}范围内波动，大部分区域在1.64～1.96 MJ/m^{3}范围内。R-S-S处耗散能密度在0～10 MJ/m^{3}范围内波动，应变能密度在2.0～11.0 MJ/m^{3}范围内波动，条形状能量密度集中区域更为明显，Y方向应力、耗散能密度、应变能密度均随围压的增加而有所增加。

从图2-14和图2-20可以看出，在$\sigma_2=\sigma_3=25$ MPa的岩石压缩数值计算中，峰前应力-应变关系近似呈线性，峰值应力约为183.15 MPa。P-S-S处峰值时期应力在175～205 MPa范围内波动，大部分区域应力集中在181～193 MPa范围内；耗散能密度在0～0.90 MJ/m^{3}范围内波动，大部分区域在0～0.63 MJ/m^{3}范围内；应变能密度在1.80～2.70 MJ/m^{3}范围内波动，大部分区域在1.80～2.43 MJ/m^{3}范围内。R-S-S处耗散能密度在1.00～12.50 MJ/m^{3}范围内波动，应变能密度在2.5～12.5 MJ/m^{3}范围内波动，条形状能量密度集中区域更为明显，Y方向应力、耗散能密度、应变能密度均随围压的增加而进一步增加。

综上所述，P-S-S和R-S-S处的Y方向应力、耗散能密度、应变能密度分布

云图在 $\sigma_2=\sigma_3=0$ 的数值计算中近似关于 $X=0$ mm 对称，围压增加不改变 P-S-S处的 Y 方向应力、耗散能密度、应变能密度分布云图近似关于 $X=0$ mm 对称的特点，且随围压增加 Y 方向应力、耗散能密度、应变能密度均呈增加趋势，在 R-S-S 处 Y 方向应力分布较为复杂，整体来看存在一个宏观的条形状应力降低区，而能量密度的分布可以直观反映岩石的破坏模式，比如在常规单轴压缩数值计算中，耗散能密度、应变能密度大幅度增加，这是由于在没有侧向约束的情况下，岩石破坏在局部产生大量的塑性变形，而在常规三轴压缩数值计算中，耗散能密度、应变能密度均随围压的增加而逐渐增加，且有一个共同的特点：存在明显条形状的能量密度集中区域，这是由于岩石沿该区域发生宏观破坏变形产生大量的耗散能导致的。这样可以从能量角度揭示岩石的变形破坏机制，验证实验室试验中围压作用下试样由劈裂破坏转化为剪切破坏的特点，同时也验证了所嵌入 $FLAC^{3D}$ 中的 FISH 语言的合理性。研究结果表明，耗散能可以作为表征岩石的变形破坏特征，耗散能集中代表着岩石破坏严重。

2.4 能量模型的合理性验证

考虑到耗散能是由岩石总能量减去弹性能计算得到，校验能量计算模型时只校验总能量和耗散能两个指标。如图 2-21(a)所示，不同围压下岩样总能量数值计算模拟结果与室内试验基本吻合(选取 0、5、15、25 MPa 围压进行计算)，表明 FISH 语言开发的 $FLAC^{3D}$能量计算模型可靠性较强。

但需要指出的是，模拟岩样峰后耗散能演化曲线与试验结果的吻合度较好，但峰前存在差异性，见图 2-21(b)。峰前阶段，岩样试验耗散能主要呈缓慢线性增加；加载至峰值 80%时，耗散能近似指数增加；一旦到达峰后某破坏点，耗散能演化为斜率较大的直线增长，最终进入残余阶段。数值模拟可近似反演耗散能演化趋势，耗散能在峰后增长曲线与试验结果匹配较好，而且总量大致相等；但峰前阶段存在显著的差异，模拟峰前耗散能近似等于 0，主要原因是能量模型峰前假设不发生塑性变形，无法准确反映孔隙、松软岩体初始压密阶段和峰前塑性阶段，导致围压越大，峰前耗散能相差越大。但是，对于地下工程岩体的分析更关注于峰后变形破坏，由于该模型可较好地模拟岩石峰后能量耗散特征，所以可用于深部巷道变形破坏的模拟。

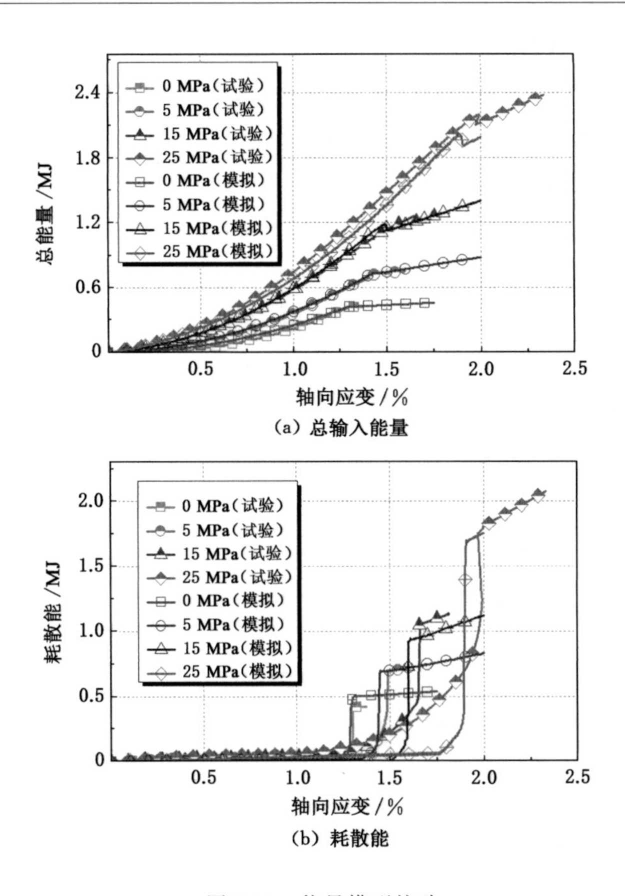

(a) 总输入能量

(b) 耗散能

图 2-21 能量模型校验

2.5 本章小结

本章基于能量平衡和有限差分理论，采用室内力学试验、理论计算和数值分析的方法，分析了岩石试样变形过程中的能量演化特征，同时，推导了岩体能量计算的有限差分方程式，编制了能量计算模型的有限差分程序，开发了 $FLAC^{3D}$ 能量计算模型，并验证了其合理性，主要得到以下结论：

(1) 实验室测试了不同围压 σ_3 下砂岩试样的峰值强度 σ_1 和残余强度 σ_1'，且线性拟合结果符合线性 Mohr-Coulomb 强度准则，计算得到了峰值时期的强度参数 $\varphi=39.66°$，$c=17.069\ 1$ MPa，以及残余阶段的强度参数 $\varphi=33.30°$，$c=1.507\ 8$ MPa。

(2) 随着围压或静水压力增加,试样处于压密阶段的时间逐渐减少,这是由于试样的压密阶段主要发生在施加围压或静水压力过程中,它反映了一种深部岩体效应:随着埋深的增加,静水压力逐渐升高,岩体本身的密实程度逐渐增加。

(3) 常规单轴压缩试验试样以纵向劈裂为主要破坏模式,其间伴随着局部剪切破坏,且破碎程度较大,而在常规三轴压缩试验中,试样以剪切破坏为主,且随着围压的增大试样破碎程度变小,表明围压作用下试样由劈裂破坏转化为剪切破坏。

(4) 理论计算了不同阶段试样所吸收的能量 W、轴向输入的能量 W_z、环向膨胀对液压油做功所释放的能量 W_h、弹性能 W_e 和耗散能 W_d,得到随着围压的增加,W、W_s、W_h、W_e、W_d 均呈现近似线性增加,这表明在同一变形时期,随着岩层埋深的增加,其本身储存的能量越多,以能量演化特征将常规单轴压缩、三轴压缩岩石的变形过程划分为 4 个阶段,即线性积聚阶段、渐进耗散阶段、瞬间释放阶段、持续耗散阶段。

(5) 开发并验证 $FLAC^{3D}$能量计算模型,实现岩石变形破坏过程中能量演化的可视化表述。分析不同围压下岩石受载变形过程的能量演化特征,从能量角度揭示了岩石的变形破坏机制:常规单轴压缩试验中,初期加载过程中应力逐渐向下传播,并呈线性增加,峰值时期轴向应力、耗散能密度、应变能密度均关于轴线对称,破坏后轴向应力大幅度减小,耗散能密度、应变能密度大幅度增加;常规三轴压缩试验中,随着围压的增加,轴向应力、耗散能密度、应变能密度整体呈增加趋势,峰后进入残余强度时期,耗散能密度、应变能密度出现明显条形状的能量密度集中区域,表明围压作用致使岩石试样沿该方向发生剪切破坏。耗散能可以用于表征岩石的变形破坏特征,耗散能集中代表岩石破坏严重。

3 深部(卸压)巷道围岩能量耗散与变形破坏规律

巷道开挖后,初始应力场产生并重新调整,围岩处于“扰动-调整-平衡”的动态过程,在应力的重新分布期间,围岩出现变形破坏的现象,其本质是能量的积聚、耗散和释放,即巷道开挖变形是围岩内部不断积聚的能量超过其储能极限后释放所导致[89-91];同时,以钻孔卸压为主的巷内卸压技术的应用,将导致巷道围岩产生二次损伤,加剧围岩能量耗散,如何揭示深部卸压巷道围岩能量耗散规律,以及量化能量耗散与围岩稳定之间的关系,对维护深部卸压巷道至关重要。本章主要采用数值模拟的方法,利用研发的能量耗散模型,研究深部巷道和深部卸压巷道变形破坏过程的能量耗散特征。

3.1 深部巷道围岩能量耗散与变形破坏规律

3.1.1 巷道耗散能计算原理与实现路径

FLAC^{3D}涵盖了“显式拉格朗日”算法和“混合-离散分区”技术,能准确模拟材料的塑性破坏和流动,模拟过程中,单元节点也会随着模型的屈服流动而改变,符合实际工程地质条件下的巷道围岩变形特征。

3.1.1.1 巷道能量耗散计算原理

巷道开挖扰动致使围岩初始应力场重新调整并逐渐实现二次平衡。应力调整过程中,围岩超过其弹性极限后逐渐进入塑性状态,根据其变形破坏特征可划分为破坏区、塑性区以及弹性区,不同区域的力学行为可与岩石力学试验中的各个变形阶段相对应[92],其中,弹性区对应弹性变形阶段、塑性区对应塑性变形阶段、破坏区对应破坏阶段,这一点区别于 FLAC^{3D}应变软化模型。

FLAC^{3D}应变软化模型认为岩体发生屈服破坏之前,岩体的黏聚力、内摩擦角等力学参数保持恒定,该阶段不考虑岩体的能量耗散,当岩体发生屈服破坏后,岩体黏聚力、内摩擦角出现改变,并随塑性剪切应变的增大而分段线性关系弱化[93],

该阶段岩体发生能量耗散。因此,采用 FLAC^{3D}模拟巷道围岩变形时,围岩变形划分为两个阶段,包括峰前能量集聚阶段和峰后能量耗散阶段,其中峰后能量耗散阶段对应岩体破坏阶段,如图 3-1 给出了 FLAC^{3D}巷道围岩能量耗散计算原理。

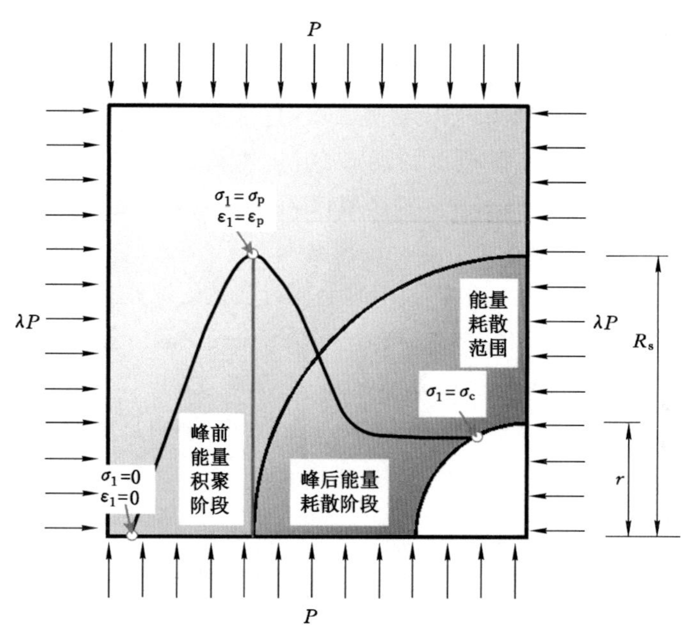

P—原岩应力;λ—侧压系数;r—巷道半径;R_s—能量耗散半径;σ_1—轴向应力;ε_1—轴向应变;σ_p—峰值应力;ε_p—峰值应变;σ_c—残余应力。

图 3-1 巷道围岩耗散能计算原理

3.1.1.2 能量计算模型的实现路径

在 2.3.3 部分研究中,基于能量平衡和有限差分理论,推导了岩体能量计算的有限差分方程式,编制了能量计算模型的有限差分程序,开发了 FLAC^{3D}能量计算模型,但是其开发的运算流程是根据岩石试样变形(与运算时步 Step 相关)确定运算输出节点实现的,并不适用于巷道变形失稳—再平衡过程中的能量计算,需要对运算输出节点设置方式进行一定的修正,具体开发过程的修正为:首先,对单元进行编号,定义单循环运算时步 m;其次,运算之前先捕捉各单元初始应力 σ_i^{I};然后,启动第一循环运算,捕捉 m 时步后的单元应力 σ_i^{N} 和应变增量 $\Delta\varepsilon_i$,计算单元能量;最后,判定运算是否达到力学平衡状态,若是,则将计算能量赋值给相应单元格,输出能量演化云图,导出数据并结束,若否,则启动下一循环,直至达到力学平衡状态后,输出能量演化云图。

3.1.2 数值计算模型与模拟方案

3.1.2.1 数值模型的建立

在数值计算时，以三河尖煤矿吴庄区运输大巷为工程背景，已知大巷为半圆拱形巷道，尺寸(宽×高)为 5.0 m×4.0 m，埋深约为 800 m，侧压系数取 1.0。为简化模型同时提高计算速度，模型尺寸(长×宽×高)为 40 m×20 m×40 m，模型侧边及底部进行位移固定，上边界施加垂直应力边界，上覆岩层对模型的垂直应力简化为作用于模型顶部的均布载荷，本构模型采用 Mohr-Coulomb 和 Strain-Softening(应变-软化)双重模型，其中巷道所处岩层选用 Strain-Softening 模型，其余模型选用 Mohr-Coulomb 模型。

数值计算模型如图 3-2 中左图所示，同时在数值计算时需做以下假设：① 忽略温度、矿井水、瓦斯等因素的影响，假设模型周围空间位置不变；② 假设模型各层岩体为弹塑性、均质、连续性的介质；③ 模型侧边及底部进行位移固定，上边界施加不同的垂直应力边界等价于模型处于不同深部的覆岩重力。图 3-2 中右图给出了巷道围岩耗散能及变形情况的监测路径。

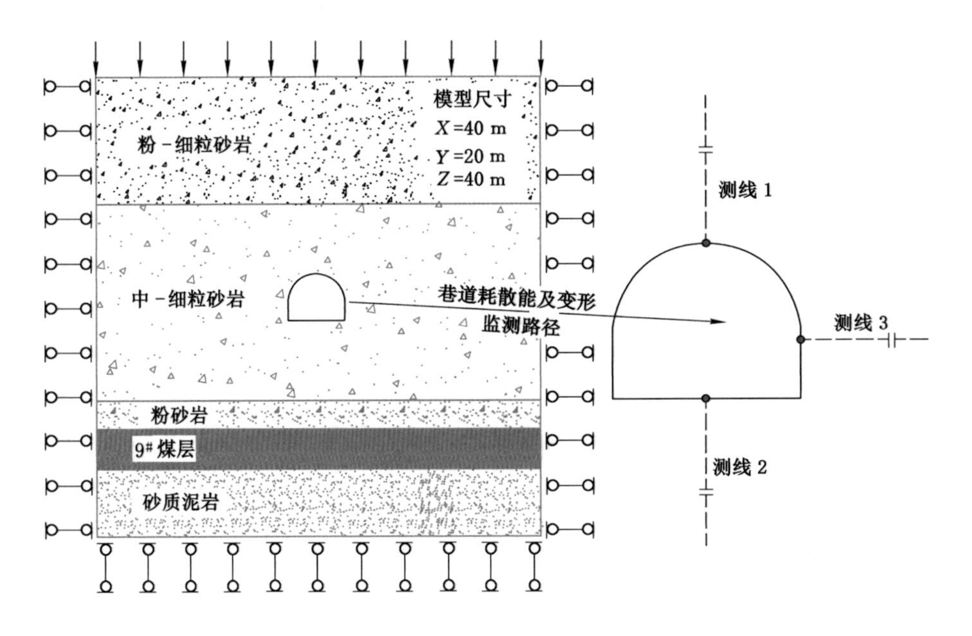

图 3-2 数值计算模型(以半圆拱形巷道为例)

3.1.2.2 模型参数确定

室内岩石力学试验是指实验室内制作岩石试样并测试试样的力学性质，

由于地应力、地温、地下水等因素对实际岩体的影响,再加上岩石试样往往取自岩体中完整的部分,自身离散型较大,因此室内试验结果无法直接应用到数值模拟中,需要进行一定的参数修正。本书以三河尖煤矿吴庄区运输大巷现场生产地质条件为背景,采用现场实测获得的围岩变形作为已知特征值,将围岩峰后强度衰减规律嵌入数值计算模型,反演得到实际岩体参数,具体参数如表 3-1 和表 3-2 所示。

表 3-1 岩体基本力学参数

岩层	密度/(kg·m^{-3})	弹性模量/MPa	泊松比	黏聚力 c/MPa	内摩擦角 φ/(°)
粉-细粒砂岩	2 700	3 031	0.278	4.800 0	34.57
中-细粒砂岩	2 500	2 085	0.256	3.608 3	30.36
粉砂岩	2 350	2 432	0.264	4.100 0	32.13
9$^{\#}$煤层	1 400	1 238	0.185	2.500 0	25.46
砂质泥岩	2 150	1 840	0.245	3.200 0	29.92

表 3-2 中-细粒砂岩(巷道所处岩层)峰后强度衰减参数

塑性参数 ε^{ps}	0	0.002 5	0.005 0	0.007 5	0.010 0
黏聚力 c/MPa	3.608 3	3.573 6	3.283 1	2.900 5	2.611 0
内摩擦角 φ/(°)	30.36	30.35	30.90	31.26	30.72
塑性参数 ε^{ps}	0.012 5	0.015 0	0.017 5	0.500 0	1.000 0
黏聚力 c/MPa	2.187 0	1.909 6	1.597 8	0.318 7	0.318 7
内摩擦角 φ/(°)	30.11	27.65	24.64	23.14	23.14

3.1.2.3 数值模拟方案

与巷道围岩变形直接相关的因素就是围岩应力环境,围岩应力环境包括垂直应力和水平应力,分别由巷道埋深和侧压系数决定,而适合的断面形状可以改善巷道围岩“失稳—再平衡”后的应力环境,比如:对于浅部煤巷来说,多采用矩形或梯形巷道,而深部岩巷则主要采用半圆拱形或圆形巷道。为研究巷道埋深 H、侧压系数 λ、开挖断面形状等不同因素对巷道围岩能量演化与变形破坏的影响,本章采用控制变量法,基于试验巷道生产地质条件,设计了不同的试验方案,表 3-3 给出了不同的数值计算试验方案。

表 3-3 数值计算试验方案

试验方案	定量因素	变量因素
方案①	λ=1.0、半圆拱形	H=600 m
方案②		H=800 m
方案③		H=1 000 m
方案④		H=1 200 m
方案⑤		H=1 400 m
方案⑥	H=800 m、半圆拱形	λ=0.6
方案⑦		λ=0.8
方案⑧		λ=1.2
方案⑨		λ=1.4
方案⑩	H=800 m、λ=0.8	圆形
方案⑪		矩形
方案⑫		梯形

注:矩形、半圆拱形巷道尺寸为5.0 m×4.0 m(宽×高),圆形巷道半径2.5 m,梯形巷道尺寸为4.0 m×5.0 m×4.0 m(上底×下底×高)。

3.1.3 数值模拟结果与分析

3.1.3.1 巷道埋深

根据资料显示[94],地壳中岩层垂直地应力的分布较为简单,即垂直应力的大小随深度增加近似呈线性增加,而水平应力受到断层、褶皱等地质构造的影响,其大小、方向变化较为复杂。在本部分的研究中假设不同埋深下的巷道所处岩层的侧压系数均为1.0,以便研究埋深对巷道围岩能量耗散和变形破坏的影响,这里按巷道埋深分别为600、800、1 000、1 200、1 400 m计算,容重为25 kN/m^3,对应作用于模型顶部的均布载荷分别为14.5、19.5、24.5、29.5、34.5 MPa。

(1) 埋深对巷道围岩能量耗散的影响

图3-3为不同埋深下巷道围岩耗散能的密度分布云图,从图中可以看出,巷道埋深为600 m时,围岩能量耗散范围较小,其中帮部围岩和底板岩层的能量耗散范围较大(约2 m),顶板岩层的能量耗散范围较小(约1.2 m);巷道埋深增加至800 m后,围岩能量耗散范围明显增加,巷道底帮以及肩角围岩能量耗散范围较大,为5~6 m,其次是底板岩层,能量耗散范围约为4.5 m,顶板岩层(正上方)的能量耗散范围最小约(2 m);随着巷道埋深的不断增加,巷道围岩能量耗散的范围显著增加,当巷道埋深增加至1 400 m后,帮部围岩和底板岩层能量

耗散范围达到 10 m 以上，此时巷道深部围岩出现严重破坏，极易发生巷道大变形现象。

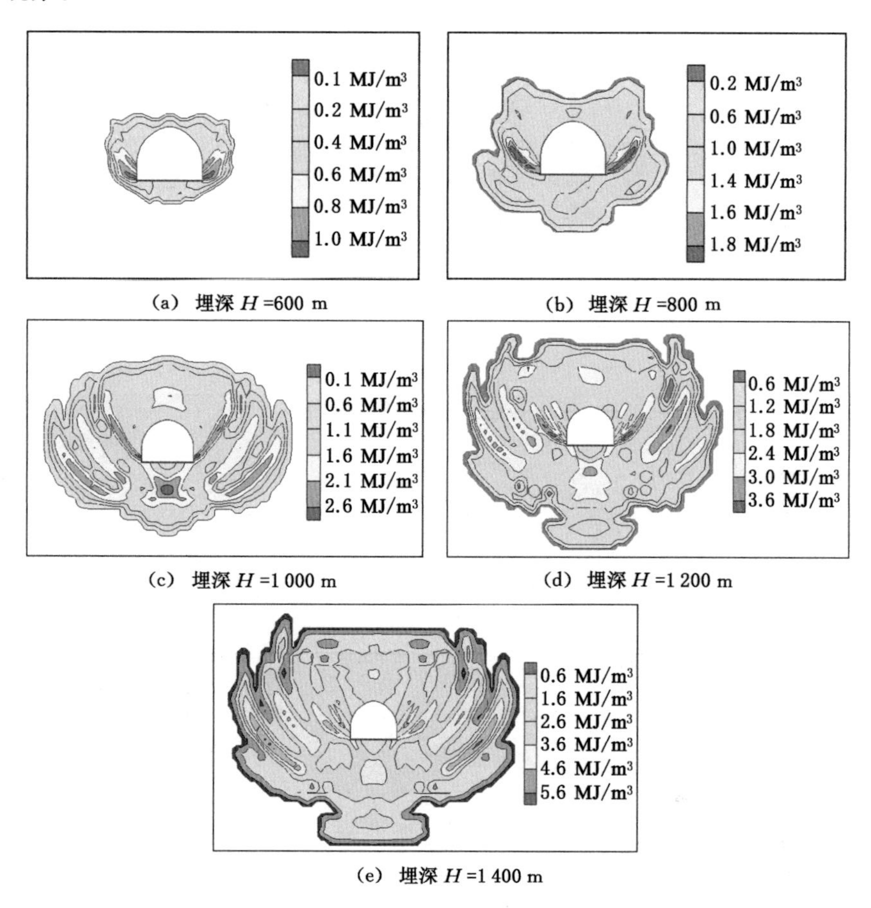

图 3-3　不同巷道埋深下围岩耗散能的密度分布云图

图 3-4(a)为巷道围岩耗散能集中密度与埋深的关系图，图 3-4(b)～(d)为 3 条变形监测路径下的围岩耗散能密度与距巷道表面距离的关系曲线图(监测路径如图 3-2 中右图所示)。从图中可以看出，巷道埋深为 600 m 时，巷道围岩耗散能最大集中密度约为 1.0 MJ/m^3；当巷道埋深为 800 m 时，耗散能最大集中密度增加至 1.9 MJ/m^3 左右，位于巷道两帮下部围岩；当巷道埋深增加至 1 000 m 时，耗散能最大集中密度增加至 2.8 MJ/m^3 左右，集中区域由巷道两帮下部围岩向巷道底板岩层演化；随着埋深的继续增加，巷道围岩耗散能集中密度不断增加，当巷道埋深增加至 1 400 m 时，耗散能最大集中密度增加至 5.6 MJ/m^3 左右。

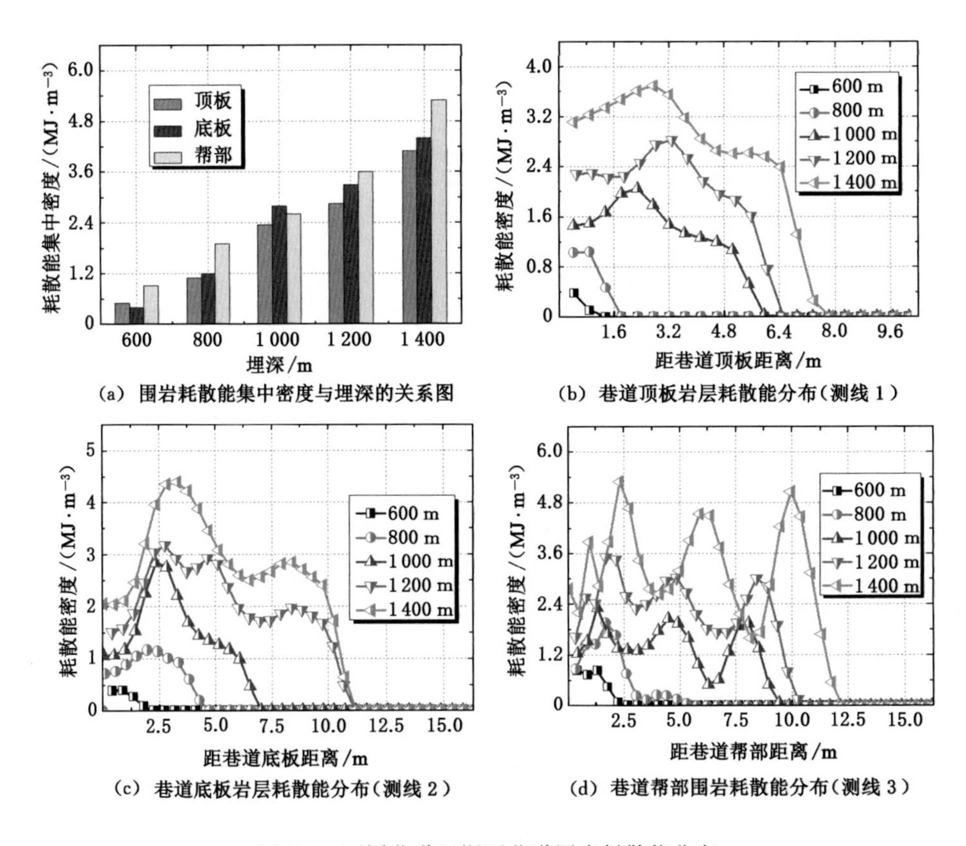

(a) 围岩耗散能集中密度与埋深的关系图

(b) 巷道顶板岩层耗散能分布(测线 1)

(c) 巷道底板岩层耗散能分布(测线 2)

(d) 巷道帮部围岩耗散能分布(测线 3)

图 3-4　不同巷道埋深下巷道围岩耗散能分布

由图 3-3 和图 3-4 可知,随着巷道埋深的增加,巷道围岩逐渐出现多区域耗散能集中现象,即围岩能量分区耗散现象,表明巷道围岩出现分区破裂化,并随着巷道埋深的不断增加,分区破裂化更为明显,表明深部的岩土工程围岩变形有别于浅部的岩土工程围岩变形。测线 1 和测线 2 分别给出了不同埋深下巷道顶板岩层和底板岩层耗散能密度分布曲线图,埋深较小时,存在一个耗散能密度峰值点,即耗散能集中区域,为巷道围岩主破坏区域,该处围岩损伤严重,随着埋深的不断增加,围岩逐渐出现多个耗散能集中区域,表明深部巷道围岩出现分区破裂化现象;测线 3 给出了不同埋深下巷道帮部围岩耗散能密度分布曲线图,图中显示巷道帮部存在多个耗散能集中区域,表明巷道帮部围岩存在多个主破坏区域,且耗散能密度与顶板岩层和底板岩层相比,其数值较大,表明该地质条件下,巷道围岩的分区破裂化现象主要发生在帮部,围岩的破坏程度和范围较大。

(2) 巷道埋深对巷道围岩变形破坏的影响

图 3-5(a)为巷道表面最大变形量与埋深的关系图,图 3-5(b)~(d)为 3 条变形监测路径下的围岩变形量与距巷道表面距离的关系曲线图(监测路径如图 3-2 中右图所示)。

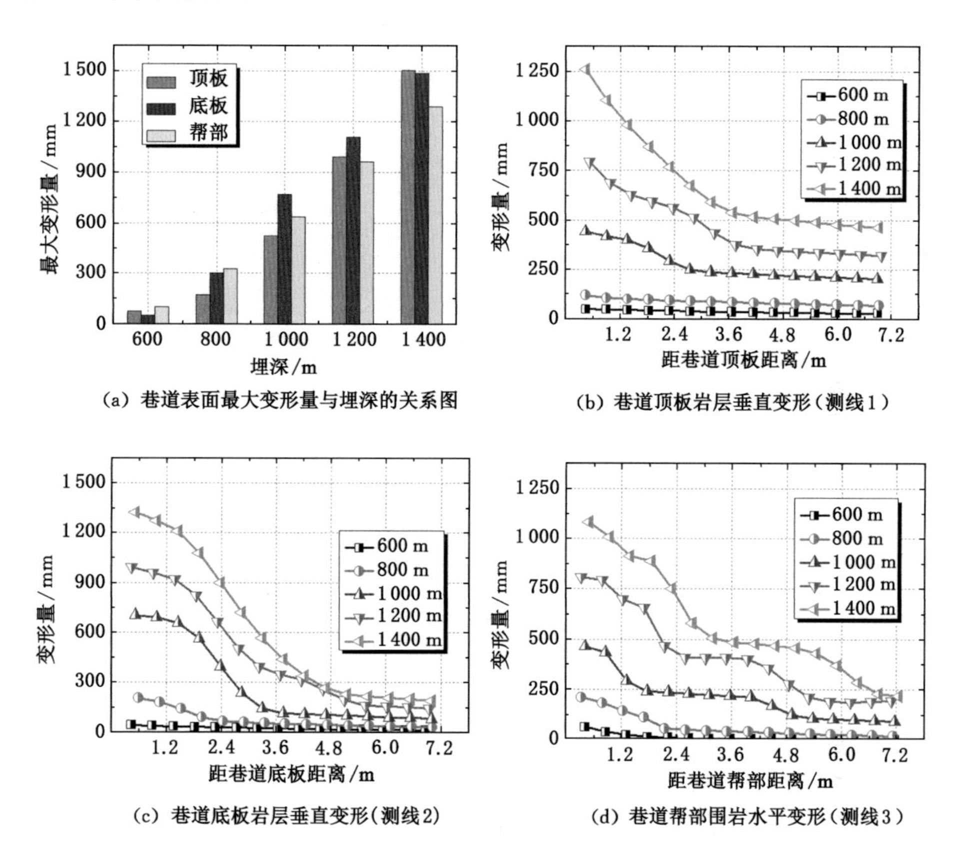

(a) 巷道表面最大变形量与埋深的关系图

(b) 巷道顶板岩层垂直变形(测线1)

(c) 巷道底板岩层垂直变形(测线2)

(d) 巷道帮部围岩水平变形(测线3)

图 3-5 不同巷道埋深下巷道围岩的变形情况

从图中可以看出:巷道围岩变形量随着巷道埋深的不断增加而增加,巷道埋深为 600 m 时,巷道围岩变形程度较低,帮部变形量约为 104 mm,顶板变形量约为 78 mm,底板变形量约为 50 mm;当巷道埋深为800 m,巷道围岩变形程度增加,帮部变形量增加至 329 mm 左右,顶板和底板变形量分别增加至 174 mm 和 302 mm 左右,其中,帮部变形量约有 80%的变形发生在 2 m 范围内的浅部岩层;当巷道埋深增加至 1 000 m 时,巷道底板变形量大于帮部变形量和顶板变形量,底板变形量约为 769 mm,变形主要集中在 3.5 m 范围内的浅部岩层(70%~80%的变形),帮部变形量约为637 mm,变形主要集中在2 m范围内的浅部岩层(约50%的变形),顶板变形量约为525 mm,且围岩的变形主要发生在巷道;当巷道埋深增加至1 200 m后,巷道围岩变形范围和程度明显增加,巷道顶板和底板变形量均大于帮部变形量,并随着埋深的增加,顶板和底板变形量增幅也大于帮部变形。

综上所述,围岩耗散能集中密度、能量耗散范围以及变形破坏程度和范围均随巷道埋深的不断增加而增加,这是由于巷道埋深加大,围岩所处的应力环境逐渐升高,变形破坏程度和范围较大,从而导致围岩产生大量的耗散能,即耗散能与围岩的变形直接相关。研究表明,当埋深达到一定时(800 m),埋深继续增加,巷道围岩耗散能集中密度将显著增加,同时,巷道围岩出现能量分区耗散现象,并随着埋深的不断增加,能量分区耗散更为明显,并由巷道两帮底角围岩逐渐向整体围岩灾变演化。在浅埋巷道支护设计时,可适当减少底板支护设计,加强顶板、帮部与底角支护即可,但随着埋深的增加,尤其当埋深大于1 000 m后,应注意对巷道全断面的支护设计,采取必要的底板加固措施。

3.1.3.2 侧压系数

侧压系数是指水平平均应力与垂直应力的比值,在浅埋地层中,应力环境受构造影响较大,侧压系数一般较大,随着深度增加,侧压系数受构造影响程度相对减小,波动范围也变小[95]。为研究侧压系数对能量耗散和变形破坏的影响,本部分研究假设巷道埋深为800 m,容重为25 kN/m^3,作用于模型顶部的均布载荷为19.5 MPa,研究侧压系数λ分别为0.6、0.8、1.0、1.2、1.4时,侧压系数的改变对巷道围岩能量耗散和变形破坏的影响。

(1) 侧压系数对巷道围岩能量耗散的影响

图3-6为不同侧压系数下巷道围岩耗散能密度分布云图,从图中可以看出,侧压系数为0.6和0.8时,巷道顶板岩层和底板岩层能量耗散范围较小,且近似相等,顶板岩层和底板岩层能量耗散范围分别约为0.7 m和2.0 m;侧压系数为0.6时,帮部围岩能量耗散范围约为4.0 m;侧压系数为0.8时,帮部围岩能量耗散范围约为4.5 m;侧压系数增加至1.0时,巷道帮部能量耗散范围均有所增加,顶板岩层、底板岩层以及帮部围岩能量耗散范围分别约为2.0 m、4.5 m和5.5 m;当侧压系数继续增加,巷道顶板岩层和底板岩层能量耗散范围逐渐增加,而帮部围岩能量耗散范围出现小范围减小,侧压系数为1.2时,顶板岩层、底板岩层以及帮部围岩能量耗散范围分别约为6.0 m、8.5 m和5.0 m,此时巷道顶板、底板深部岩层出现严重破坏,极易诱发巷道大变形。

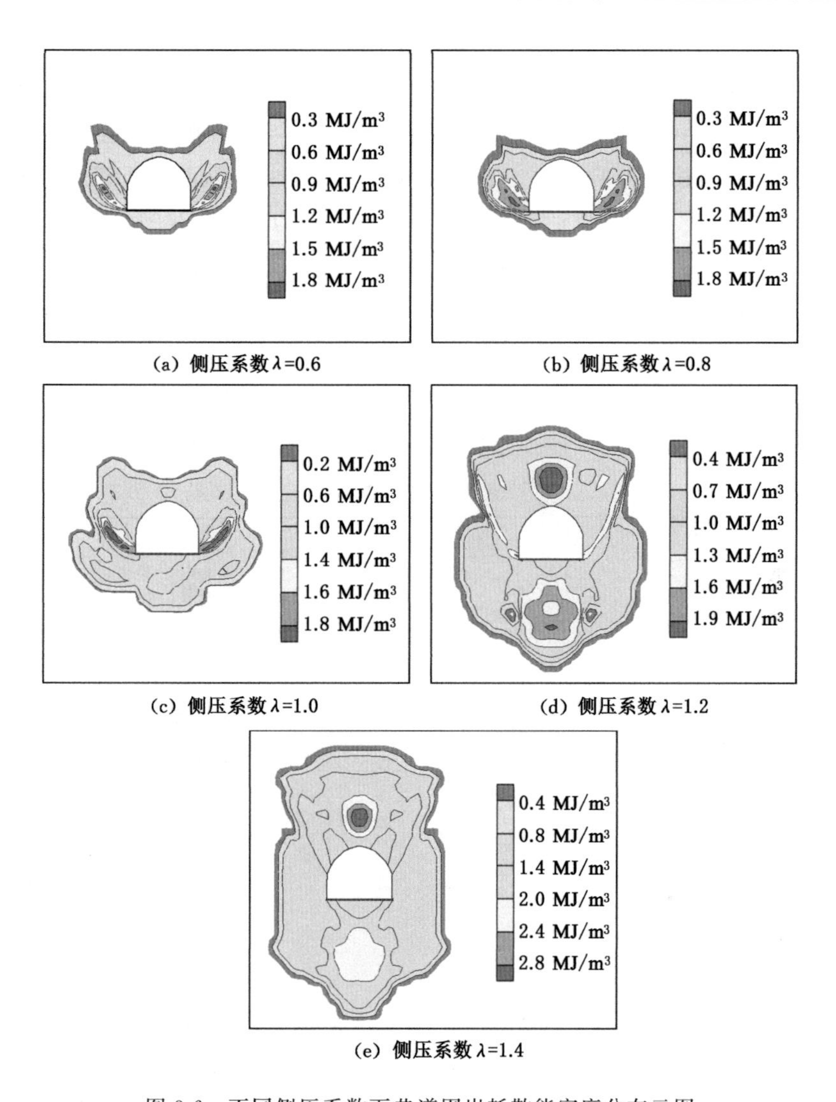

(a) 侧压系数 λ=0.6　(b) 侧压系数 λ=0.8

(c) 侧压系数 λ=1.0　(d) 侧压系数 λ=1.2

(e) 侧压系数 λ=1.4

图 3-6　不同侧压系数下巷道围岩耗散能密度分布云图

图 3-7(a)为巷道围岩耗散能集中密度与侧压系数的关系图,图 3-7(b)～(d)为 3 条变形监测路径下的围岩耗散能密度与距巷道表面距离的关系曲线图(监测路径如图 3-2 中右图所示)。从图中可以看出,侧压系数为 0.6 和 0.8 时,耗散能最大集中密度约为 1.8 MJ/m³,位于巷道两帮下部围岩;当侧压系数增加至 1.4 时,耗散能最大集中密度增加至 3.1 MJ/m³ 左右,位于巷道顶板岩层。此外,随着侧压系数的增大,巷道围岩耗散能集中密度先减小后增加,其中顶板岩

层和底板岩层耗散能集中密度不断增加，巷道帮部围岩耗散能集中密度不断减小。当侧压系数 $\lambda<1.0$ 时，侧压系数的改变对巷道围岩耗散能集中密度的影响较小，耗散能主要集中在两帮；当侧压系数 $\lambda\geqslant1.0$ 时，侧压系数的改变对巷道围岩耗散能集中密度的影响较大。随着侧压系数的增加，巷道围岩耗散能集中密度快速增加，且集中区域由两帮下部围岩位置逐渐向顶板岩层和底板岩层演化。

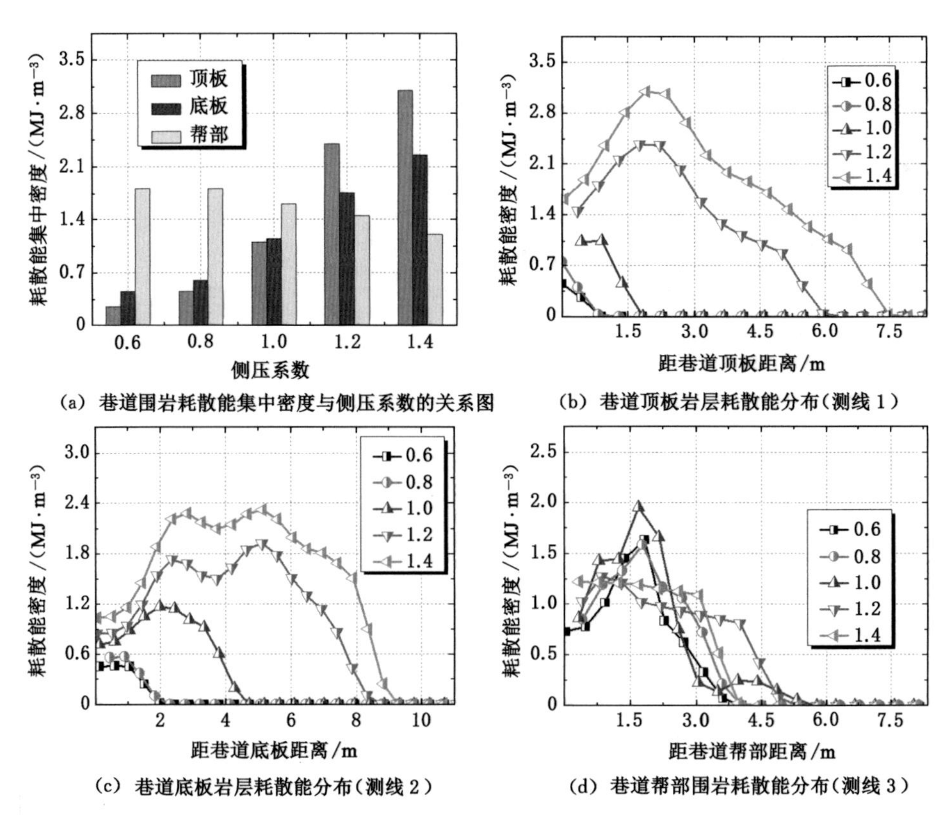

(a) 巷道围岩耗散能集中密度与侧压系数的关系图　(b) 巷道顶板岩层耗散能分布(测线 1)

(c) 巷道底板岩层耗散能分布(测线 2)　(d) 巷道帮部围岩耗散能分布(测线 3)

图 3-7　不同侧压系数下巷道围岩耗散能分布

如图 3-7(c)所示，侧压系数较小时，底板岩层存在一个耗散能密度峰值点，为巷道围岩主破坏区域，当侧压系数 λ 为 1.2 和 1.4 时，底板岩层出现两个耗散能密度峰值点，即侧压系数较大时，巷道底板岩层逐渐出现能量分区耗散现象。如图 3-7(d)所示，当侧压系数 λ 为 0.6、0.8 和 1.0 时，巷道帮部围岩耗散能最大集中密度较大；当侧压系数 λ 为 1.2 和 1.4 时，巷道帮部围岩耗散能最大集中密度相对较小，但巷道帮部变形破坏区域扩展范围小于顶底板变形破坏区域扩展范围。

(2) 侧压系数对巷道围岩变形破坏的影响

图 3-8(a)为巷道表面最大变形量与侧压系数的关系图,图 3-8(b)～(d)为 3 条变形监测路径下的围岩变形量与距巷道表面距离的关系曲线图(监测路径如图 3-2 中右图所示)。

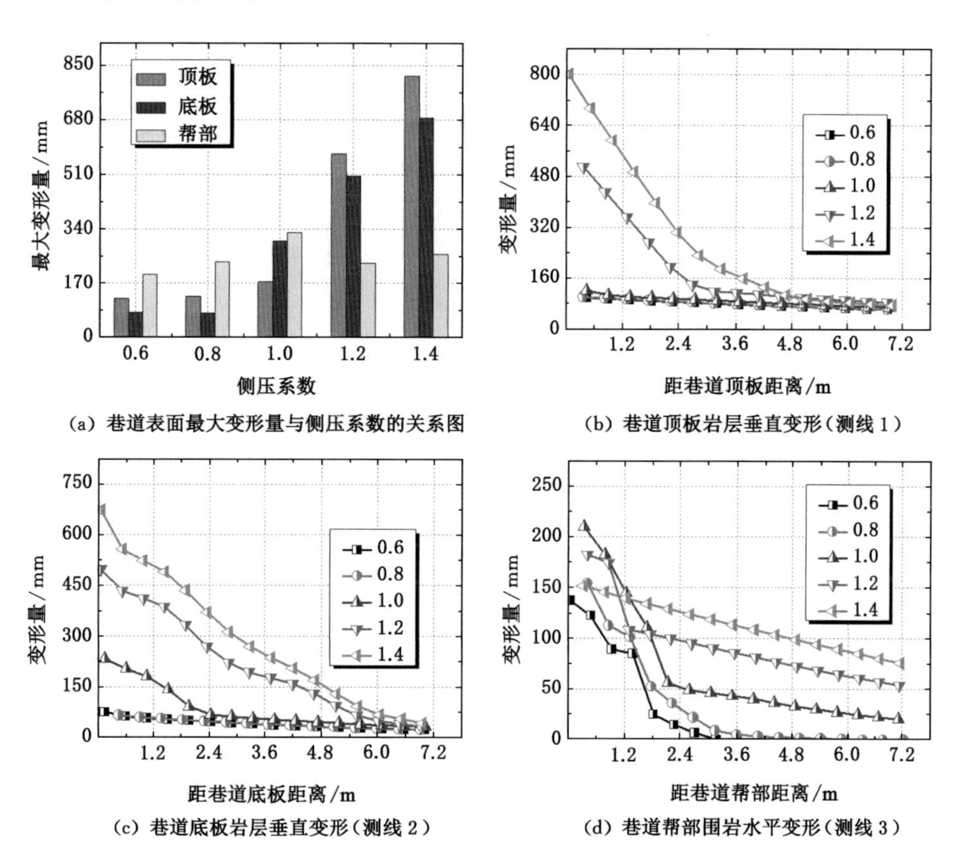

(a) 巷道表面最大变形量与侧压系数的关系图　(b) 巷道顶板岩层垂直变形(测线 1)

(c) 巷道底板岩层垂直变形(测线 2)　(d) 巷道帮部围岩水平变形(测线 3)

图 3-8　不同侧压系数时巷道围岩变形情况

从图中可以看出:在侧压系数为 0.6 和 0.8 时,侧压系数的改变对顶板和底板的变形影响较小,主要影响巷道帮部围岩的变形破坏,侧压系数为 0.6 时,顶板和底板变形量分别约为 122 mm 和 79 mm,帮部变形量约为 198 mm,侧压系数为 0.8 时,顶板和底板变形量分别约为 128 mm 和 76 mm,帮部变形量约为 237 mm;侧压系数增加至 1.0 时,巷道围岩变形量小范围增加,此时,顶板和底板变形量分别约为 174 mm 和 302 mm,帮部变形量约为 329 mm,其中,底板变形量约有 60%的变形发生在 2.4 m 范围内的浅部岩层;侧压系数继续增加将显著影响巷道顶板和底板岩层的变形破坏,帮部变形量出现减小,侧压系数增加至

1.2 时，顶板和底板变形量分别约为 575 mm 和 505 mm，帮部变形量约减小至 234 mm，顶板和底板变形量达帮部变形量的 2 倍以上，其中，顶板变形量约有 80%的变形发生在 2.5 m 范围内，底板变形量约有 90%的变形发生在 6 m 范围内，之后随着侧压系数的增加，巷道顶板和底板变形量不断增加，而帮部变形量变化较小，虽然当侧压系数 $\lambda \geqslant 1.0$ 后，巷道帮部表面最大变形量随侧压系数的增加不断减小，但是其减小程度较小，且围岩变形整体变形量加大。

综上研究表明，侧压系数的改变对巷道围岩分区破裂化现象影响较小，侧压系数 $\lambda < 1.0$ 时，巷道围岩主要存在一个主破坏区域，且能量耗散和变形破坏主要发生在巷道两帮及底板，侧压系数 $\lambda \geqslant 1.0$ 时，巷道帮部围岩的能量耗散、变形破坏程度和范围变化均较小，而顶底板（尤其是顶板）岩层变形破坏程度及范围随侧压系数的增加快速增加，并逐渐出现分区破裂化现象。在岩巷支护设计时，侧压系数较小的巷道同样可减少底板支护设计，注意加强顶帮与底角支护即可，但受构造影响，在侧压系数较大的情况下，设计正常的顶帮与底角支护时，应注意顶、底板的加强支护。

3.1.3.3 断面形状

我国煤矿建设时期使用的巷道断面多为矩形、梯形、拱形、圆形等，其中矩形和梯形断面具有断面利用率高的优点，适用于煤层巷道；拱形和圆形断面的断面利用率较低，但是这两类巷道可以较好地控制顶板压力和两帮压力，在中、深部煤矿中广泛应用，本部分研究矩形、梯形、半圆拱形以及圆形断面巷道对围岩能量耗散演化和变形破坏的影响，研究可为煤矿选择使用的巷道断面提供参考。

(1) 断面形状对巷道围岩能量耗散的影响

图 3-9 为 4 种典型断面巷道围岩耗散能密度分布云图，图 3-10(a)为巷道围岩耗散能集中密度与巷道断面形状的关系图，图 3-10(b)～(d)为 3 条变形监测路径下的围岩耗散能密度与距巷道表面距离的关系曲线图（监测路径如图 3-2 中右图所示）。

4 种典型断面巷道相比，矩形巷道和圆形巷道耗散能集中范围相对较小，矩形巷道和圆形巷道能量耗散大概相对巷道中轴线相互对称，而对于梯形巷道和半圆拱形巷道来说，由于巷道顶底断面具有差异性，巷道围岩耗散能集中区域及能量耗散范围相对转移，其中，半圆拱形巷道耗散能集中区域转移至巷道两帮围岩及底角底板岩层，围岩能量耗散范围向两帮下部围岩和底板岩层转移，而梯形巷道围岩能量耗散范围转移至底板岩层和两帮中下部围岩。上述分析表明，矩

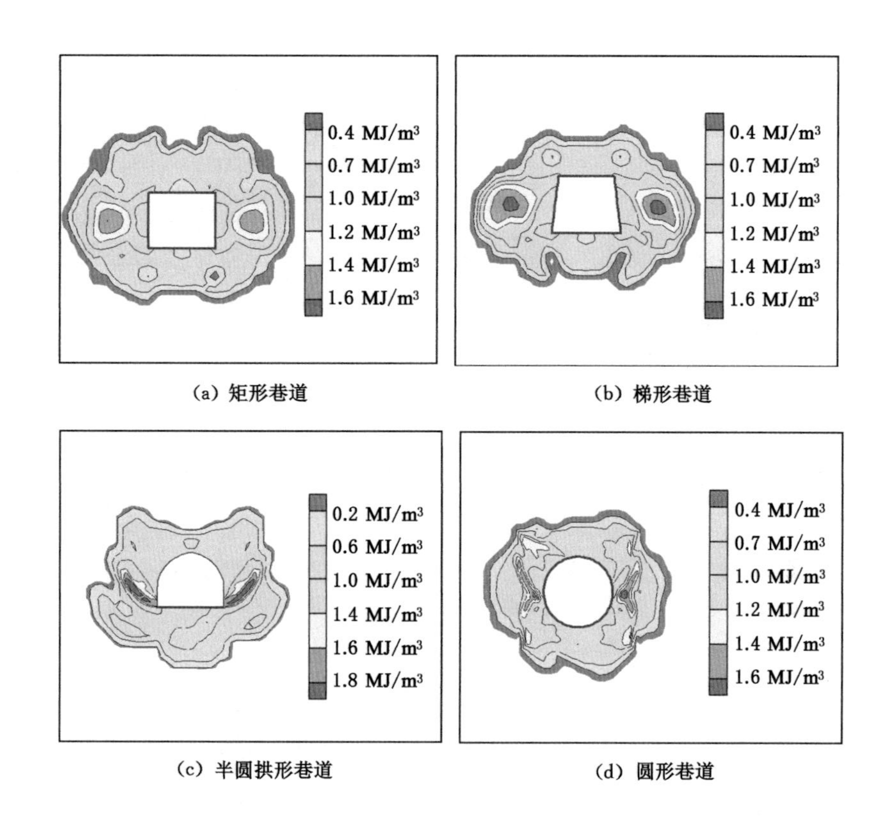

图 3-9 不同断面形状下巷道围岩耗散能密度分布云图

形巷道和梯形巷道围岩主破坏区域主要发生在巷道两帮，而半圆拱形巷道围岩主破坏区域发生在巷道两帮底角位置，圆形巷道围岩主破坏区域和破坏程度较小，且主破坏区域逐渐减小。

矩形巷道和梯形巷道底板岩层和两帮围岩能量耗散范围近似，均较小，梯形巷道相比矩形巷道顶板岩层能量耗散范围较小，矩形巷道顶板岩层能量耗散范围最大。矩形巷道的顶板岩层、底板岩层以及帮部围岩能量耗散范围分别约为 4.0 m、3.7 m 和 6.2 m；梯形巷道的顶板岩层、底板岩层以及帮部围岩能量耗散范围分别约为 3.2 m、3.7 m 和 6.0 m；半圆拱形巷道的顶板岩层能量耗散范围最小，底板岩层能量耗散范围最大，顶板岩层、底板岩层以及帮部围岩能量耗散范围分别约为 1.7 m、4.7 m 和 5.5 m；圆拱形巷道帮部围岩能量耗散范围最小，顶板岩层、底板岩层能量耗散范围适中，顶板岩层、底板岩层以及帮部围岩能量耗散范围分别约为 3.2 m、4.5 m 和 4.5 m。

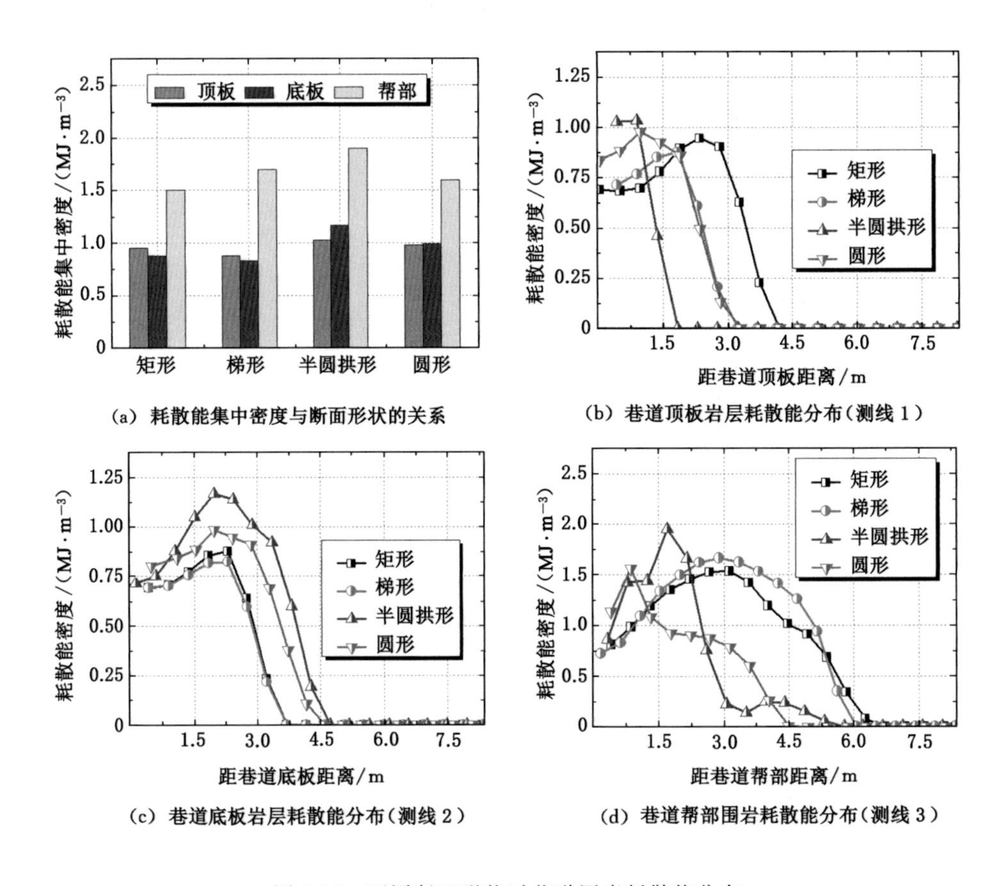

图 3-10 不同断面形状时巷道围岩耗散能分布

此外,矩形巷道围岩耗散能最大集中密度最小,约 1.5 MJ/m³,半圆拱形巷道围岩耗散能最大集中密度最大,约 1.9 MJ/m³,梯形巷道和圆形巷道围岩耗散能最大集中密度分别为 1.7 MJ/m³ 和 1.6 MJ/m³。相对来说,圆形巷道围岩耗散能密度较为均衡,矩形巷道和梯形巷道帮部围岩耗散能密度较大,半圆拱形巷道能量耗散主要聚集在巷道两帮。

(2) 断面形状对巷道围岩变形破坏的影响

图 3-11(a)为巷道表面最大变形量与断面形状的关系图,图 3-11(b)~(d)为 3 条变形监测路径下的围岩变形量与距巷道表面距离的关系曲线图(监测路径如图 3-2 中右图所示)。

从图中可以看出:4 种典型断面巷道中,圆形巷道表面最大变形量和围岩变形破坏程度最小,顶板变形量和底板变形量分别约为 140 mm 和 110 mm,帮部变形量约为 257 mm;半圆拱形巷道底板变形量最大,约为 302 mm,其中,有 60%以上的变形集中发生在 2.4 m 范围内的底板浅部岩层,同时,顶板和帮部的变形量与矩形巷道和梯形巷道相比较小,顶板变形量约为 174 mm,帮部变形量约为 329 mm;梯形巷道和矩形巷道相比,底板变形量以及顶板岩层变形破坏情况基本一致,矩形巷道顶板和帮部变形量及变形破坏程度较大,其中,帮部变形破坏的差异主要集中在巷道表面 1.5 m 范围内,梯形巷道顶板、底板以及帮部变形量分别为 182、175、483 mm,矩形巷道顶板、底板及帮部变形量分别为 291、182、515 mm。

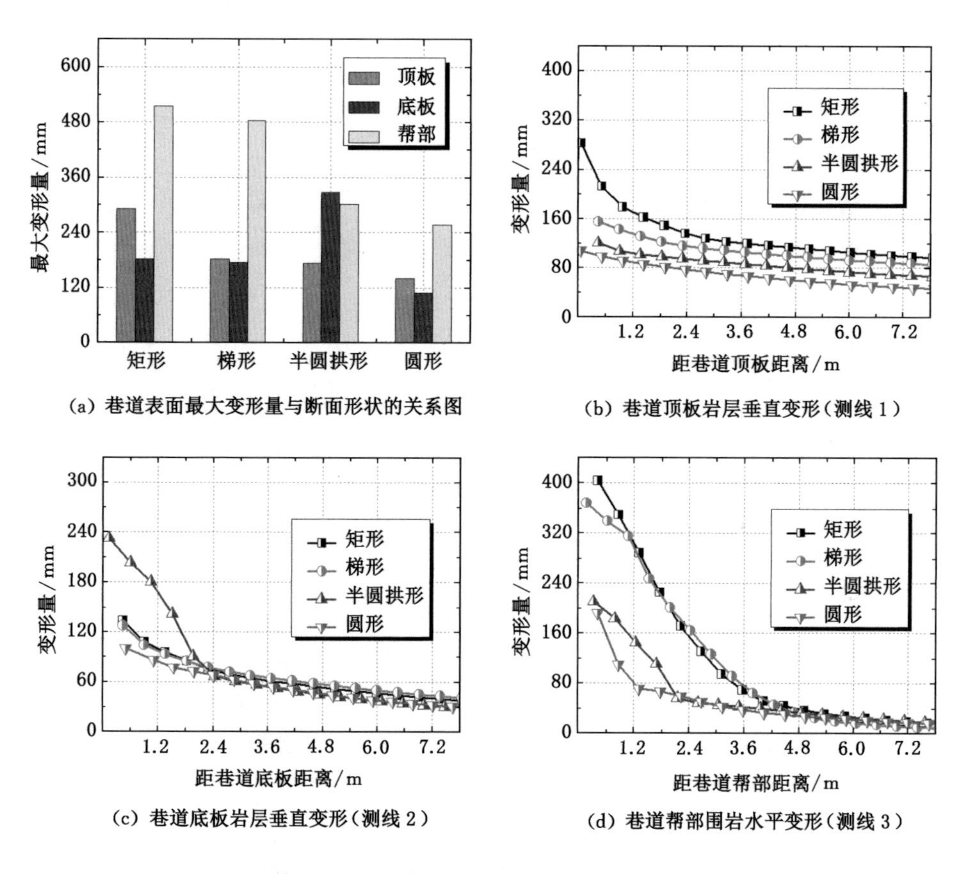

图 3-11 不同断面形状时巷道围岩变形情况

综上所述,巷道断面形状不同,围岩主破坏区域的位置不同,矩形巷道和梯形巷道的顶板岩层和帮部围岩能量耗散较为集中,主破坏区域位于巷道帮部,半圆拱形巷道围岩最大耗散能集中范围较大,但是巷道围岩能量耗散主要集中在巷道浅部围岩，且主破坏区域主要发生在两帮及底板岩层，圆形巷道围岩能量耗散范围和变形破坏程度相对最小，且主破坏区域逐渐减小。

3.2 深部卸压巷道能量耗散规律与卸压参数确定

研究表明，深部巷道发生大变形的主要原因之一为巷道所处的应力环境高，为改善围岩高应力环境，国内外学者提出了诸多应力转移技术，如开槽、钻孔、切缝等，并取得了一定的卸压效果。在诸多卸压技术中，钻孔卸压技术具有施工容易、施工速度快等优点，在深部高应力巷道中应用最为广泛。本章基于室内岩石力学试验结果和开发的能量耗散模型，从能量角度量化卸压钻孔开挖对深部巷道围岩耗散能演化的影响规律，提出卸压钻孔参数能量确定方法，为深部巷道围岩稳定控制技术的开发提供理论依据。

3.2.1 钻孔卸压作用原理

深部巷道往往一经掘出即表现出大变形的特点，不仅变形速度快，且变形持续时间较长，经常采用多种支护方式多次支护后，仍不能保持巷道的长期稳定。深部巷道开挖后，围岩表面的径向应力得到解除，受力状态由最初的三向受力向二向受力转变，造成原岩应力的重新分布，部分围岩出现应力集中，当集中应力超过岩体的极限承载能力后，塑性区将从巷道表面向围岩深处延展[96-97]。根据极限平衡理论，一般认为切向应力峰值位置位于围岩弹塑性交界处。巷道围岩内塑性区的出现，降低了浅部围岩的承载能力，围岩塑性区一般可分为 2 个部分：

① 应力增高区：应力集中在塑性区外围且大于原岩应力，这部分围岩已经出现塑性破坏，然而在三向应力的作用下，岩体的承载能力较强，应力高于原岩应力，与弹性区内应力增高部分均为承载区；

② 应力降低(破裂)区：围岩出现破裂产生位移，这部分围岩中最大主应力与最小主应力相差悬殊，其应力值远小于原岩应力，围岩发生破坏[98]。

图 3-12 为巷道围岩钻孔卸压原理图，在未开挖下卸压钻孔时，巷道掘进过程中，围岩应力峰值位于塑性区域与弹性区域的交接位置处，如图中曲线 1 所示；使用大直径钻头进行钻孔卸压施工，钻孔内部形成一定范围的破碎区和塑性区[99-100]；在两钻孔之间区域叠加部分，连续不断构成条状卸压区域，塑性区随钻孔长度进一步扩展，卸压区的承载力逐渐降低导致应力增高区向巷道围岩深处转移，应力曲线由曲线 1 转变为曲线 2，为深部巷道围岩稳定性提供良好的条

件。同时,卸压钻孔利用孔内空间可为巷道围岩体积膨胀变形提供补偿空间,协同控制围岩稳定。卸压钻孔施工后,巷道周边应力和位移的差异导致围岩耗散与卸压前不同,接下来主要讨论卸压钻孔参数对深部巷道围岩能量耗散、应力转移和变形控制的影响效果。

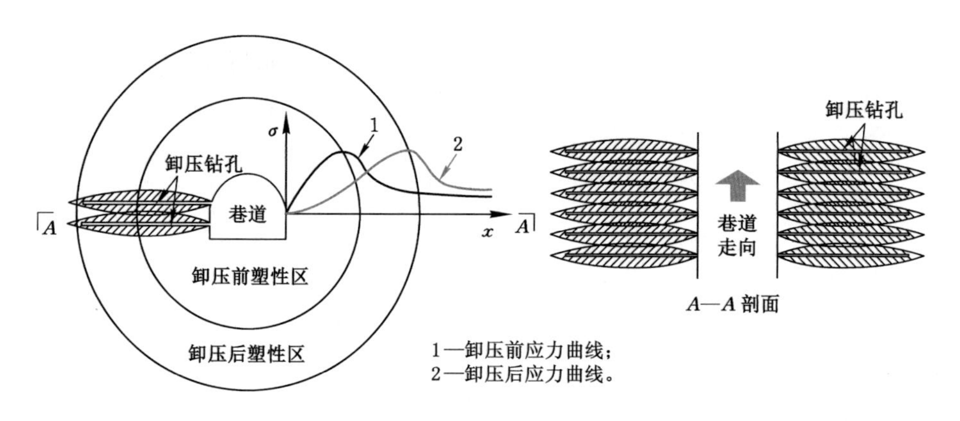

图 3-12　巷道围岩钻孔卸压原理图

3.2.2　卸压钻孔数值模型建立

依据所需研究内容,试验巷道开挖卸压钻孔的主要目的是释放聚集在巷道两帮内部的弹性能,为此,卸压钻孔应平行于巷道两帮布置。模拟时为了方便钻孔开挖,如图 3-13 所示借助 Hypermesh 软件对巷道两帮的网格进行了重新划分,修改后模型沿巷道掘进方向(Y 轴)钻孔中心距为 0.6 m,每排钻孔设计 4 个钻孔,中心距同样为 0.6 m,对于钻孔直径考虑了 4 种可能值:100 mm、200 mm、300 mm 和 400 mm。模型尺寸($X\times Y\times Z$)为 40 m×9.6 m×40 m,模型侧边与底部边界限制移动,在模型上边界施加 20 MPa 垂直载荷来模拟巷道埋深 800 m 时上覆岩层的重量,侧压系数 λ 取 0.8,模拟巷道断面为直墙半圆拱形,尺寸(宽×高)为 4.6 m×4.1 m,模型本构采用 Mohr-Coulomb 和 Strain-Softening双重模型,其中巷道所处岩层选用 Strain-Softening 模型,其余模型选用 Mohr-Coulomb 模型。同时在数值计算时做以下假设:① 忽略温度、瓦斯压力等影响,假设模型周围空间位置不变;② 假设模型各层岩体为弹塑性、均质、连续性的介质;③ 模型侧边及底部进行位移固定,上边界施加不同垂直应力边界等价于模型处于不同深部的覆岩重力。这种设计可以实现不同钻孔方案的开挖。

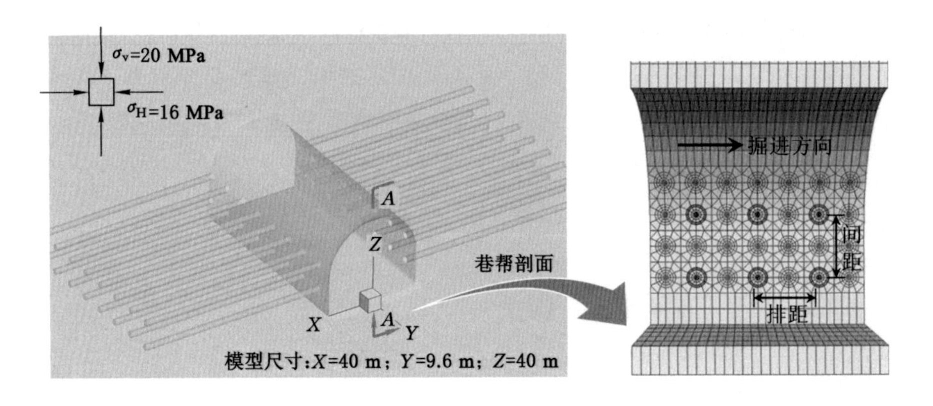

图 3-13　水平钻孔模型

3.2.3　卸压钻孔长度

3.2.3.1　卸压钻孔长度对巷道稳定性的影响

深部巷道钻孔卸压主要参数有钻孔直径、长度及间排距,接下来将采用数值分析的方法研究不同卸压钻孔参数对深部巷道应力、位移和能量的多场行为扰动。文献表明[101]:合理的钻孔卸压时机要在巷道掘进后到围岩应力调整平衡时间段内,卸压钻孔紧随巷道掘进进行,此时巷道掘进与钻孔开挖都将参与围岩应力调整过程,避免了对围岩的二次扰动;若卸压钻孔开挖在巷道围岩应力调整的末期进行,虽某种程度上也能起到转移围岩高应力的作用,但卸压钻孔开挖将对基本处于稳定状态的浅部围岩再次扰动,巷道围岩也会进一步产生变形,对巷道维护产生不利影响。在实际工程应用中,卸压钻孔一般紧跟巷道掘进之后,以确保实现巷道掘进与卸压钻孔开挖的平行作业。数值模拟过程中,采用巷道和钻孔同时开挖的方法进行模拟,钻孔长度模拟方案如表 3-4 所示。

表 3-4　钻孔长度模拟方案

方案	Ⅰ	Ⅱ	Ⅲ	Ⅳ	Ⅴ	Ⅵ	Ⅶ	Ⅷ	Ⅸ
钻孔长度/m	0	2	4	6	8	10	12	14	16
垂直应力/MPa	20								
水平应力/MPa	16								
钻孔直径/mm	300								
钻孔间距/m	1.2								
钻孔排距/m	1.2								

(1) 钻孔长度对巷道能量耗散和应力转移的影响

开挖不同长度卸压钻孔的模型在运算平衡后,如图 3-14 所示,取剖面Ⅰ和剖面Ⅱ相交位置的围岩垂直应力绘制如图 3-15 所示的巷帮应力分布曲线图,图 3-16为不同卸压钻孔长度下巷道围岩耗散能密度分布云图。

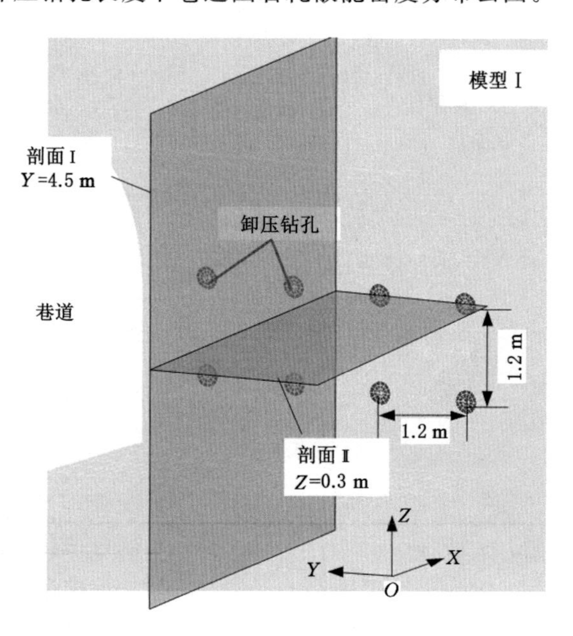

图 3-14 巷帮水平卸压钻孔模型

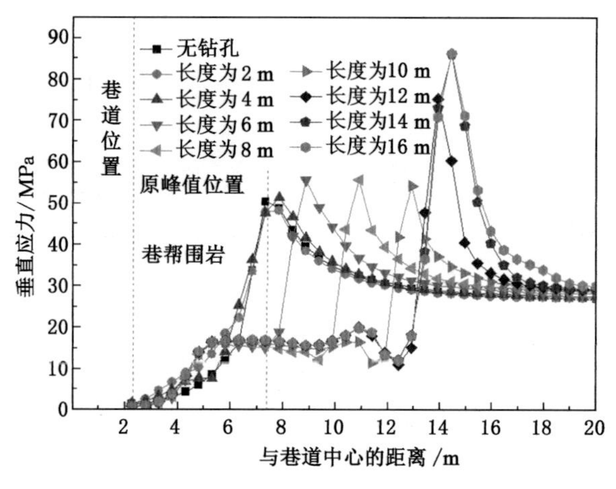

图 3-15 巷帮垂直应力分布曲线

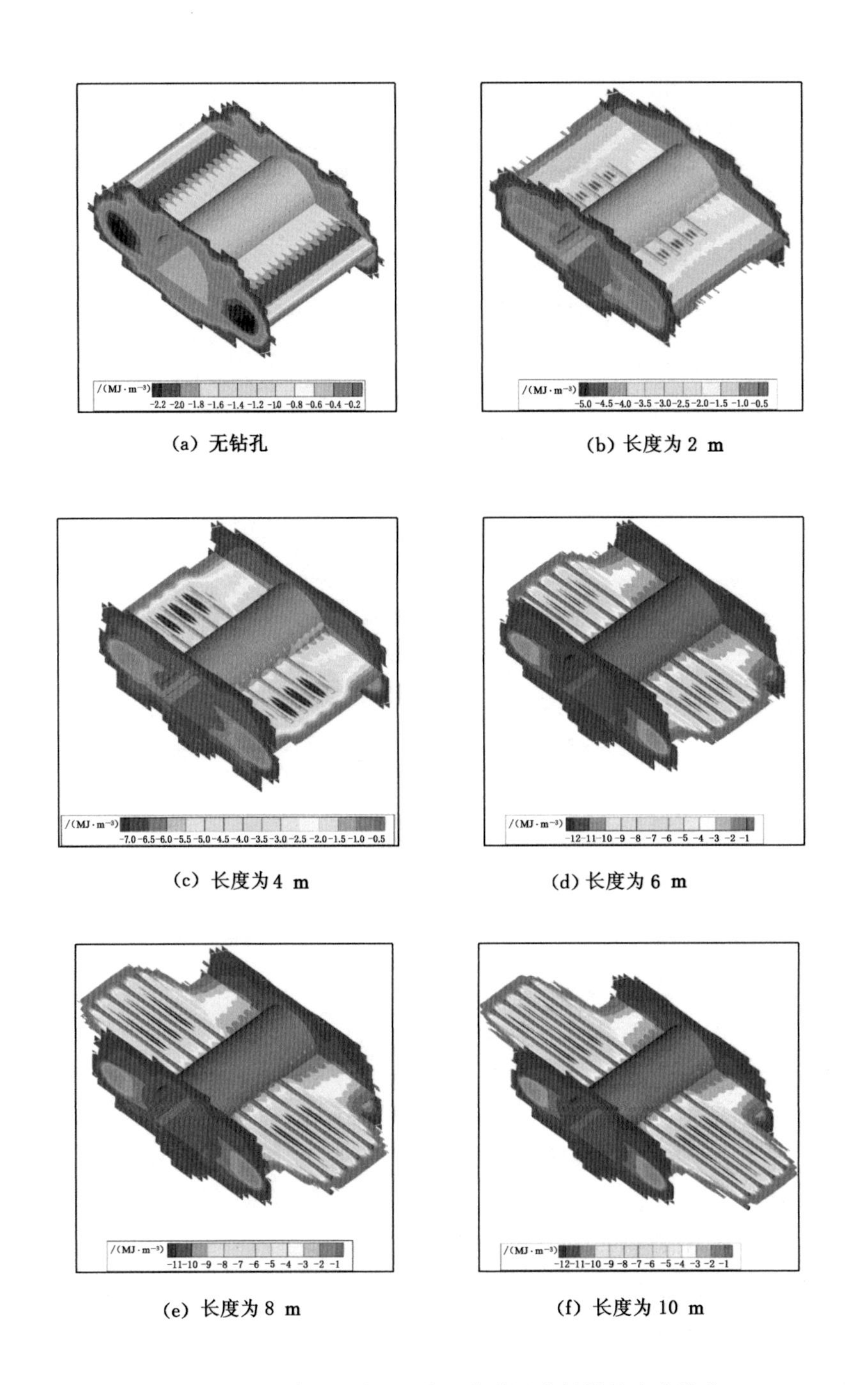

(a) 无钻孔　　(b) 长度为 2 m

(c) 长度为 4 m　　(d) 长度为 6 m

(e) 长度为 8 m　　(f) 长度为 10 m

图 3-16　不同卸压钻孔长度下巷道围岩耗散能密度演化

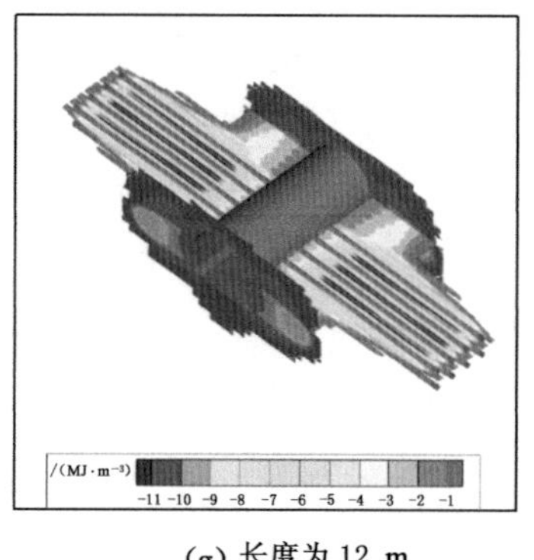
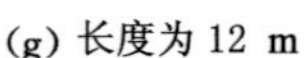

(g) 长度为 12 m

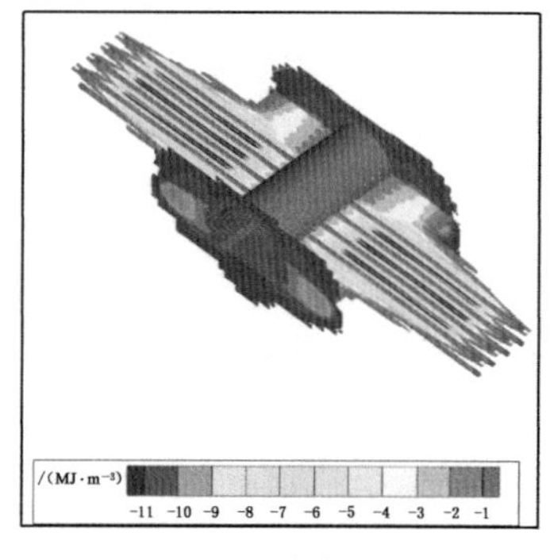

(h) 长度为 14 m

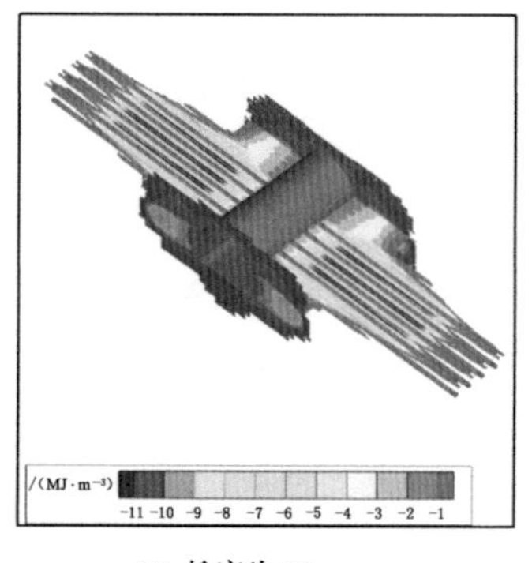

(i) 长度为 16 m

图 3-16 (续)

由图 3-15 和图 3-16 可知,不同卸压钻孔长度下,围岩能量和应力演化具有以下规律:

① 当钻孔长度小于 6 m 时,钻孔长度小于原岩应力峰值位置,此时只能增加低应力区范围,而对巷道围岩整体的应力分布没有任何影响,应力峰值依然位于距巷帮 5 m 处左右,并且应力峰值基本保持不变,维持在 50 MPa 左右;钻孔长度大于或等于 6 m 时,钻孔长度已越过未开挖钻孔时的应力峰值区,此时,原应力峰值处的一部分能量在钻孔塑性区进行能量耗散;另一部分能量向深部扩散,钻孔开挖后应力峰值与钻孔末端基本保持一致,应力峰值向围岩深部转移的距离与钻孔长度增加的大小接近。

② 卸压钻孔长度除了体现在对应力峰值内移距离的影响外,还对巷帮应力峰值的影响显著,从图 3-15 可以看出,钻孔长度在抵达原应力峰值位置处之前和钻孔长度穿透原应力峰值处之后对比(即 4 m 和 6 m 对比),原应力峰值位置

处的应力由 50.47 MPa 下降到 15.06 MPa，在穿过原应力峰值区之后再增加钻孔长度，原应力峰值处的应力基本保持不变，维持在 16 MPa 左右。

③ 当卸压钻孔长度小于 6 m 时，钻孔长度未达到应力峰值位置，在距巷道中心 7.3 m 处围岩耗散能集中密度未发生明显变化，耗散能密度在距离巷道中心位置 7.3 m 处的值约为 0.7 MJ/m^3；当 6 m≤卸压钻孔长度≤12 m 时，卸压效果较明显，钻孔末端耗散区域形成相互叠加作用，耗散能最大集中密度维持在 12 MJ/m^3 左右形成有效卸压区；当卸压钻孔长度大于 12 m 时，在钻孔末端耗散能集中密度相较于卸压钻孔长度小于或等于 12 m 时，急剧减小约为 2.0 MJ/m^3，不能形成相互叠加作用。

④ 卸压钻孔长度对巷帮能量耗散的影响，能量耗散范围会随着钻孔长度的增长而扩大，在卸压钻孔长度小于 6 m 时，对巷道围岩耗散能集中密度的影响较小。在卸压钻孔长度大于 12 m 时，耗散能区域的增长明显降低，此时再增加钻孔长度对卸压作用影响不大，卸压钻孔长度超出 12 m 的部分卸压效果不明显。

图 3-17 为 Z=0.3 m、距巷道中心 7.3 m 位置处巷道围岩耗散能集中密度与钻孔长度的关系图，由图可知，随着卸压钻孔长度的增加耗散区域向深部推进，在钻孔长度小于原峰值位置时，卸压钻孔长度对围岩耗散能集中密度影响较小。卸压钻孔长度小于 6 m 时，耗散能密度在距离巷道中心位置 7.3 m 处的值约为 0.7 MJ/m^3；卸压钻孔长度大于或等于 6 m 时，耗散能密度在距离巷道中心位置 7.3 m 处的值约为 12 MJ/m^3。卸压钻孔长度在穿过应力峰值位置后，耗散能密度在原应力峰值处基本保持不变。

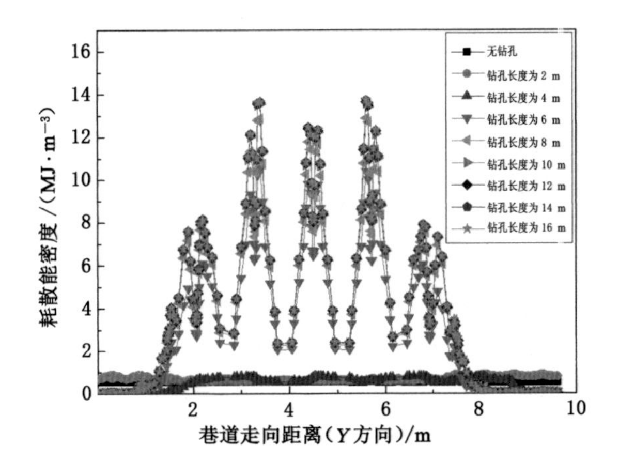

图 3-17　不同钻孔长度在原峰值位置处围岩耗散能分布

(2) 钻孔长度对巷道围岩变形的影响

对于不同方案下的钻孔模型,如图 3-14 剖面Ⅰ位置的帮部和底板位移量绘制如图 3-18 所示的变形曲线图。由图 3-18 可知,巷道围岩在不同方案下变形量具有以下规律:未开挖卸压钻孔时,帮部和底板的变形量分别为 306 mm 和 289 mm,在钻孔长度增大的过程中,帮部和底板的变形量先减小后缓慢增加,最后基本维持不变;钻孔长度小于 8 m 之前,巷帮变形量都处于减小状态,钻孔长度为 8 m 时,帮部变形量出现稍稍增加,在钻孔长度增加至 10 m 之后,帮部和底板变形量基本没有变化;钻孔长度在 2 m 时,底板变形量最小,底板变形量为 131 mm,相比于无钻孔时减小 54.67%;主要因为高应力和弹性能量向底板转移路径位于巷道浅部围岩内部,卸压钻孔的开挖切断了二者向底板的传递路径,导致巷道底鼓得到有效控制。

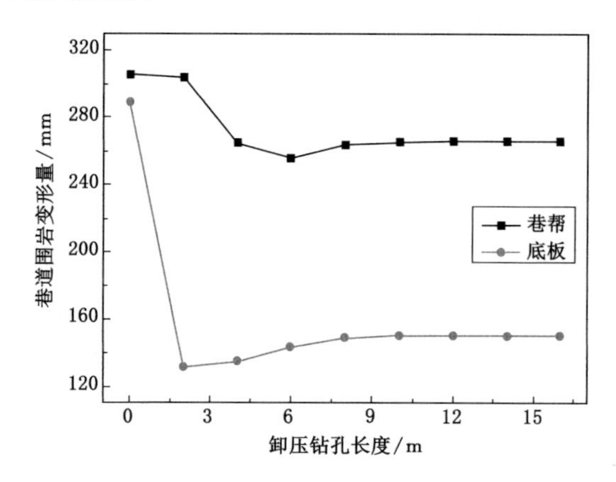

图 3-18　巷道围岩变形与卸压钻孔长度间的关系

3.2.3.2　卸压钻孔长度确定方法

根据以上分析,可以得出卸压钻孔长度穿透原应力峰值所在位置时,应力峰值开始向巷道围岩深部移动,原峰值位置处应力急剧下降;卸压钻孔长度超过 12 m 后,再增加钻孔长度,峰值位置基本保持不变,耗散能范围也不再扩散;出现应力峰值位置转移后,新应力峰值位置与钻孔长度有关,钻孔长度增加峰值位置也随之向围岩深部转移。因此,为达到应力峰值向围岩深部转移的效果,要使卸压钻孔长度大于无钻孔时的应力峰值位置。

基于不同方案对巷道围岩能量耗散进行分析,得出:当卸压钻孔长度小于 6 m 时,卸压钻孔对巷道围岩能量耗散能集中密度影响较小,这是因为卸压钻孔长度尚未穿透原应力峰值位置,在没有转移巷道围岩峰值的情况下,开挖钻孔破坏了表层围岩的承载能力,降低了巷道围岩的稳定性;当 6 m≤卸压钻孔长度≤12 m时，巷道围岩能量耗散能集中密度较大，卸压效果较明显，钻孔末端耗散区域形成相互叠加作用，卸压钻孔穿过原应力峰值位置，原应力峰值位置向深部转移，并且，卸压钻孔为塑性区围岩的变形提供足够的补偿空间，有效减小巷道变形，卸压钻孔长度在这种方案下，卸压效果最好；当卸压钻孔长度大于12 m时，耗散区域在超出12 m处耗散能集中密度基本保持不变，且钻孔末端耗散能集中密度较小，应力峰值有些许转移，峰值量大幅度增加，卸压钻孔长度越长工程量越大，增加了围岩平衡的调整时机，巷道失稳状态存在时间越长，越难控制巷道围岩的变形。所以，实际工程中深部巷道的卸压钻孔长度应确定在6～12 m之间。

3.2.4 卸压钻孔排距

3.2.4.1 卸压钻孔排距对巷道稳定性的影响

卸压钻孔长度决定着应力峰值区的移动距离，设计时应穿透应力峰值区。钻孔密度包含沿巷道周边的间距和沿巷道掘进方向的排距两个变量。受巷道开挖尺寸和施工条件限制，巷道两帮周边很难布置多排钻孔，一般以布置1～2排钻孔最为常见。为此，设计模拟方案时，采用固定卸压钻孔长度和间距的方法，设计模拟钻孔开挖长度为9 m，保证钻孔穿透应力集中区。卸压钻孔的开挖紧跟巷道掘进之后进行，根据单一变量法确定钻孔排距对深部巷道围岩稳定性的影响，即仅改变钻孔排距，固定其他参数不变，分析其对巷道围岩稳定性的影响。

如表3-5所示，设计了7种不同排距下的模拟方案。在数值模拟运算过程中，计算机性能限制了模型的大小，建模时在Y方向仅划分9.6 m，在研究卸压钻孔排距对巷道围岩稳定性的影响时，为避免模型边界效应，一般不会在模型边缘部位开挖钻孔，模型尺寸不能实现开挖相同数量的钻孔，在模拟过程中采取改变两钻孔的相对位置达到不同方案的模拟效果，计算完成后，选择相邻两孔对称中心位置做剖面进行分析即可。

表3-5 卸压钻孔排距模拟方案

方案	Ⅰ	Ⅱ	Ⅲ	Ⅳ	Ⅴ	Ⅵ	Ⅶ
钻孔排距/m	无钻孔	0.6	1.2	1.8	2.4	3.0	3.6
垂直应力/MPa	20						
水平应力/MPa	16						
钻孔直径/mm	300						
钻孔间距/m	1.2						
钻孔长度/m	9						

(1) 卸压钻孔排距对巷道能量耗散和应力转移的影响

图 3-19 给出了深部巷道围岩新应力峰值位置、原应力峰值位置与卸压钻孔排距间的关系，沿 $Z=0.3$ m 位置做剖面，取剖面上巷帮围岩耗散能，绘制如图 3-20 所示的不同卸压钻孔排距下巷道围岩耗散能密度分布云图。由图 3-19和图 3-20 可知，不同钻孔排距下，巷帮围岩耗散能分布具有以下规律：

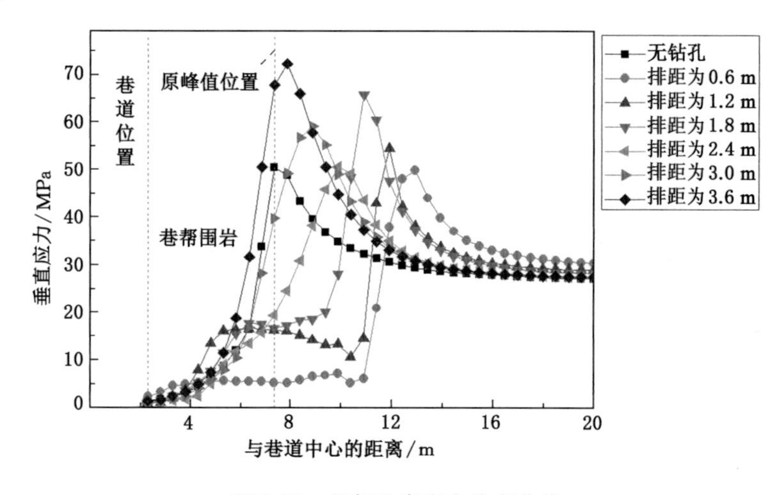

图 3-19 巷帮垂直应力分布曲线

① 未开挖钻孔时，巷帮应力峰值位于距离巷道中心 7.3 m 处，峰值约为 50.47 MPa；在不同卸压钻孔排距下，巷帮围岩应力峰值得到不同程度的卸载转移，主要表现为巷道帮部耗散区衰减等方面。

② 在卸压钻孔排距减小的过程中，帮部应力峰值向围岩深部转移的效果愈加明显，当卸压钻孔排距在 0.6～1.8 m 范围内，钻孔之间对于巷帮卸压区作用最为明显，卸压钻孔排距由 1.8 m 降至 0.6 m 的过程中，应力峰值向深部转移了 2.1 m，帮部原应力峰值处衰减至 16.3 MPa；卸压钻孔排距大于 1.8 m 后，巷道帮部应力峰值位置反而向浅部转移，量值维持在 49～54 MPa 范围内，原应力峰值处应力变化同样趋于稳定，由 33.5 MPa 衰减至 28.8 MPa，减幅较小。

③ 卸压钻孔排距大于 0.6 m 时，两帮耗散能密度集中主要分布在开挖钻孔区域，随着卸压钻孔排距的增大，相邻钻孔间耗散能集中状态逐渐向“双峰值”转变，且峰值量值逐渐减小。当卸压钻孔排距大于 1.8 m 时，相邻钻孔之间的耗散能密度无法相互叠加，单个钻孔形成的耗散能密度集中区将孤立存在。表明卸压钻孔排距越大，巷道两帮的能量耗散程度越小，卸压程度也就越小。

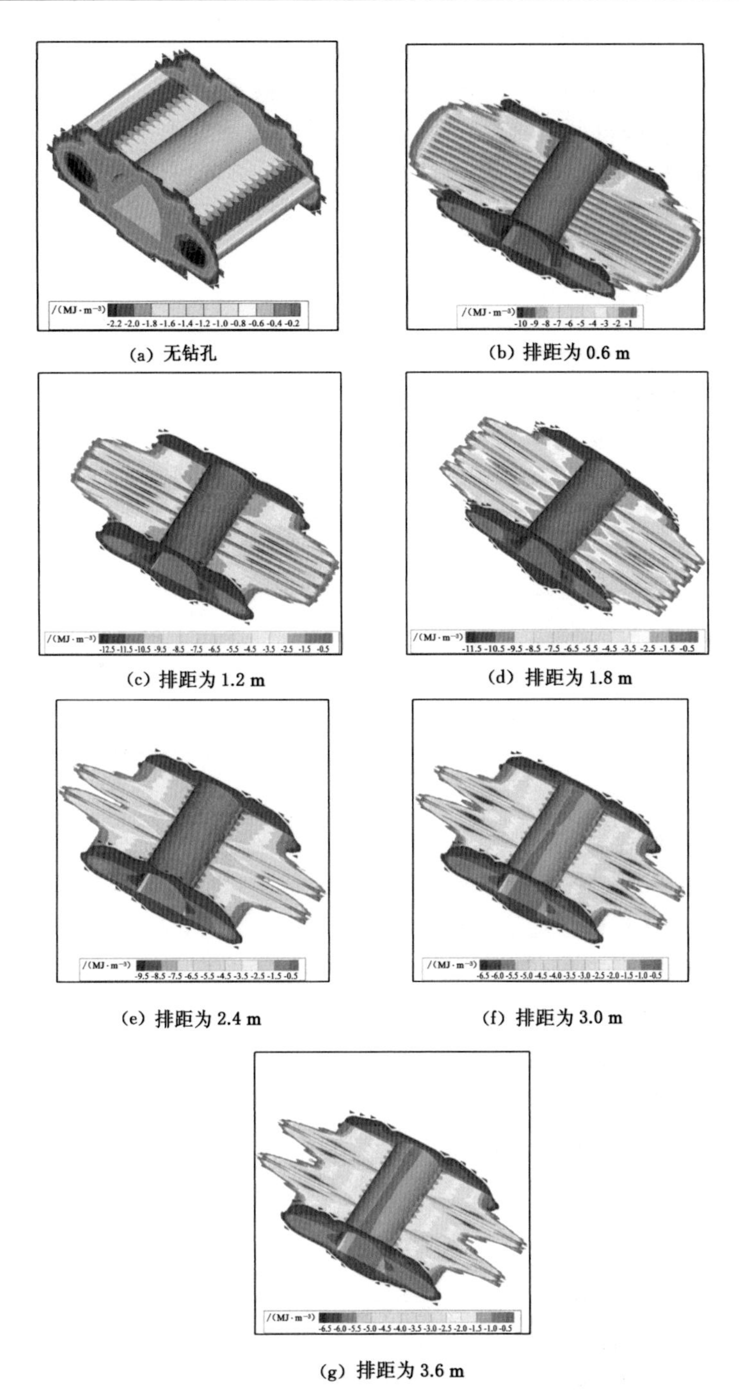

图 3-20　不同卸压钻孔排距下围岩耗散能密度演化

由图 3-21 可知，巷道未开挖卸压钻孔时，在原应力峰值位置处耗散能密度不超过 1 MJ/m³。当卸压钻孔排距大于 2.4 m 时，开挖卸压钻孔对巷道两帮能量耗散的增加程度很低，在原应力峰值位置处耗散能密度不超过 6 MJ/m³；当 0.6 m≤卸压钻孔排距≤2.4 m 时，开挖卸压钻孔对巷道两帮能量耗散的增加程度较为显著，在原应力峰值位置处耗散能密度约为 10 MJ/m³。

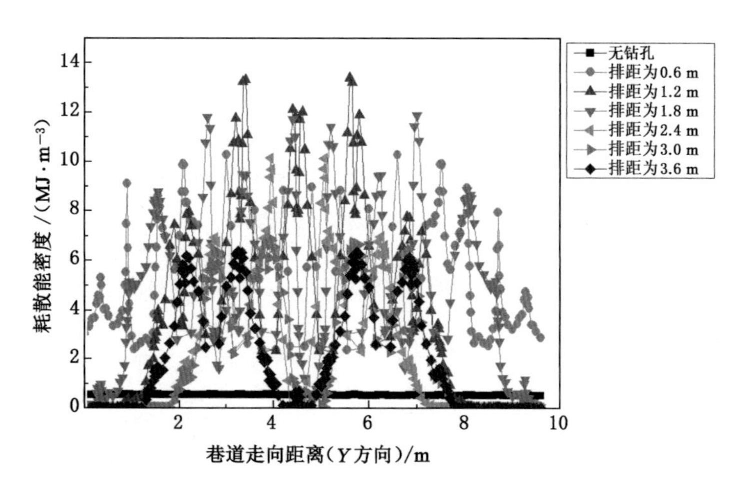

图 3-21 不同卸压钻孔排距在原峰值位置处围岩耗散能分布

以耗散能密度峰值为例，卸压钻孔排距为 1.8 m、1.2 m 和 0.6 m 时，耗散能密度峰值分别为 8.30 MJ/m³、9.22 MJ/m³ 和 8.43 MJ/m³。并且卸压钻孔排距越小，耗散能密度峰值距离巷道两帮越近。这种变化趋势是很容易被理解的，因为卸压钻孔排距越小，巷道的卸压程度则越大，所以耗散能密度数值必然增加；当卸压钻孔排距减小至一定程度后，巷道将面临过度卸压，此时围岩结构承载能力的急剧弱化导致围岩体内残余弹性能迅速衰减，可供释放的弹性能减小必然诱发耗散能密度衰减。但就巷道维护来讲，这种情况是非常危险的，因为围岩一旦失去承载能力肯定给其后期维护带来很大困难。

(2) 卸压钻孔排距对巷道围岩变形的影响

图 3-22 和图 3-23 分别为不同卸压钻孔排距对应的巷道围岩帮部和底板的位移曲线图。由图 3-22 和图 3-23 可知，在不同卸压钻孔排距影响下，深部巷道围岩变形具有以下特征。

巷道未开挖卸压钻孔时，两帮变形主要发生在距离巷道表面 0～5 m 的浅部围岩中。以巷道表面 1.5 m 和 6 m 处围岩为例，无卸压钻孔时变形量分别为

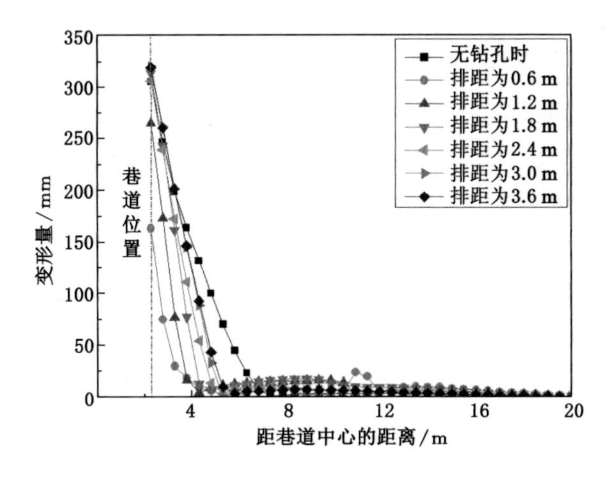

图 3-22　不同卸压钻孔排距下巷道两帮位移曲线

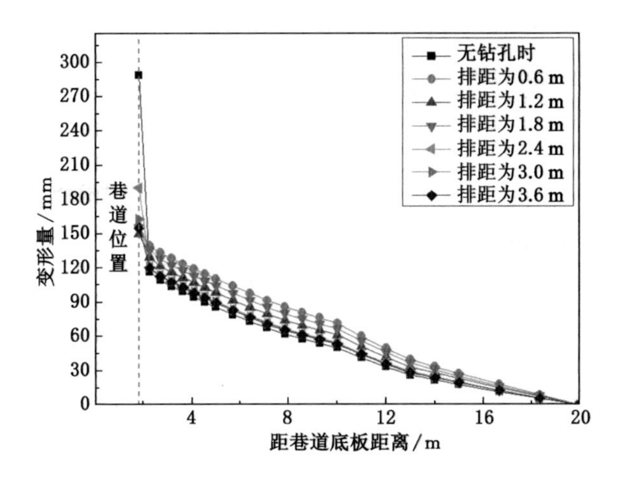

图 3-23　不同卸压钻孔排距下巷道底板位移曲线

309 mm 和 199 mm。巷道开挖卸压钻孔后，距两帮 0～5 m 范围内的浅部围岩变形量明显减小，但减小幅度有所差异，具体表现为：① 当 0.6 m≤卸压钻孔排距≤1.8 m 时，在钻孔排距逐步减小的过程中，0～5 m 范围内浅部围岩变形量逐渐减小，然而大于 5 m 处的围岩变形量逐渐增加，这是因为钻孔吸收了部分围岩体积膨胀变形的结果；② 当卸压钻孔排距大于 1.8 m 以后，巷道表面浅部变形基本没有变化，表明钻孔总体积不足以吸收围岩碎胀变形，无法发挥其自身作用。卸压钻孔开挖后，巷道底板变形将显著减小。未开挖钻孔时，底板表面和底板 3 m 深度处的位移分别为 288 mm 和 86 mm。卸压钻孔开挖后，底板表面位移控制在 150～193 mm 之间，同时，随着卸压钻孔排距的减小，底板变形逐渐减小。与之相反，卸压钻孔排距越小，底板 3 m 深度处围岩位移逐渐增加。卸压钻孔开挖使巷道底板围岩变形更均匀，因为卸压钻孔切断了巷帮弹性能向底板围岩的传递，底板变形失去补充力源后，表现出均匀的挤压流动型破坏，对于控制底鼓十分有利。

由以上分析可以得出，相较于其他方案，卸压钻孔排距小于 1.8 m 时控制效果比较好，可以判定卸压钻孔排距为 1.8 m 时作为排距的最大边界，在卸压钻孔排距减小的情况下，巷道围岩变形量随之减小。受建模影响，卸压钻孔排距小于 1.8 m 的方案仅有 1.2 m 和 0.6 m 两种，并且这两种方案都能有效地减小围岩变形量，所以，无法确定卸压钻孔的最小排距。为了更加精确地研究卸压钻孔排距的最小边界，根据模型的划分，采取改变钻孔直径的方式达到对比模拟的效果，即在固定钻孔排距 0.6 m 后，将钻孔直径分为 300 mm 和 400 mm 两种方案，不妨定义卸压钻孔直径 D 与卸压钻孔排距 R 的比值为径排比(D/R)，通过增大 D/R，进行钻孔排距最小边界的探究。在 $D=300$ mm 和 400 mm，$R=0.6$ m 时，卸压钻孔的径排比 D/R 分别为 1∶2 和 2∶3，图 3-24 为不同径排比下应力分布曲线图，图 3-25 和图 3-26 分别为径排比 2∶3 时巷道围岩耗散能密度演化云图和不同位置处巷道围岩耗散能分布曲线图。

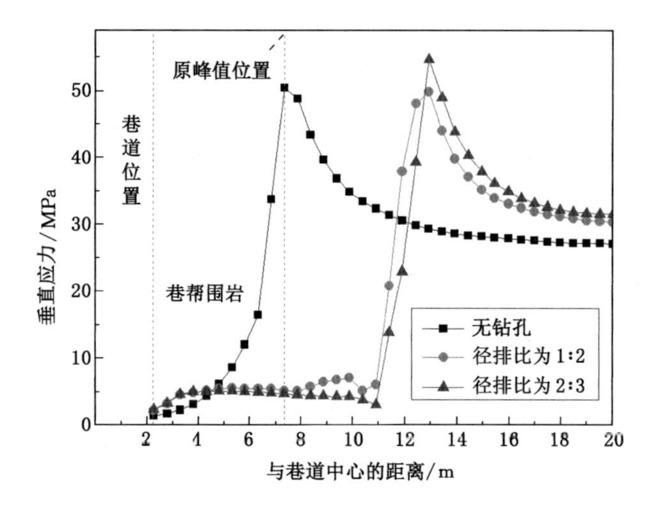

图 3-24　巷帮垂直应力分布曲线

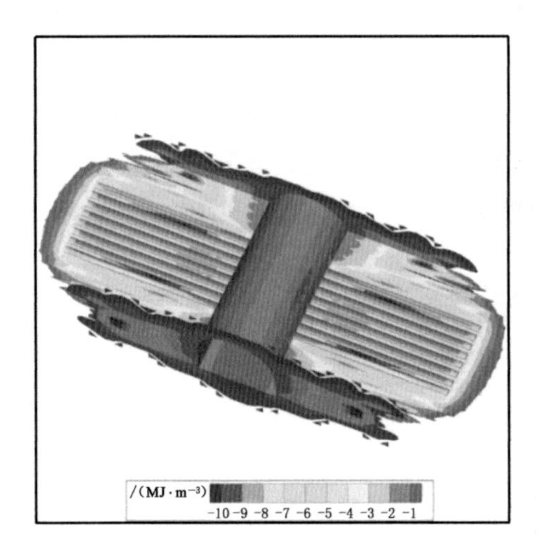

图 3-25 径排比为 2∶3 巷道围岩耗散能密度演化

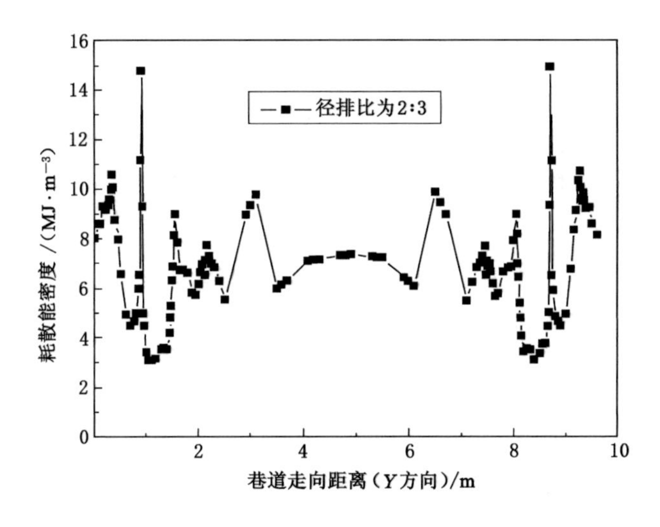

图 3-26 径排比为 2∶3 原峰值处围岩耗散能

由图 3-20(b)和图 3-25 可知，当 $D/R=2∶3$ 和 $1∶2$ 时，两帮耗散能密度集中区分布在开挖钻孔和未开挖钻孔的交界处，同时，开挖钻孔区域内部围岩耗散能密度的量值较高。卸压钻孔排距为 1.8 m、直径为 300 mm 减小至卸压钻孔排距为 0.6 m、直径为 400 mm 的过程中卸压范围内耗散能密度演化呈现先增加后减小的变化趋势。当 $D/R=2∶3$ 时，沿巷道掘进方向相邻钻孔间的围岩耗散能密度分布近似一条直线，卸压区域围岩整体能量耗散程度较高，耗散能密度量值约为7.5 MJ/m³。

由图 3-24、图 3-27 和图 3-28 可知，随着径排比的增加，巷帮原岩应力峰值位置的垂直应力变化量不大，应力由 5.22 MPa 降至 4.73 MPa，并且应力转移效果没有变化，反而应力峰值进一步升高，峰值应力由 49.84 MPa 增至54.68 MPa。巷帮及底板变形量不减反增，底板变形量基本变化不大，可认为此时由于卸压过度巷道帮部围岩的整体性遭到破坏，诱发了巷帮变形量的急剧增加。因此，可根据以上分析得到巷道围岩的 3 种卸压状态界限为：非充分卸压状态，钻孔排距大于 1.8 m；充分卸压状态，0.6 m≤卸压钻孔排距≤1.8 m；过度卸压状态，钻孔排距小于 0.6 m。

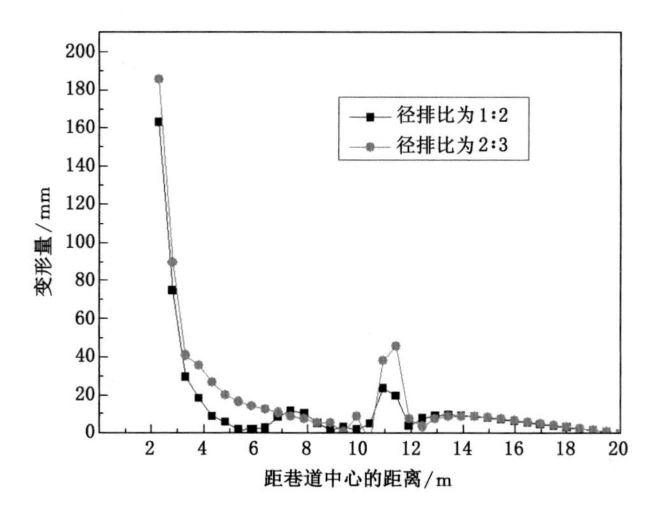

图 3-27 不同径排比下巷道两帮位移曲线

3.2.4.2 卸压钻孔排距确定方法

综上所述，卸压钻孔排距位于 0.6～1.8 m 范围内，深部巷道处于充分卸压状态，两钻孔之间耗散能范围相互叠加，耗散能集中密度在原应力峰值位置处相对较大。由图 3-22 至图 3-27 可以得出，不同卸压钻孔排距模拟方案下，围岩耗散能分布具有以下规律。

巷道未开挖卸压钻孔时，巷帮围岩耗散能范围在 5 m 范围内，随着卸压钻孔排距的减小对于有效卸压范围(9 m)内的耗散能分布扰动较大，依据邻近钻孔之间的耗散能密度曲线的差异性，可以总结得到巷道存在 3 种卸压状态：

① $D/R<1:6$ 时，卸压钻孔无法完全扰动岩体，邻近钻孔之间存在耗散能

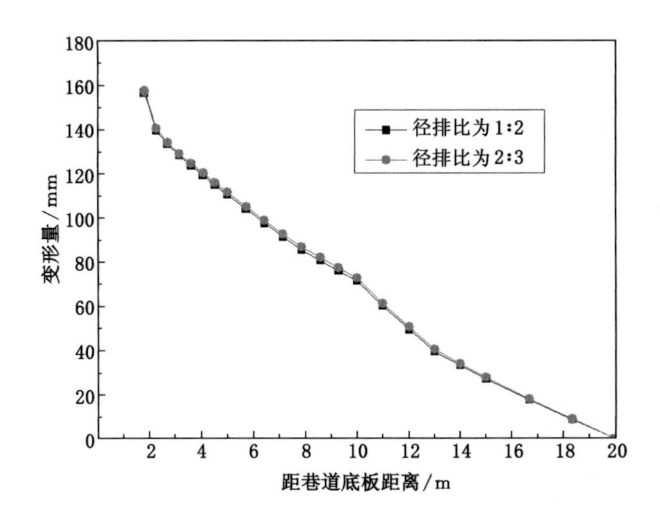

图 3-28　不同径排比下巷道底板位移曲线

密度等于 0 的区域,可认为此时巷道处于非充分卸压状态;

② 1∶6≤D/R≤1∶2 时,卸压钻孔作用范围可覆盖整个巷帮,两帮耗散能密度出现不同程度的增加,卸压较为充分;

③ D/R>1∶2 时,整个巷帮耗散能量值较高,耗散能密度分布呈直线状态,峰值反而有所降低,主要因为巷帮弹性能过度释放导致,可判定此时卸压过度。

非充分卸压时,钻孔对于巷道围岩变形控制效果有限;过度卸压时将导致巷道变形反弹,不利于巷道维护。只有在充分卸压时,巷道变形才可以得到有效缓解。从围岩变形控制角度考虑,采用耗散能密度对巷道卸压长度的分类是准确的。对于试验巷道,合理的 D/R 为 1∶6～1∶2。

3.2.5　卸压钻孔间距

3.2.5.1　卸压钻孔间距对巷道稳定性的影响

在前文通过对比不同方案下卸压钻孔排距对深部巷道围岩稳定性的影响,给出了卸压钻孔排距的一般确定方法,接下来采用相同的方法,把钻孔排距作为定值,研究钻孔间距对深部巷道围岩稳定性的影响。在工程实践中,巷道界面有限,卸压钻孔的间距无法过大,同时,卸压钻孔间距的布置关系到钻孔的数量布置,数值计算与排距一样选取模型Ⅰ,模型基本参数及模拟方案如表 3-6 所示。

表 3-6　卸压钻孔间距模拟方案

方案	Ⅰ	Ⅱ	Ⅲ	Ⅳ	Ⅴ
钻孔间距/m	无钻孔	单排钻孔	1.8	1.2	0.6
垂直应力/MPa	20				
水平应力/MPa	16				
钻孔直径/mm	300				
钻孔排距/m	1.2				
钻孔长度/m	9				

(1) 卸压钻孔间距对巷道能量耗散和应力转移的影响

沿相邻两钻孔的对称中心处切 X-Z 剖面,提取巷帮孔间围岩应力,在未开挖钻孔以及开挖单排孔时取 $Z=0.3$ m 位置处的应力,如图 3-29 所示,给出了不同卸压钻孔间距下巷帮应力峰值位置、原应力峰值位置的应力的关系,图 3-30 为不同卸压钻孔间距下,X-Y 剖面上巷道围岩耗散能密度分布云图。

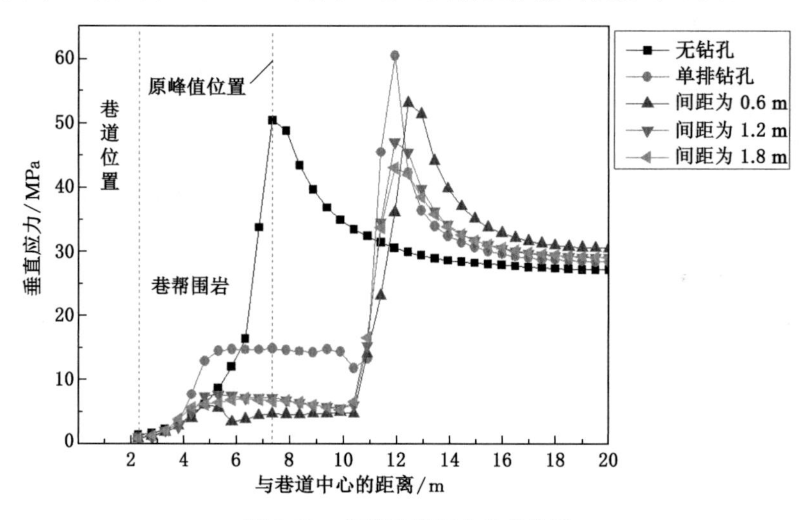

图 3-29　巷帮垂直应力分布曲线

由图 3-29 和图 3-30 可知,不同卸压钻孔间距下,巷帮围岩具有以下规律:

① 未开挖卸压钻孔时,帮部应力峰值位置距巷道中心距离为 7.3 m,其量值为 50.54 MPa;开挖单排钻孔后,应力峰值离巷帮表面有 8.1 m,大小为 37.3 MPa;开挖卸压钻孔间距为 1.8 m 时,应力峰值向围岩深部再次转移,大约在 9.6 m 处,此后卸压钻孔间距再往下减小,峰值位移基本稳定,峰值量值存在小幅波动。

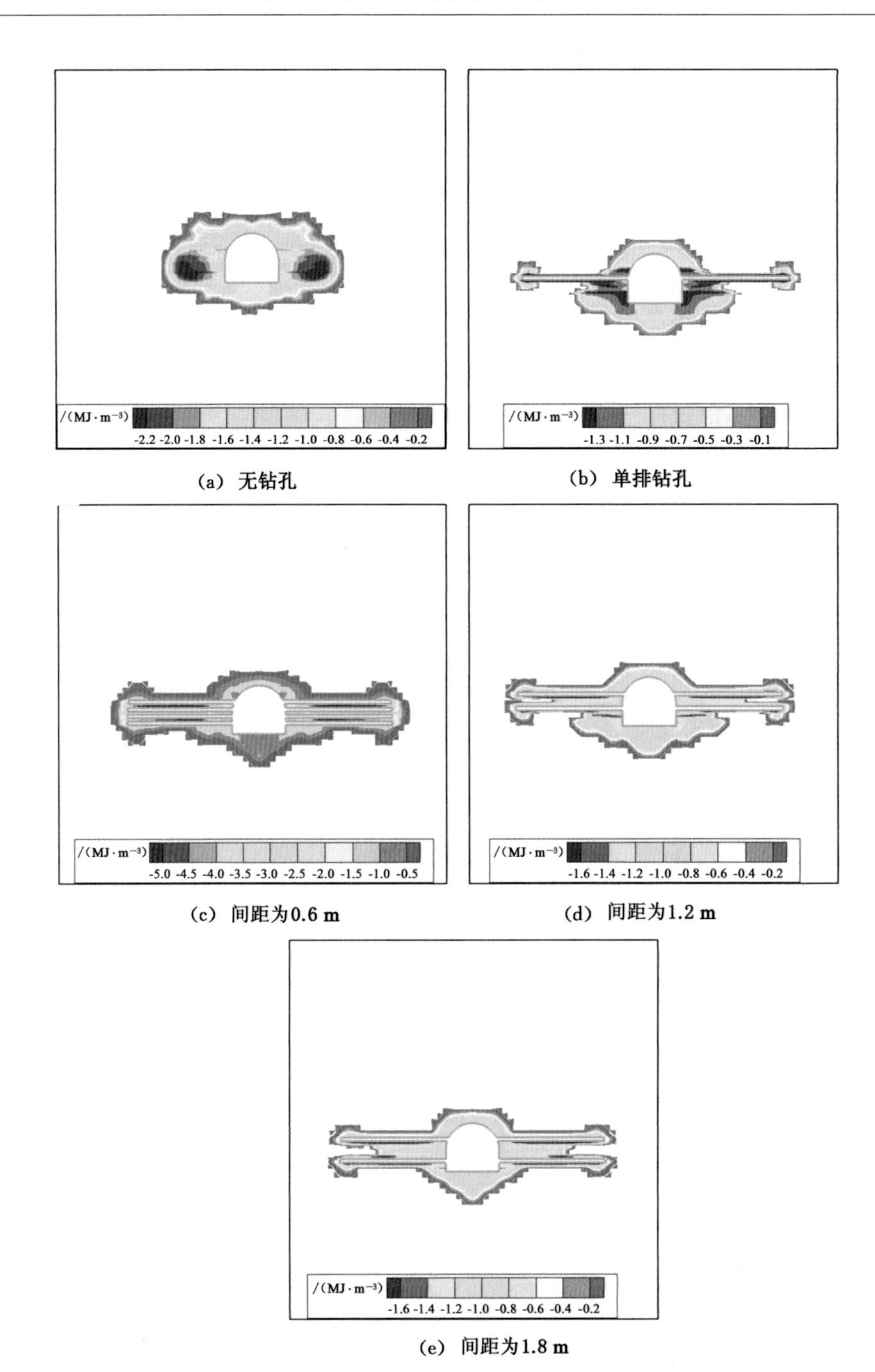

(a) 无钻孔　(b) 单排钻孔

(c) 间距为0.6 m　(d) 间距为1.2 m

(e) 间距为1.8 m

图 3-30　不同卸压钻孔间距下围岩耗散能密度分布云图

② 单排钻孔时，巷道帮部耗散能集中密度向浅部转移，其应力峰值位置处的垂直应力高达 60.64 MPa，巷道依然处于高应力作用下；卸压钻孔间距由 1.8 m减小至 1.2 m 时，集中应力向深部转移过程中耗散能集中密度也随之转移，原峰值位置处的应力相对降低，塑性区应力集中程度也减小。

③ 单排卸压钻孔时，对巷道围岩的耗散能影响不大，相邻钻孔之间的耗散能密度无法相互叠加，单个钻孔形成的耗散能密度集中区将孤立存在，且耗散能密度未发生明显变化。当 1.2 m≤卸压钻孔间距≤1.8 m 时，耗散能密度发生明显变化，与未开挖钻孔相比巷道围岩的耗散能密度得到有效控制。随着卸压钻孔间距减小至一定程度后，即卸压钻孔间距为 0.6 m 时，巷道将面临过度卸压，此时围岩结构承载能力的急剧弱化导致围岩体内残余弹性能迅速衰减，可供释放的弹性能减小必然诱发耗散能密度衰减。

由图 3-31 可知，巷道未开挖卸压钻孔时，在原应力峰值位置处耗散能密度不超过 1 MJ/m^3。借鉴前文卸压钻孔排距的确定方法，在研究卸压钻孔间距时，可定义卸压钻孔直径 D 与间距 I 的比值为径间比(D/I)，间距越大 D/I 越小，固定钻孔直径 300 mm 通过间距大小来改变 D/I，实现卸压钻孔间距的模拟。

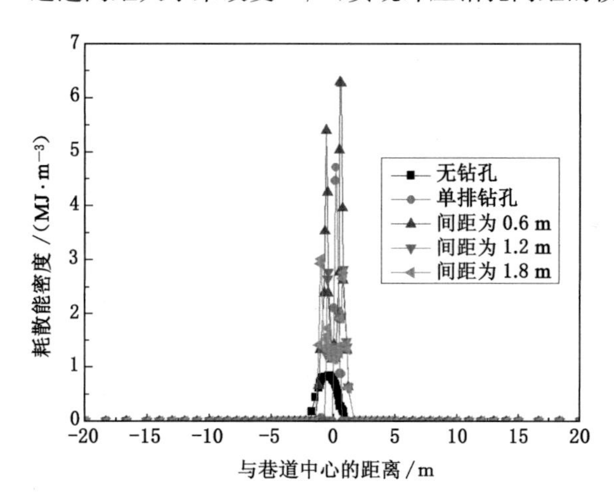

图 3-31　不同卸压钻孔间距在原峰值位置处围岩耗散能分布

在 $D/I>1/6$ 时，无论是耗散能密度集中范围，还是耗散能密度峰值均显著增大。两帮耗散能密度集中范围随着 D/I 的增大逐渐加大，在 D/I 为 1/4 和 1/6 时，耗散能密度峰值分别为 2.87 MJ/m^3 和 3.32 MJ/m^3，相比无钻孔时增加 20.08%和 38.91%。在单排钻孔时，耗散能密度峰值约为 5 MJ/m^3，但其作用范围与 $D/I=1/6$ 相比不足 1/3，这是由于单排钻孔孤立存在，无法形成耗散能叠加区域。当 $D/I=1/2$ 时，耗散能密度峰值达到 6.31 MJ/m³，相比无钻孔时增加 2.64 倍。

(2) 卸压钻孔间距对巷道围岩变形的影响

图 3-32 和图 3-33 分别为不同卸压钻孔间距下帮部及底板位移曲线图。由图可以得出，不同径间比，巷道围岩变形量具有以下规律。

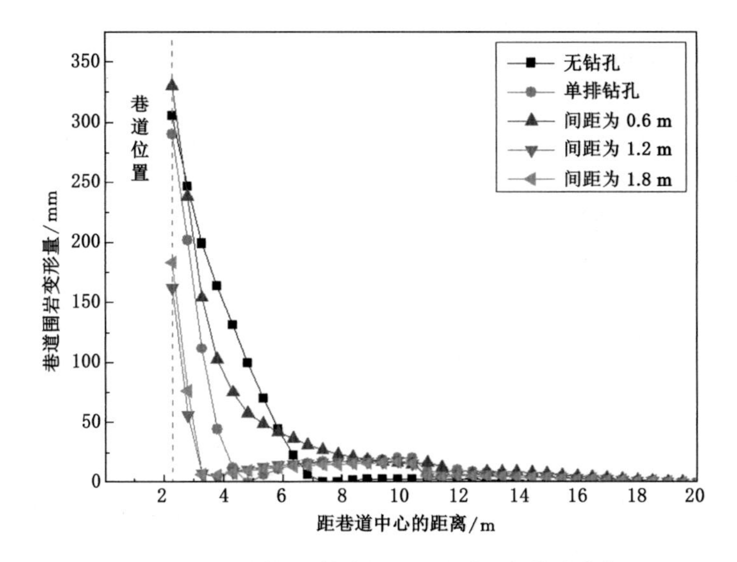

图 3-32　不同卸压钻孔间距下巷道两帮位移曲线

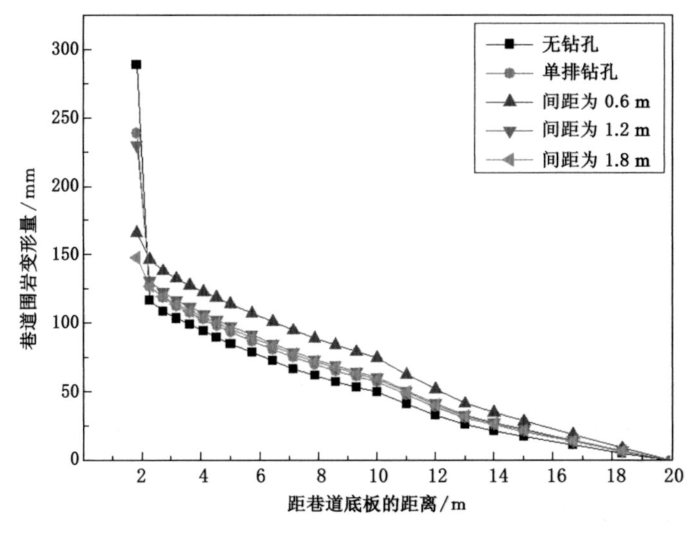

图 3-33　不同卸压钻孔间距下巷道底板位移曲线

巷道无卸压钻孔时，巷帮和底板变形量分别为 306 mm 和 289 mm；巷帮开挖单排钻孔时，巷帮变形量无较大变化，变形量分别为 291 mm，对比未开挖钻孔时降低了 4.9%，底板减小相对明显，变形量为 238 mm，对比未开挖钻孔时降低了 17.6%；在开挖钻孔间距小于 1.8 m 时，卸压钻孔间距减小，巷道帮部变形量出现先减小后增大的现象，分界点在 $D/I=1/4$ 处，D/I 为 1/6 和 1/4 时，围岩变形量均小于未开挖卸压钻孔，其中，帮部和底板变形量相差较大，巷帮变形量分别为 184 mm 和 163 mm，相比于无钻孔时减小了 39.9%和 46.7%，底板变形量分别为 148 mm 和 230 mm，与未开挖卸压钻孔时相比较，分别减小了 48.8%和 20.4%；当 $D/I>1/2$ 后，巷道帮部围岩变形量开始增加，其变形量突然超过未开挖卸压钻孔时，说明在 $D/I=1/2$ 时，钻孔卸压由充分卸压转变为过度卸压状态。

根据以上不同径间比的方案对比可以分析出，在开挖单排钻孔的情况下，不能有效地转移围岩塑性区域的集中应力，对围岩能量演化的调控并不充分，浅部围岩仍积聚有大量的弹性能，此时巷道处于非充分卸压状态；当 D/I 为1/2、1/4 和 1/6 时，对于巷帮垂直应力峰值及其位置的影响不再变化，即应力不再向围岩深部转移，而在 $D/I>1/4$ 时，应力峰值位置的应力值由 45.55 MPa 迅速增至 53.16 MPa，甚至高于未开挖钻孔时的应力峰值，巷道围岩变形量也随之增加，由此可以看出此时卸压巷道由充分卸压转变为过度卸压。

因此，从应力转移、耗散能集中密度和范围以及围岩变形量等方面综合考虑，可总结得到卸压巷道非充分卸压、充分卸压及过度卸压 3 种状态分别对应的径间比如下：非充分卸压，$D/I<1/6$；充分卸压，$1/6\leqslant D/I\leqslant 1/4$；过度卸压，$D/I>1/4$。

3.2.5.2 卸压钻孔间距确定方法

在前文中通过对比不同径排比下的卸压钻孔对围岩稳定性的影响，给出了卸压钻孔排距的界定方法，认为当相邻两孔间卸压钻孔耗散能区域相互叠加、耗散能集中密度远离巷道围岩浅部时，此时进入充分卸压状态。这样的方法对于径间比方案下的分析一样有效，当卸压钻孔间距处于充分卸压时（$1/6\leqslant D/I\leqslant 1/4$），相邻两钻孔间的耗散能密度相互叠加，其值约为 3 MJ/m^3；巷道处于过度卸压时（$D/I>1/4$），两钻孔间的耗散能密度急剧增大 2 倍，原峰值位置处相邻两钻孔间应力峰值减小，应力峰值位置不再向深部转移，其峰值大于未开挖钻孔时原应力峰值，由此断定，卸压钻孔排距的确定方法用来确定卸压钻孔间距也一样合适 。

3.2.6 卸压钻孔直径

3.2.6.1 卸压钻孔直径对巷道稳定性的影响

在前文中通过对比不同径排比和径间比下卸压钻孔对围岩稳定性的影响，

这些模拟方案进行的前提是固定卸压钻孔直径，相同条件下，卸压钻孔直径不同，径排比和径间比发生质的变化，如 3.2.4 部分相同的间排距下钻孔直径改变深部巷道卸压程度由充分卸压转变为过度卸压，其单孔作用半径存在较大差异，同样，数值计算过程中，钻孔直径改变，单个钻孔的作用范围有很大区别，直接关系到耗散能集中密度和耗散能范围的变化，所以确定径排比和径间比的一个重要因素就是先确定钻孔直径。依照前文径排比和径间比的确定方法，可以先确定一个充分卸压状态下的方案，来研究不同卸压钻孔直径下深部巷道围岩的变化情况，模型基本参数及模拟方案如表 3-7 所示。

表 3-7　卸压钻孔直径模拟方案

方案	Ⅰ	Ⅱ	Ⅲ	Ⅳ	Ⅴ
钻孔直径/mm	无钻孔	100	200	300	400
径排比(D/R)	0	1∶12	1∶6	1∶4	1∶3
垂直应力/MPa	20				
水平应力/MPa	16				
钻孔排距/m	1.2				
钻孔间距/m	1.8				
钻孔长度/m	9				

(1) 卸压钻孔直径对巷道能量耗散和应力转移的影响

根据实验方案中选取的间排距分别沿相邻钻孔对称中心位置作 X-Z 剖面，取 $Z=0.9$ m 这条线的应力绘制如图 3-34 所示的曲线，图 3-35 为不同卸压钻孔直径下巷道围岩耗散能密度分布云图。

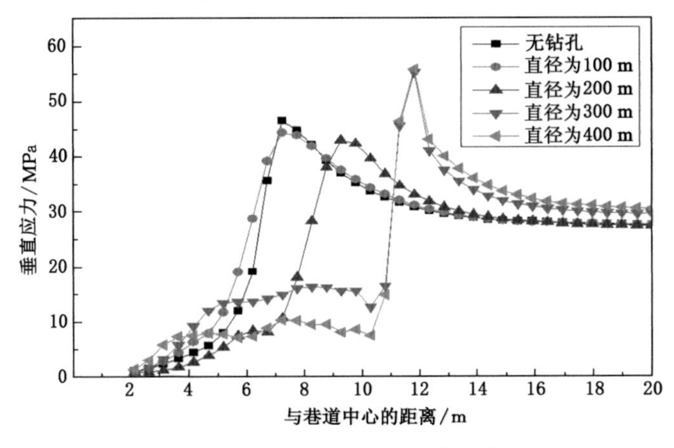

图 3-34　巷帮垂直应力分布曲线

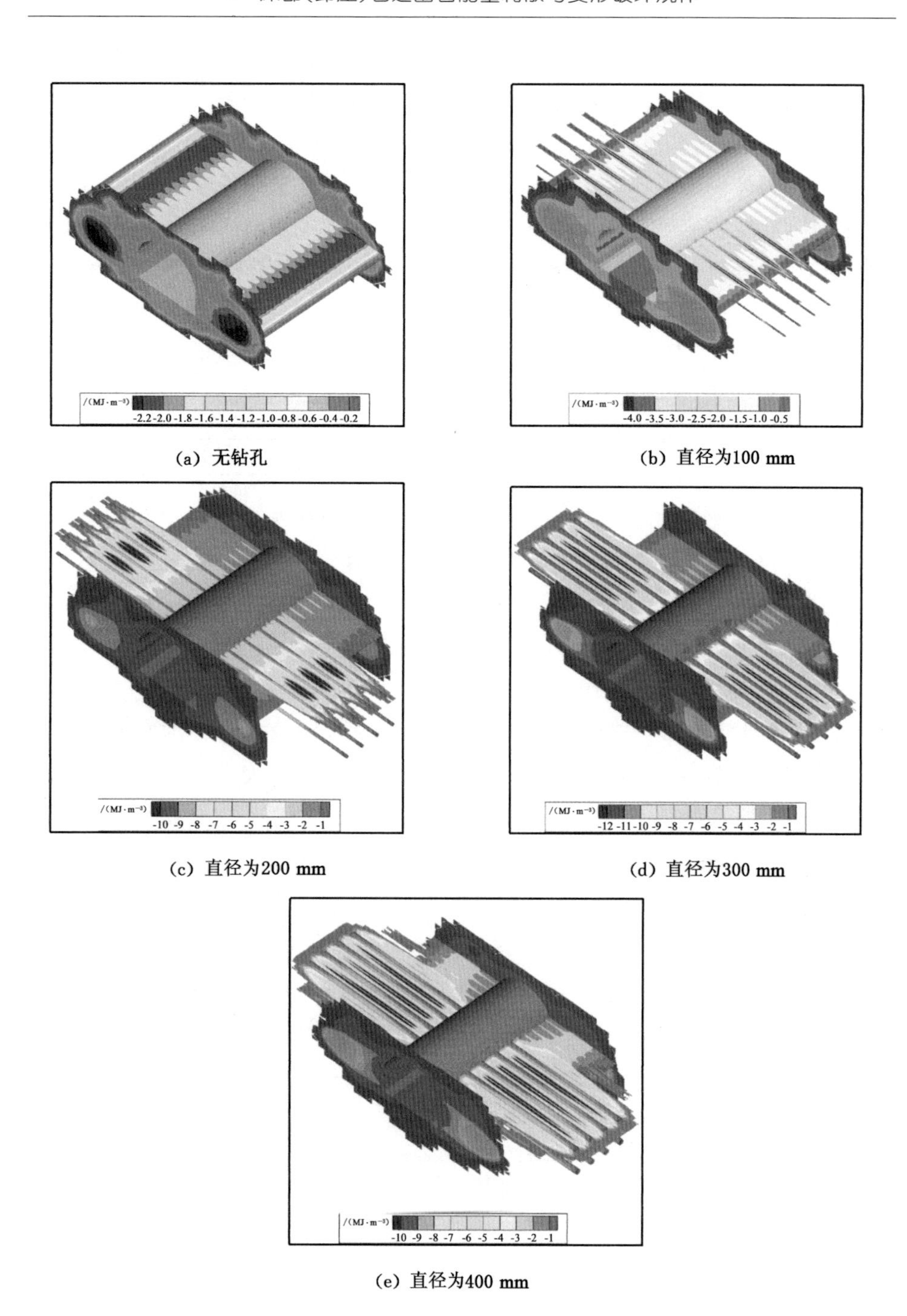

(a) 无钻孔　(b) 直径为100 mm

(c) 直径为200 mm　(d) 直径为300 mm

(e) 直径为400 mm

图 3-35　不同卸压钻孔直径下围岩耗散能密度分布云图

由图 3-34 和图 3-35 可知，不同卸压钻孔直径下，巷帮围岩垂直应力与耗散能集中密度分布具有以下规律：

① 径排比(D/R)为 1∶4 时，由初始条件可知，深部巷道此时为充分卸压状态，帮部应力峰值距离巷道中心约为 12 m、其量值约为 55 MPa，此时，高应力区得到转移，在原峰值处的应力降低到 16.1 MPa；径排比(D/R)由 1∶4 增大到 1∶3时，应力峰值、耗散能集中密度、耗散能范围均不发生任何变化，原峰值处的应力大小由 15 MPa 衰减至 10.3 MPa。

② 径排比(D/R)为 1∶12 时，开挖卸压钻孔对巷道两帮能量耗散的增加程度很低，能量耗散范围基本上不存在变化，按照卸压钻孔排距的确定方法，此时巷道为非充分卸压状态；当卸压钻孔直径进一步增加至径排比(D/R)为 1∶6 时，耗散能集中密度进一步扩大，能量耗散范围明显向巷道围岩深部转移，但是还未扩散至钻孔末端，以至于钻孔末端耗散区不能形成相互叠加。当径排比(D/R)为1∶4和 1∶3 时，此时钻孔末端耗散能区域形成相互叠加状态。

图 3-36 为距巷道中心不同位置处巷道围岩耗散能分布曲线，巷道未开挖卸压钻孔时，耗散能密度峰值约为 1 MJ/m^3。当径排比(D/R)为 1∶12 时，开挖卸压钻孔对巷道两帮能量耗散的增加程度很低，能量耗散范围在钻孔处存在变化，然而钻孔末端耗散密度近乎为 0，钻孔之间耗散能不能相互叠加。当径排比(D/R)增至 1∶6 时，耗散能密度峰值均显著增大，耗散能密度峰值约为13 MJ/m^3，与径排比(D/R)为 1∶12 时相比增加了 2.8 倍。径排比(D/R)进一步增至 1∶4 时，耗散能密度峰值不再显著变化，耗散能密度集中范围进一步增大，卸压钻孔之间耗散能密度集中范围相互叠加，此时巷道处于充分卸压状态。当径排比(D/R)从 1∶4 增加至 1∶3 时，无论是耗散能密度集中范围，还是耗散能密度峰值均不再增大，相关围岩耗散能有所降低，表明卸压程度再增大，同时，结合巷帮应力演化曲线，判定此时巷道尚未进入过度卸压状态。

(2) 卸压钻孔直径对巷道围岩变形的影响

由前面的分析结果可知，在径排比(D/R)<1∶4 的情况下，巷道处于非充分卸压状态，钻孔径排比(D/R)为 1∶3 时，巷道仍处于充分卸压状态。

本部分依照不同卸压钻孔直径下围岩变形来分析钻孔直径对深部巷道围岩变形的影响，与前文内容进行相互印证。选取两钻孔对称中心位置处的帮部和底板的位移，如图 3-37 和图 3-38 所示。

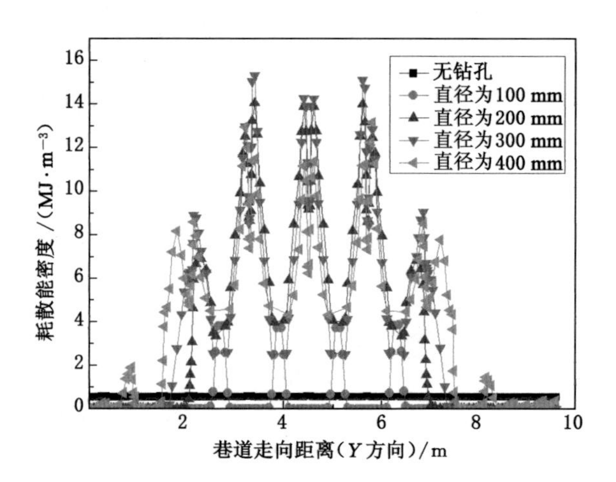

图 3-36　不同卸压钻孔直径在原峰值位置处围岩耗散能分布

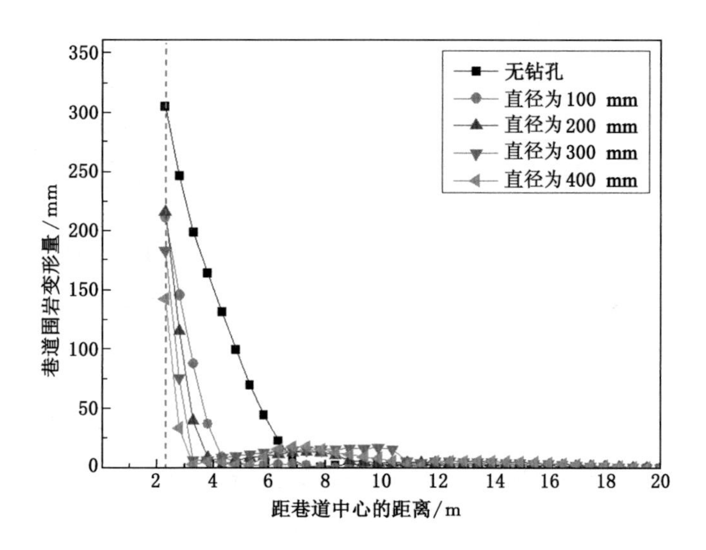

图 3-37　不同卸压钻孔直径下巷道两帮位移曲线

由图 3-37 和图 3-38 可知,不同卸压钻孔直径下,巷道围岩变形量具有以下规律。

未开挖钻孔时,帮部和底板的变形量分别为 306 mm 和 289 mm;径排比(D/R)为 1∶4 时,巷道处于充分卸压状态,巷道帮部及底板的变形量分别为 184 mm 和 148 mm 相比无钻孔时减小了 39.9%和 48.8%;径排比(D/R)由

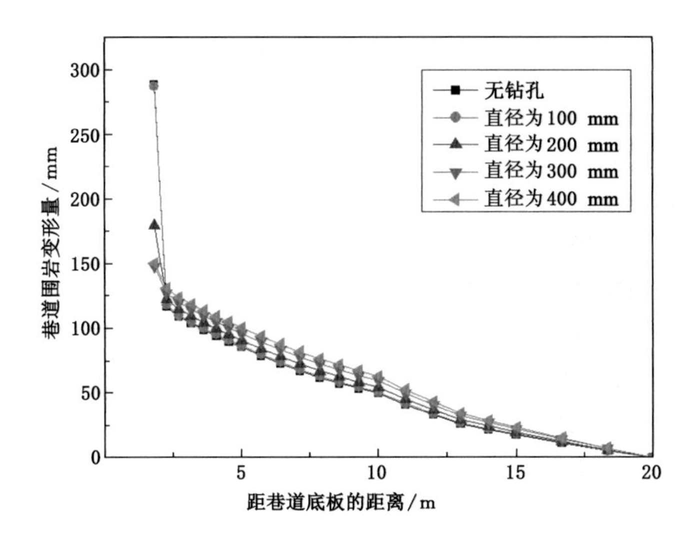

图 3-38　不同卸压钻孔直径下巷道底板位移曲线

1∶4增加值 1∶3 时，巷道围岩帮部变形量仍处于减小状态，但是减幅在趋缓；径排比（D/R）为 1∶12 时，巷道围岩底板基本无变化，直至径排比（D/R）增大至1∶6 时，底板变形量急剧减小，其值约为 180 mm，相较未开挖卸压钻孔时减小了 37.7%。

由以上不同卸压钻孔直径下的方案对比分析可以得出钻孔直径对卸压状态的影响，在固定间排距的情况下，卸压钻孔直径越小卸压程度越低。

3.2.6.2　卸压钻孔直径确定方法

根据以上分析可以得出，在间排距固定的情况下，卸压钻孔直径的改变对围岩稳定性的影响比较显著，卸压钻孔直径的变化可直接在非充分卸压、充分卸压和过度卸压之间转换，因此，在实际工程运用中可将钻孔直径固定后再选取钻孔间排距。

目前，煤矿井下使用的大孔径钻机，其钻头直径一般在 100～300 mm，工程实践中，现有矿用打孔钻机受功率限制，最大钻头直径为 400 mm，所以，要选取卸压钻孔实施方案，必须结合矿上实际钻机功率来确定卸压钻孔直径，如果钻机功率有条件，一般优先考虑使用大钻头，扩大卸压钻孔的单孔作用半径，这样可以放大钻孔的径排比和径间比，能减小钻孔数量以及钻孔时间，增加深部巷道围岩的稳定性[102-104]，降低巷道生产成本。

3.3 本章小结

(1) 基于能量耗散理论,利用开发的 FLAC^{3D}能量计算模型,研究了巷道埋深、侧压系数、断面形状等不同因素影响下巷道围岩的能量耗散和变形破坏特征,揭示了巷道围岩能量耗散和变形破坏的相关性,具体如下:

① 随着巷道埋深的不断增加,巷道围岩耗散能密度、能量耗散范围以及变形破坏范围和程度持续增加,当埋深达到一定时(800 m),埋深继续增加,巷道围岩逐渐出现能量分区耗散现象,并随埋深的不断增加,能量分区耗散更为明显,且主要发生在帮部围岩,并逐渐向整体围岩演化。

② 巷道侧压系数加大,巷道顶板岩层和底板岩层耗散能密度、能量耗散范围以及变形破坏范围和程度持续增加,并逐渐出现能量分区耗散现象,帮部围岩耗散能密度和变形破坏程度整体呈增加趋势,但是其耗散能集中密度、能量耗散范围先增加后减小。侧压系数 $\lambda<1.0$ 时,巷道围岩能量耗散和变形破坏主要发生在巷道两帮及底板;巷道侧压系数 $\lambda\geqslant1.0$ 时,围岩能量耗散和变形破坏向顶板岩层和底板岩层转移,顶板岩层和底板岩层出现能量分区耗散现象。在巷道支护设计时,若巷道侧压系数较大,巷道在设计正常支护的同时,应注意顶板和底板的加强支护。

③ 巷道断面形状不同,围岩主破坏区域的位置不同,矩形和梯形巷道顶板岩层和帮部围岩能量耗散较为集中,主破坏区域位于巷道帮部,半圆拱形巷道围岩最大耗散能集中范围较大,但是巷道围岩能量耗散主要集中在巷道浅部围岩,且主破坏区域主要发生在两帮及底板岩层,圆形巷道围岩能量耗散范围和变形破坏程度相对较小,且主破坏区域逐渐减小。在巷道支护中,顶板岩层和帮部围岩的稳定是保证巷道围岩稳定的前提,因此对于深部高应力巷道多采用圆形巷道和半圆拱形巷道。

(2) 基于钻孔卸压作用原理的分析,考虑到岩体破坏是能量驱动下的一种失稳现象,从能量耗散角度研究卸压钻孔对巷道稳定的扰动规律,依据钻孔卸压程度的不同,将巷道卸压程度分为非充分卸压、充分卸压和过度卸压。

(3) 利用开发的能量计算模型,进一步研究了卸压钻孔参数(长度、间排距及直径)对深部巷道围岩能量耗散和变形破坏的影响,揭示了深部钻孔卸压巷道围岩能量耗散规律,提出了卸压钻孔参数的能量确定方法。

① 分析了卸压钻孔长度对巷道围岩能量耗散的影响,研究得到当钻孔长度

小于 6 m 时，卸压钻孔对巷道围岩能量耗散能集中密度影响较小，卸压钻孔作用区域位于巷帮浅部松动破坏围岩内部，该处围岩由于弹性能残余储量低，导致可供耗散能量小。随着钻孔长度的增加，巷道围岩能量耗散能集中密度较大，卸压效果增加，巷道围岩变形得到有效控制。一旦钻孔长度大于 12 m，巷道围岩卸压区耗散能密度变化逐渐稳定，同时，增加钻孔长度加大了施工时间与成本，为此，确定试验巷道钻孔长度一般控制在 6～12 m 范围内，即以穿透巷道应力集中区为宜。

② 卸压钻孔直径、排距和间距之间存在相互作用，卸压钻孔直径影响巷道间排距的确定。在工程现场，可根据矿井钻机功率优先设计卸压钻孔直径，然后采用数值模拟方法，以 D/R 和 D/I 作为变量，通过模拟得到巷道充分卸压状态对应的 D/R 和 D/I 值，设计卸压钻孔间排距。合理的钻孔间排距应保证邻近钻孔之间围岩能量耗散区域相互叠加，确保卸压钻孔中间围岩内部不存在“0”耗散区，此时可取得显著的卸压效果，对于维护巷道围岩稳定较为有利。

4 深部巷道围岩能量耗散的支护调控效应

巷道开挖变形中伴随着能量的积聚、耗散和释放，围岩释放的能量一部分用于煤岩体破坏，一部分被支护结构吸收，总能量遵循守恒原则。支护结构吸收能量的能力决定着用于围岩变形破坏释放能量的大小，从能量角度分析支护结构吸能和围岩释能对巷道稳定的控制作用更为符合理论与现场实际。本章基于弹塑性力学和能量守恒理论，采用理论分析和数值模拟的方法，研究锚杆支护对深部巷道和深部卸压巷道围岩能量耗散的调控效应，为深部巷道支护设计和支护参数确定提供理论依据，保障巷道围岩稳定控制和矿井安全高效生产。

4.1 巷道围岩能量耗散的理论分析

4.1.1 力学模型建立

现场实测表明，巷道掘进扰动时间一般较短，自开挖初期至变形基本趋于稳定，一般在 10～40 d 内完成，该时间段内围岩主要以产生弹塑性变形为主[105]。为了使问题能够进行研究，也便于进行工程分析，如图 4-1 和图 4-2 所示，所以提出以下假设：

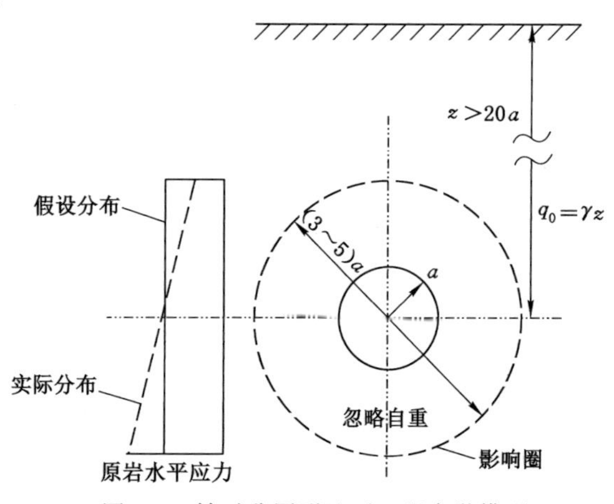

图 4-1 轴对称圆形地下工程力学模型

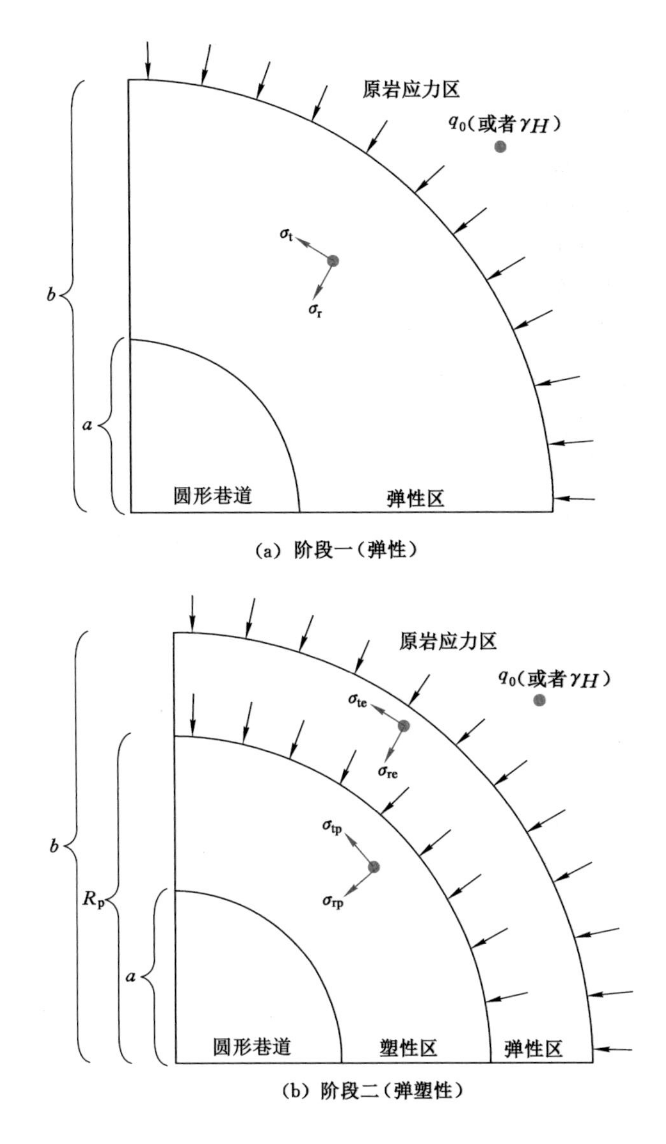

图 4-2　分阶段演化能量耗散示意图

① 巷道为深埋圆形巷道,半径 a,处于静水压力状态,走向无限长,属于平面应变问题;支护体和支护体以外的围岩被视为均质、各向同性;不计巷道周围岩体自重,置于无限大岩体中,不考虑邻近巷道或采场的开挖影响。

② 锚杆支护紧随巷道开挖进行,即巷道开挖后,从巷道周壁到围岩深部依次是塑性区、弹性区和原岩应力区,锚杆支护作用于巷道围岩塑性区内。

③ 整个半无限地质体为封闭的热力学系统，与外界没有发生热交换。

④ 假设支护体半径小于塑性区半径，锚杆支护结构参与塑性区的形成过程。弹塑性状态下，塑性区内 c、φ 值不变化，体积不变化，为理想弹塑性模型。

⑤ 对于无限长巷道，弹塑性区的轴向应变与弹性区的轴向应变相等，巷道沿其轴向方向不产生剪应力，这样可以简化为平面应变问题。

⑥ 巷道采用锚杆支护，且锚杆与巷道围岩达到协同变形。锚杆与巷道围岩共同组成支护结构，忽略锚固剂界面剪切滑移变形，锚杆剪应力做功为 0。锚杆吸能主要由杆体轴应力做功贡献。

4.1.2　巷道围岩弹塑性变形分析

4.1.2.1　完全弹性状态

围岩为均质，各向同性，线弹性，无蠕变或黏性行为；原岩应力为各向等压状态；巷道断面为圆形，在无限长的巷道长度里，围岩的性质一致。巷道围岩没有出现任何塑性区时，可知围岩弹性区应力解析解的表达式如下所示（由完全弹性区的静力平衡方程、几何方程、物理方程联立求解）[106]：

$$\begin{cases}\sigma_r = q_0\left(1-\dfrac{a^2}{r^2}\right)\\ \sigma_t = q_0\left(1+\dfrac{a^2}{r^2}\right)\end{cases} \tag{4-1}$$

式中，σ_r，σ_t 分别为径向应力和切向应力，MPa；q_0 为原岩应力，MPa；a 为圆形巷道半径，m；r 为圆形巷道中心点 O 到围岩所求应力点的距离。

式(4-1)曲线示意图如图 4-3 所示。

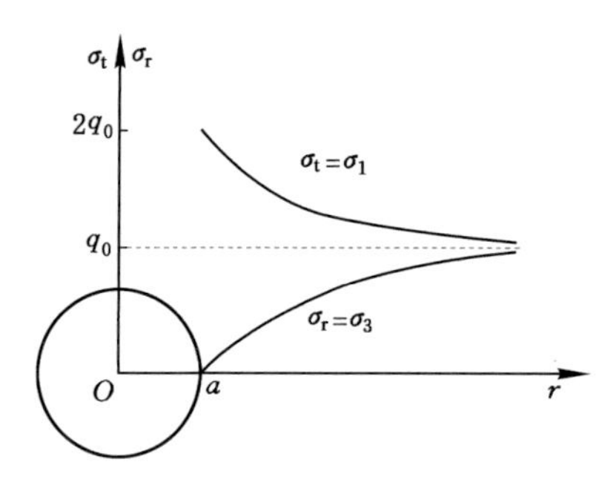

图 4-3　完全弹性区巷道围岩应力表达式曲线示意图

根据图 4-3 弹性状态围岩应力曲线示意图，对于围岩中任意某一个点，总能找出三个主平面，分别是切向、轴向和径向[107]，依次对应第一主应力、第二主应力和第三主应力，其中切向应力最大，径向应力最小。

4.1.2.2　弹塑性状态

岩体经开挖，破坏了原有岩体自身的应力平衡，促使岩体进行应力调整。经重新分布的应力往往由于初始应力的作用或者岩体强度的低下，会出现巷壁应力超出岩体屈服强度的现象，即阶段一演化至阶段二[108]。如图 4-4 所示，这时接近巷壁的部分岩体将进入塑性状态。

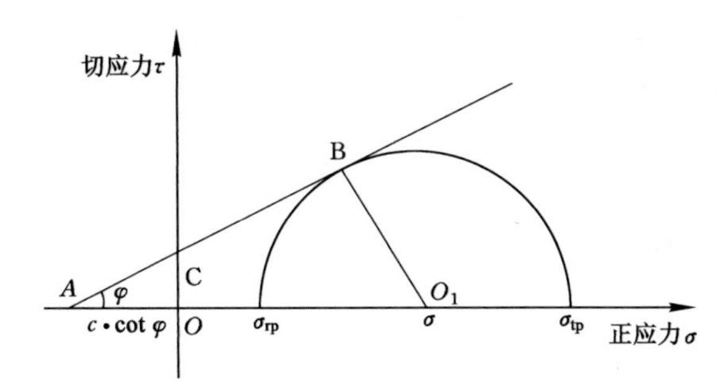

图 4-4　塑性区莫尔-库仑强度圆

由图 4-4 中的几何关系可知：

$$\frac{\sigma_{\mathrm{tp}}-\sigma_{\mathrm{rp}}}{2}=\sin\varphi\left(c\cot\varphi+\frac{\sigma_{\mathrm{tp}}+\sigma_{\mathrm{rp}}}{2}\right) \tag{4-2}$$

根据三角函数公式可知：

$$\frac{\sigma_{\mathrm{tp}}-\sigma_{\mathrm{rp}}}{2}=c\cos\varphi+\frac{\sigma_{\mathrm{tp}}+\sigma_{\mathrm{rp}}}{2}\sin\varphi \tag{4-3}$$

变换得到：

$$\frac{\sigma_{\mathrm{rp}}+c\cot\varphi}{1-\sin\varphi}=c\cot\varphi+\sigma_{\mathrm{rp}}+\frac{\sigma_{\mathrm{tp}}-\sigma_{\mathrm{rp}}}{2} \tag{4-4}$$

由双向等压圆孔周围单元体应力分布可以得到：

$$\sigma_{\mathrm{tp}}-\sigma_{\mathrm{rp}}=r\frac{\mathrm{d}\sigma_{\mathrm{rp}}}{\mathrm{d}r} \tag{4-5}$$

联合式(4-4)和式(4-5)，得到：

$$2(\sigma_{\mathrm{rp}}+c\cot\varphi)\frac{\sin\varphi}{1-\sin\varphi}=r\frac{\mathrm{d}\sigma_{\mathrm{rp}}}{\mathrm{d}r} \tag{4-6}$$

从而可得下式：

$$\frac{\mathrm{d}\sigma_{\mathrm{rp}}}{\sigma_{\mathrm{rp}}+c\cot\varphi}=\frac{2\sin\varphi}{1-\sin\varphi}\frac{\mathrm{d}r}{r} \tag{4-7}$$

对式(4-7)两边同时求不定积分，得到：

$$\ln(\sigma_{rp} + c\cot\varphi) = \frac{2\sin\varphi}{1-\sin\varphi}\ln r + A \tag{4-8}$$

式中,A 为求解不定积分得到的常数。

当 $r=a$ 的时候,取 σ_{rp}的值为锚固体支护强度 p_i,p_i 的大小取决于锚杆支护参数和抗拉强度,从而得到:

$$A = \ln(p_i + c\cot\varphi) - \frac{2\sin\varphi}{1-\sin\varphi}\ln a \tag{4-9}$$

然后把式(4-9)代入式(4-8),即求出塑性区 σ_{rp}的表达式:

$$\sigma_{rp} = (p_i + c\cot\varphi)\left(\frac{r}{a}\right)^{\frac{2\sin\varphi}{1-\sin\varphi}} - c\cot\varphi \tag{4-10}$$

再由式(4-5)得到:

$$\sigma_{tp} = \sigma_{rp} + r\frac{d\sigma_{rp}}{dr} \tag{4-11}$$

由式(4-10)和式(4-11),即求出塑性区 σ_{tp}的表达式:

$$\sigma_{tp} = (p_i + c\cot\varphi)\frac{1+\sin\varphi}{1-\sin\varphi}\left(\frac{r}{a}\right)^{\frac{2\sin\varphi}{1-\sin\varphi}} - c\cot\varphi \tag{4-12}$$

解得弹塑性状态下,塑性区应力解析解的表达式如下:

$$\begin{cases} \sigma_{rp} = (p_i + c\cot\varphi)\left(\frac{r}{a}\right)^{\frac{2\sin\varphi}{1-\sin\varphi}} - c\cot\varphi \\ \sigma_{tp} = (p_i + c\cot\varphi)\frac{1+\sin\varphi}{1-\sin\varphi}\left(\frac{r}{a}\right)^{\frac{2\sin\varphi}{1-\sin\varphi}} - c\cot\varphi \end{cases} \tag{4-13}$$

根据与求解塑性区静力平衡方程同样的方法,得出弹塑性状态下弹性区静力平衡方程[109]:

$$\sigma_{te} - \sigma_{re} = r\frac{d\sigma_{re}}{dr} \tag{4-14}$$

弹性区几何方程:

$$\begin{cases} \varepsilon_t = \frac{u}{r} \\ \varepsilon_r = \frac{du}{dr} \end{cases} \tag{4-15}$$

式中,u 为位移;r 为距巷道中心的距离。

弹性区物理方程:

$$\begin{cases} \sigma_{te} = \frac{E}{1-\mu^2}(\varepsilon_t + \mu\varepsilon_r) \\ \sigma_{re} = \frac{E}{1-\mu^2}(\varepsilon_r + \mu\varepsilon_t) \end{cases} \tag{4-16}$$

由式(4-15)和式(4-16)可知：

$$\begin{cases}\sigma_{te}=\dfrac{E}{1-\mu^2}\left(\dfrac{u}{r}+\mu\dfrac{du}{dr}\right)\\ \sigma_{re}=\dfrac{E}{1-\mu^2}\left(\dfrac{du}{dr}+\mu\dfrac{u}{r}\right)\end{cases}\tag{4-17}$$

将式(4-17)代入式(4-14)，得到：

$$r^2\cdot\frac{d^2u}{dr^2}+r\cdot\frac{du}{dr}-u=0\tag{4-18}$$

由高等数学可知，式(4-18)是一个欧拉方程，将其写成标准形式为：

$$x^2y''+xy'-y=0\tag{4-19}$$

令 $t=\ln x$，得到：

$$x^2\cdot\frac{1}{x^2}\cdot\left(\frac{d^2y}{dt^2}-\frac{dy}{dt}\right)+x\cdot\frac{1}{x}\cdot\frac{dy}{dt}-y=0\tag{4-20}$$

$$\frac{d^2y}{dt^2}-y=0\tag{4-21}$$

式(4-21)所对应的通解为：

$$y=C_1e^t+C_2e^{-t}\tag{4-22}$$

式中，C_1，C_2 为积分常数。

即有：

$$u=C_1r+C_2\frac{1}{r}\tag{4-23}$$

所以切向应变的表达式为：

$$\frac{u}{r}=C_1+C_2\frac{1}{r^2}\tag{4-24}$$

所以径向应变的表达式为：

$$\frac{du}{dr}=C_1-C_2\frac{1}{r^2}\tag{4-25}$$

所以弹塑性条件下，弹性区的应力解析解为：

$$\begin{cases}\sigma_{te}=\dfrac{E}{1-\mu^2}\left[(1+\mu)C_1+(1-\mu)C_2\dfrac{1}{r^2}\right]\\ \sigma_{re}=\dfrac{E}{1-\mu^2}\left[(1+\mu)C_1-(1-\mu)C_2\dfrac{1}{r^2}\right]\end{cases}\tag{4-26}$$

边界条件为：

$r=R_p$，$\sigma_{re}=\sigma_{rp}=\sigma_{jj}$，第一个边界条件

$r\to\infty$，$\sigma_{re}=q_0$，第二个边界条件

将边界条件代入式(4-26)，得到：

$$\sigma_{re}=\frac{E}{1-\mu^2}\left[(1+\mu)C_1+(1-\mu)C_2\frac{1}{R_p^2}\right]=\sigma_{jj}\text{（代入第一个边界条件）}\tag{4-27}$$

$$\sigma_{re}=\frac{E}{1-\mu^2}(1+\mu)C_1=q_0\text{（代入第二个边界条件）}\tag{4-28}$$

由式(4-27)和式(4-28)可以求出：

$$\begin{cases}C_1=\dfrac{1-\mu}{E}q_0\\C_2=\dfrac{R_p^2}{E}(1+\mu)(\sigma_{jj}-q_0)\end{cases}\tag{4-29}$$

将式(4-29)代入式(4-26)得式(4-30)，弹塑性条件下，弹性区的应力解析表达式。依据高等数学求解微分方程的方法，弹性力学的边界条件定义，将弹塑性状态下，弹性区的静力平衡方程、几何方程、物理方程三套方程联立，求得应力解析解的表达式如下所示：

$$\begin{cases}\sigma_{te}=q_0\left(1+\dfrac{R_p^2}{r^2}\right)-\sigma_{jj}\dfrac{R_p^2}{r^2}\\\sigma_{re}=q_0\left(1-\dfrac{R_p^2}{r^2}\right)-\sigma_{jj}\dfrac{R_p^2}{r^2}\end{cases}\tag{4-30}$$

式(4-13)和式(4-30)曲线示意图如图4-5所示。

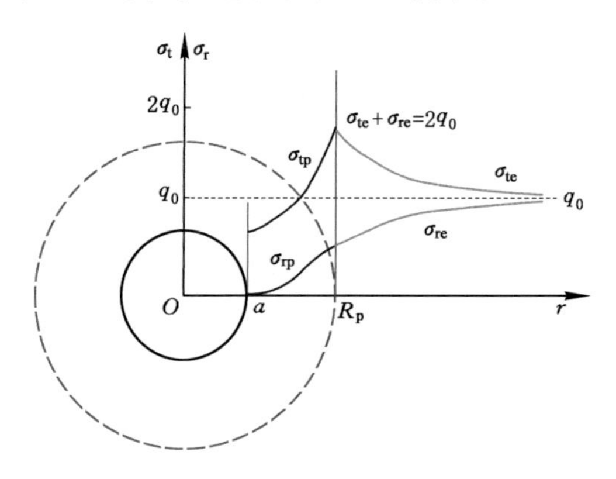

图4-5　弹塑性区巷道围岩应力表达式曲线示意图

求解塑性区半径 R_p 的表达式。对于完全弹性区而言，有下列结论成立：任意一点的切向应力和径向应力之和等于 $2q_0$，切向应力和径向应力的分布和角度无关，皆为主应力，即切向和径向平面均为主平面[110]。因此在弹塑性交界面上，可以有下式成立：

$$\sigma_{\mathrm{rp}} + \sigma_{\mathrm{tp}} = 2q_0, r = R_{\mathrm{p}} \tag{4-31}$$

即有：

$$\frac{2}{1-\sin\varphi}(p_i + c\cot\varphi)\left(\frac{R_{\mathrm{p}}}{a}\right)^{\frac{2\sin\varphi}{1-\sin\varphi}} - c\cot\varphi = 2q_0 \tag{4-32}$$

从上式中可以解出塑性区半径的表达式[111]：

$$R_{\mathrm{p}} = a\left[\frac{(q_0 + c\cot\varphi)(1-\sin\varphi)}{p_i + c\cot\varphi}\right]^{\frac{2\sin\varphi}{1-\sin\varphi}} \tag{4-33}$$

基于莫尔-库仑准则，围岩塑性破坏触发条件是受力大于强度。对于浅埋巷道，岩体所处应力环境低，少涉及塑性破坏，这也是研究隧道、地下洞室等浅埋工程时多选用弹性模型的原因[112]。但对于高应力巷道，开挖后会发生强烈弹塑性变形，若忽略破坏释放热能、声发射能、电磁辐射能等，以时间为轴线，可认为弹塑性阶段是由完全弹性阶段演化而来。为此，围岩塑性破坏能量耗散值可由两种状态下弹性能的差值来表示[113]。

4.1.3 巷道围岩能量耗散分析

4.1.3.1 围岩耗散能计算

根据材料力学，单元体的应变能可由下式表示[114]：

$$\upsilon_{\varepsilon} = \frac{1}{2}\sigma\varepsilon \tag{4-34}$$

式中，υ_{ε} 为应变能密度；σ 为应力；ε 为应变。

又因为能量是标量，可以进行代数计算，所以考虑 3 个方向则有[115]：

$$\upsilon_{\varepsilon} = \frac{1}{2}\sigma_1\varepsilon_1 + \frac{1}{2}\sigma_2\varepsilon_2 + \frac{1}{2}\sigma_3\varepsilon_3 = \frac{1}{2}(\sigma_1\varepsilon_1 + \sigma_2\varepsilon_2 + \sigma_3\varepsilon_3) \tag{4-35}$$

将胡克定律公式：

$$\begin{cases} \varepsilon_1 = \dfrac{1}{E}[\sigma_1 - \mu(\sigma_2 + \sigma_3)] \\ \varepsilon_2 = \dfrac{1}{E}[\sigma_2 - \mu(\sigma_3 + \sigma_1)] \\ \varepsilon_3 = \dfrac{1}{E}[\sigma_3 - \mu(\sigma_1 + \sigma_2)] \end{cases} \tag{4-36}$$

代入考虑三向应力的应变能密度计算公式可得：

$$\upsilon_{\varepsilon} = \frac{1}{2E}[\sigma_1^2 + \sigma_2^2 + \sigma_3^2 - 2\mu(\sigma_1\sigma_2 + \sigma_2\sigma_3 + \sigma_3\sigma_1)] \tag{4-37}$$

上述公式即为围岩各个状态的应变能密度计算公式。

岩体受到外力作用时不仅产生弹性变形，同时还有塑性变形发生，认为岩体的畸变能将被塑性变形所吸收和转化为其他形式的能量[116]。因此，岩体内积聚的弹性能指的是岩体体积改变能。所以根据弹塑性状态下塑性区应力解析解，可以得到该区域应变能密度表达式为：

$$\upsilon_V = \frac{1-2\mu}{6E}(\sigma_1 + \sigma_2 + \sigma_3)^2 \tag{4-38}$$

即在计算弹性区的弹性应变能密度时，计算公式为：

$$\upsilon_{\varepsilon e} = \frac{1}{2E}[\sigma_{te}^2 + \sigma_{ze}^2 + \sigma_{re}^2 - 2\mu(\sigma_{te}\sigma_{ze} + \sigma_{ze}\sigma_{re} + \sigma_{re}\sigma_{te})] \tag{4-39}$$

计算塑性区的塑性应变能密度时，计算公式为：

$$\upsilon_V = \frac{1-2\mu}{6E}(\sigma_{tp} + \sigma_{zp} + \sigma_{rp})^2 \tag{4-40}$$

又考虑到平面应变问题下，第二个方向上的主应力与第一个方向和第三个方向上的主应力存在 μ 倍的关系，即

$$\sigma_{ze} = \mu(\sigma_{te} + \sigma_{re}) \tag{4-41}$$

所以将其代入弹性区应变能密度公式中，可进一步得到：

$$\upsilon_{\varepsilon e} = \frac{1}{2E}[(1-\mu^2)(\sigma_{te}^2 + \sigma_{re}^2) + 2\mu(1+\mu)(\sigma_{te}\sigma_{re})] \tag{4-42}$$

在一定的应力与围岩环境下，当围岩没有出现任何塑性区时（即完全弹性状态下）系统储存弹性应变能最大，定义为 W_{emax}。出现塑性区时（即弹塑性状态下），巷道围岩系统包含了弹性区与塑性区两个状态区域，即系统包含了弹性应变能和塑性应变能，总能量用 W_{ep} 表示。这两者之间的差值即为围岩由完全弹性状态到弹塑性状态的围岩能量耗散值。

想要量化计算围岩塑性破坏耗散和转移的能量，首先需要确定能量方程的积分限。为增加围岩各区域能量可计算性，本书选择以工程上定义的巷道开挖扰动半径作为积分上限。基于岩体力学，弹性状态开挖半径为 a 的圆形巷道，围岩中产生的影响半径为 $\sqrt{20}\,a$。对于积分方程，可取 $r_{e1} = (\sqrt{20}+1)a \approx 5.47a$。

因此，单位长度巷道围岩在阶段演化之后，能量耗散值的计算公式如下。

第一阶段：

$$W_{emax} = \iiint_V \upsilon_{\varepsilon e1} \cdot dV_{e1} \tag{4-43}$$

将完全弹性阶段的弹性应变能密度公式代入上式，得到：

$$W_{emax}=\int_0^{2\pi}d\theta\int_a^b\frac{1}{2E}[(1-\mu^2)(\sigma_t^2+\sigma_r^2)+2\mu(1+\mu)(\sigma_t\sigma_r)]r\cdot dr \tag{4-44}$$

第二阶段：

$$W_{ep}=W_{e2}+W_{p2} \tag{4-45}$$

$$W_{ep}=\iiint_V \upsilon_{\varepsilon e2}\cdot dV_{e2}+\iiint_V \upsilon_{\varepsilon p2}\cdot dV_{p2} \tag{4-46}$$

式中 $\nu_{\varepsilon e1}$——阶段一弹性区应变能密度，J/m^3；

V_{e1}——阶段一弹性区积分区域，m^3；

$\nu_{\varepsilon e2}$——阶段二弹性区应变能密度，J/m^3；

V_{e2}——阶段二弹性区积分区域，m^3；

$\nu_{\varepsilon p2}$——阶段二塑性区应变能密度，J/m^3；

V_{p2}——阶段二塑性区积分区域，m^3。

将弹塑性阶段的弹性区应变能密度公式和塑性区应变能密度公式分别代入上式中，得到支护后巷道围岩耗散总能量（注意积分变量 r 的起始原点，算巷道各部分能量，起始圆点在圆形巷道的圆心处；计算锚杆支护结构储存多少能量，起始圆点在锚杆托盘位置处）。依据就是：前者是圆形巷道围岩内部微元体的静力平衡方程推导过程；后者是锚杆轴力表达式推导过程。

$$W_{e2}=\int_0^{2\pi}d\theta\int_{R_p}^b\frac{1}{2E}[(1-\mu^2)(\sigma_{te}^2+\sigma_{re}^2)+2\mu(1+\mu)(\sigma_{te}\sigma_{re})]r\cdot dr \tag{4-47}$$

$$W_{p2}=\int_0^{2\pi}d\theta\int_a^{R_p}\frac{1}{2E}[(1-\mu^2)(\sigma_{tp}^2+\sigma_{rp}^2)+2\mu(1+\mu)(\sigma_{tp}\sigma_{rp})]r\cdot dr \tag{4-48}$$

基于第一阶段和第二阶段的各部分能量值，可以得到围岩耗散能的计算式如下：

$$\begin{cases}W_{hs}=W_{emax}-W_{ep} & (p_i=0)\\ W_{hsz}=W_{emax}-W_{ep} & (p_i>0)\end{cases} \tag{4-49}$$

式中，W_{hs}表示没有支护强度时的巷道围岩耗散能，MJ；W_{hsz}表示有支护强度时的巷道围岩耗散能，MJ。

4.1.3.2 计算结果分析

由上式可知，r_{e1}表示完全弹性状态时的弹性区半径，r_{e2}表示发生塑性变形以后（弹塑性状态）围岩弹性区扩展半径。在双向等压应力场中，圆孔周围任意点的切向应力 σ_t 与径向应力 σ_r 之和为常数[106,109]，且等于 $2\sigma_1$。

因此，可以得到：

$$\sigma_r + \sigma_t = 2\gamma H = 2\sigma_1 \tag{4-50}$$

在计算围岩耗散能时，第一阶段外边界用的是第二阶段发生塑性破坏以后的巷道影响外边界。而在第二阶段有一个塑性边界。找外边界的依据如图 4-6 所示，图 4-7 为积分区域外边界取值示意图。围岩区域所受影响的范围，应该依据圣维南原理[117]，因为原岩地质体开掘巷道所带来的影响是局部的[118]。为了方便分析和计算，并依据矿压理论，取 $b \approx 5.47a$。定义以 σ_t 高于 $1.05\sigma_1$ 或 σ_r 低于 $0.95\sigma_1$ 为巷道影响圈的外边界。如图 4-6 的示意图所示，内侧从 a 到外边界 b 为积分区域。

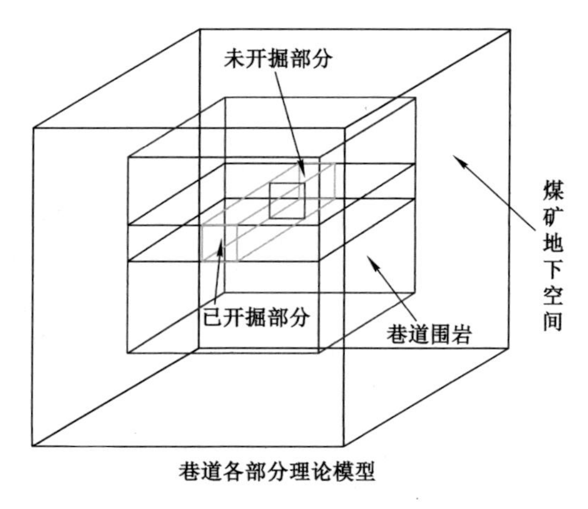

图 4-6　巷道开挖模型图

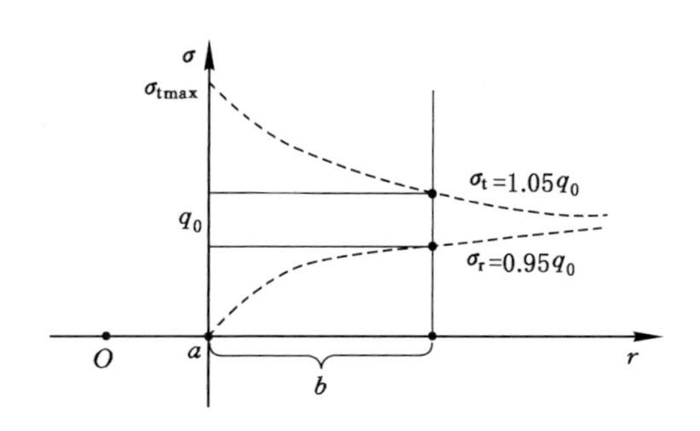

图 4-7　积分区域外边界取值示意图

为了说明巷道在塑性变形以后影响半径发生外移，给定算例进行验证。各项参数取值如下：埋深取 800 m，即原岩应力 $q_0 = 20$ MPa，巷道半径 $a = 2.5$ m，

围岩弹性模量 $E=1.8$ GPa，泊松比 $\mu=0.25$，黏聚力 $c=2.25$ MPa，内摩擦角 $\varphi=22°$。这时巷道开掘以后没有提供支护措施，因此支护强度 $p_i=0$。根据塑性区半径公式可知，发生塑性变形以后，塑性区半径 $R_p=6.03$ m。

依据图 4-7 所示，在弹性阶段，可知：

$$\sigma_t=q_0\left(1+\frac{a^2}{r^2}\right)=1.05q_0 \tag{4-51}$$

从式(4-51)可以解出在弹性阶段巷道影响半径 $r_{e1}=11.18$ m。

在弹塑性阶段，可知：

$$\sigma_{te}=q_0+(q_0\sin\varphi+c\cos\varphi)\cdot\frac{R_p^2}{r^2}=1.05q_0 \tag{4-52}$$

从上式中可以反解出在弹塑性阶段巷道影响半径 r_{e2} 的表达式为：

$$r_{e2}=\sqrt{\frac{R_p^2\cdot(q_0\sin\varphi+c\cos\varphi)}{0.05q_0}} \tag{4-53}$$

从中解得 $r_{e2}=18.663$ m。比较 r_{e1}，可以看出巷道影响半径明显外移。

由于巷道影响半径外移，因此围岩内部发生了能量转移[119]。根据能量转移计算公式，可以得出围岩转移的能量：

$$W_{zy}=\int_0^{2\pi}\mathrm{d}\theta\int_{r_{e1}}^{r_{e2}}(\nu_{\varepsilon e2}-\nu_{\varepsilon e1})\cdot r\mathrm{d}r \tag{4-54}$$

计算得出 $W_{zy}=0.591\ 3$ MJ。弹性状态巷道开挖扰动半径为 11.18 m；塑性破坏发生后，切向应力峰值距巷道中心 6.03 m；随着应力向围岩深部转移，巷道开挖扰动半径增加至 18.663 m。即巷道破坏以后，应力扰动区外移 7.483 m。根据 W_{zy} 计算表达式，应力重分布导致向原岩区转移能量 0.591 3 MJ。围岩发生塑性破坏消耗的应变能为 12.22 MJ，巷道没有进行支护时该部分能量全部用于围岩塑性破坏。总体来看，围岩塑性破坏以后，往原岩区转移能量约为围岩耗散能的 4.839%，转移能量低主要因为大部分能量被 R_p 到 r_{e1} 表示的稳定区域所储存。

4.1.4 深部巷道围岩能量耗散规律

影响巷道围岩应力与能量分布的因素有初始应力、开挖半径和围岩强度。巷道无支护时，塑性变形消耗的弹性应变能全部用于围岩塑性破坏。接下来，重点讨论初始应力、开挖半径和围岩强度分别对深部巷道围岩能量耗散的影响规律。

4.1.4.1 初始应力对围岩耗散能的影响

为了能够明确地将每一种因素对围岩耗散能的影响规律阐述清楚，特采用控制变量法来进行每一种影响因素的分析。分析初始应力(q_0)对围岩耗散能的影响规律时,其他因素数值约定如下:锚杆支护参数直径为 22 mm,间排距为 800 mm×800 mm,长度为 2.4 m。岩石容重取 25 kN/m^3,巷道半径 a 取 3.0 m,c=2.25 MPa,φ=22°,结果如表 4-1 所示。

表 4-1　初始应力(q_0)对围岩耗散能影响大小理论计算结果

埋深/m	200	300	400	500	600	700	800	900
初始应力/MPa	5.0	7.5	10.0	12.5	15.0	17.5	20.0	22.5
围岩耗散能/MJ	0.20	1.75	5.93	14.16	28.06	49.46	80.33	122.80

由图 4-8 可知,随着埋深的不断增加,围岩耗散能近似呈指数形式往上增加。因为埋深大,意味着围岩初始应力就越大,相应的应变能也越大。说明巷道埋深越大,开挖巷道过程中应力重分配使得围岩耗散能增幅更加明显,从而使得巷道变形也越严重。埋深对围岩耗散能的影响可理解为煤矿巷道埋深一旦超过临界深度(初始应力约为 13 MPa,换算成埋深约为 520 m),大量能量释放加剧围岩破坏,继续使用浅部巷道支护参数将无法控制围岩大变形,需要增加支护强度。

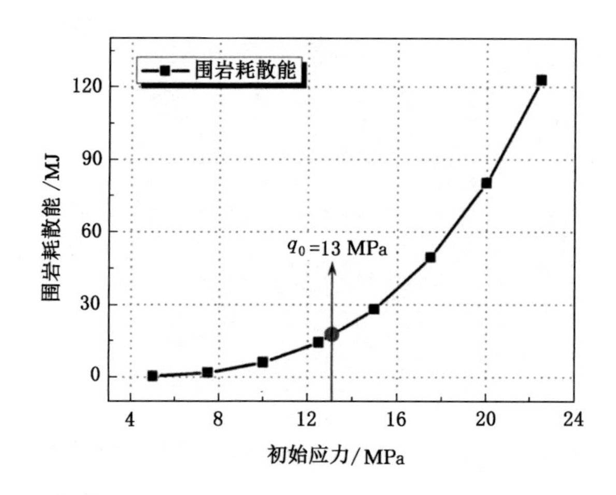

图 4-8　初始应力对围岩耗散能影响曲线图

4.1.4.2　巷道半径对围岩耗散能的影响

分析巷道半径(a)对围岩耗散能的影响规律时,其他因素数值约定如下:锚杆支护参数直径为 22 mm,间排距为 800 mm×800 mm,长度为 2.4 m。岩石容重取 25 kN/m^3,巷道埋深取 500 m,q_0=12.5 MPa,c=2.25 MPa,φ=22°,结果如表 4-2 所示。

表 4-2 巷道半径(a)对围岩耗散能影响大小理论计算结果

巷道半径/m	1.0	1.5	2.0	2.5	3.0	3.5	4.0	4.5
围岩耗散能/MJ	1.57	3.54	6.29	9.83	14.16	19.27	25.16	31.85

巷道开挖半径 a 对围岩耗散能存在较大影响,围岩耗散能随着 a 的增加近似指数形态增长。根据图 4-9 可以看出,拐点位于巷道半径等于 3 m。当巷道半径大于 3 m 时,围岩耗散能增幅明显加快。结合工程现场,解释了巷道开挖断面大于临界尺寸(临界半径约等于 3 m)时,出现了围岩控制难度剧增的现象。

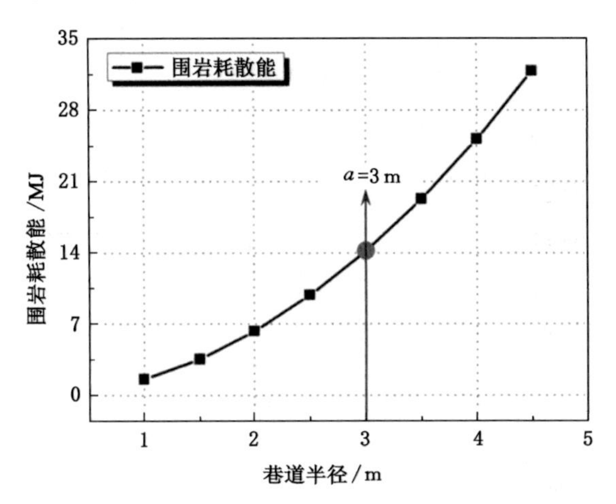

图 4-9 巷道半径对围岩耗散能影响曲线图

4.1.4.3 围岩强度对围岩耗散能的影响

黏聚力是指同种物质内部相邻各部分之间的吸引力。内摩擦角是土或岩石的抗剪强度指标。内摩擦角越大,围岩强度越高。

分析黏聚力(c)对围岩耗散能的影响规律时,其他因素数值约定如下:锚杆支护参数直径为 22 mm,间排距为 800 mm×800 mm,长度为 2.4 m。岩石容重取 25 kN/m^3,巷道半径取 3.0 m,巷道埋深取 500 m,q_0=12.5 MPa,φ=22°,结果如表 4-3 所示。

表 4-3 黏聚力(c)对围岩耗散能影响大小理论计算结果

黏聚力/MPa	0.5	1.0	1.5	2.0	2.5	3.0	3.5	4.0
围岩耗散能/MJ	159.60	53.95	28.26	17.44	11.65	8.11	5.76	4.11

分析内摩擦角(φ)对围岩耗散能的影响规律时,其他因素数值约定如下:锚杆支护参数直径为 22 mm,间排距为 800 mm×800 mm,长度为 2.4 m。岩石容重取 25 kN/m^3,巷道半径取 3.0 m,巷道埋深取 500 m,$q_0=12.5$ MPa,$c=2.25$ MPa,结果如表 4-4 所示。

表 4-4 内摩擦角(φ)对围岩耗散能影响大小理论计算结果

内摩擦角/(°)	10	15	20	25	30	35	40	45
围岩耗散能/MJ	50.47	27.96	17.00	10.87	7.11	4.66	3.00	1.86

如图 4-10 和图 4-11 所示,围岩强度包含岩石的黏聚力和内摩擦角,随着围岩强度的增加,巷道围岩耗散能呈负指数衰减,锚杆吸收能量减少。从侧面也可以说明,围岩强度越高,巷道变形越小,围岩内部集聚的应变能越多,进而使得因锚杆变形储存的应变能越少。当黏聚力增加到 1.75 MPa 以后,围岩耗散能维持在 22.85 MJ 左右;内摩擦角增加至 25°以后,围岩耗散能量值在 10 MJ 左右。且随着黏聚力和内摩擦角再增加,巷道围岩耗散能减幅放缓,表明围岩强度增加,大量的弹性能将储存在围岩体内部,导致巷道存在极大的安全隐患,会对防控动力灾害极为不利。

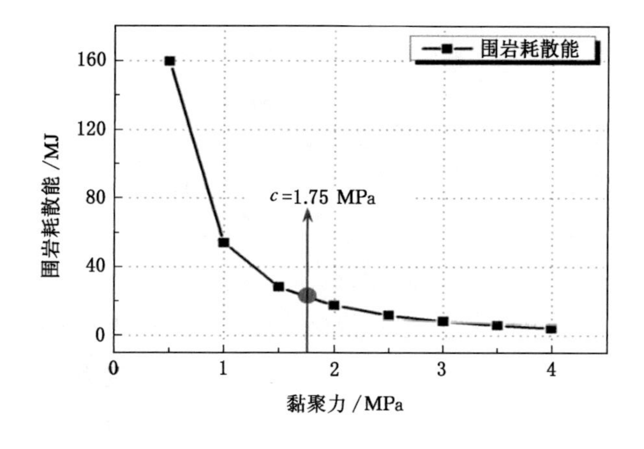

图 4-10 黏聚力对围岩耗散能影响曲线图

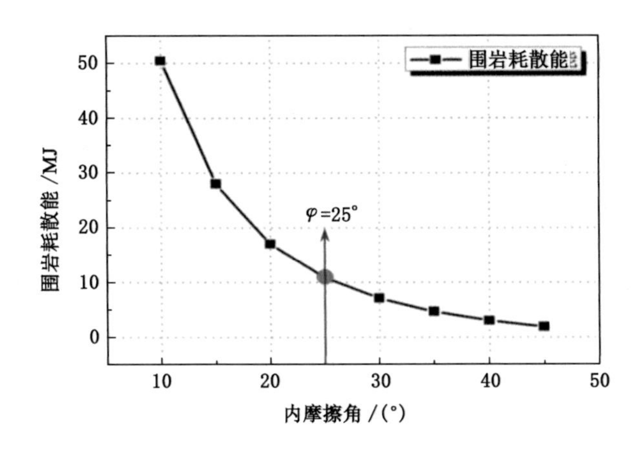

图 4-11　内摩擦角对围岩耗散能影响曲线图

4.2　锚杆支护调控能量耗散的理论分析

4.2.1　力学模型建立与分析

4.2.1.1　支护调控能量耗散模型

巷道掘出以后，随即施加主动支护。支护将参与围岩整个弹塑性变形过程，煤岩体通过巷道表面变形这种形式所释放出来的能量一部分使得围岩发生了塑性破坏[120]，一部分将通过锚杆拉伸的形式由支护结构吸收[121]。对巷道施加主动支护以后，致使用于驱动巷道破坏的应变能减少，从而降低围岩破坏程度。

假设巷道开掘以后立即施加锚杆支护，支护后在巷道周边形成半径为 c 的锚固结构。将锚杆支护力简化为作用于巷道周边的反力模拟围压进行求解。为此，基于锚杆支护预紧力扩散原则，假设锚杆通过预紧力扩散对围岩形成围压 p_i，参与围岩弹塑性变形过程，将巷道围岩结构模型简化，如图 4-12 所示。

基本假设与前述轴对称圆形巷道弹塑性应力问题相同，符合一般理想塑性材料的体积应变为零的假设，不考虑剪胀效应。采取塑性模数(无因次)的方法，来求解塑性区内的径向位移[109,119]。假设锚杆与围岩协同变形，则锚杆变形可由弹塑性状态下塑性区巷道径向位移表达式计算：

$$u_{\mathrm{pr}}=\frac{2(1+\mu_0)R_{\mathrm{p}}^2}{E_0 r}(q_0\sin\varphi+c\cos\varphi) \tag{4-55}$$

式中，R_{p} 指围岩耗散能；r 是分析点距巷道轴线的距离。

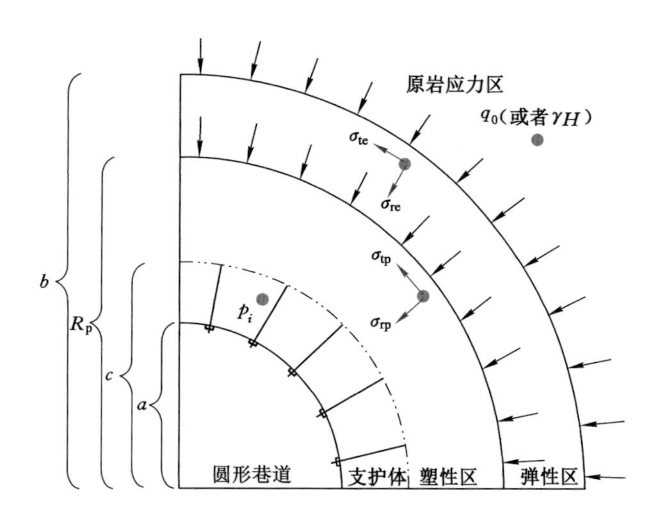

图 4-12 锚杆支护力学分析模型

由锚杆轴应力表达式 $p=4P/\pi r_g^2$(P 为锚杆受力,N)可知,锚杆支护参数影响巷道表面的围压恢复。图 4-13 和表 4-5 给出了锚杆支护强度 p_i 与围岩耗散能的关系。可以看出,围岩耗散能随锚杆支护强度 p_i 的增加近似负指数关系衰减,但减小幅度不大,说明锚杆支护可通过提供支护阻力调控围岩能量耗散,但想要通过仅仅增加锚杆吸能完全控制能量释放,阻止巷道围岩表面变形并不现实。这也从侧面说明了锚杆-围岩是一个整体,围岩本身也将发挥自身的承载能力。锚杆与围岩协同变形,共同控制巷道变形。

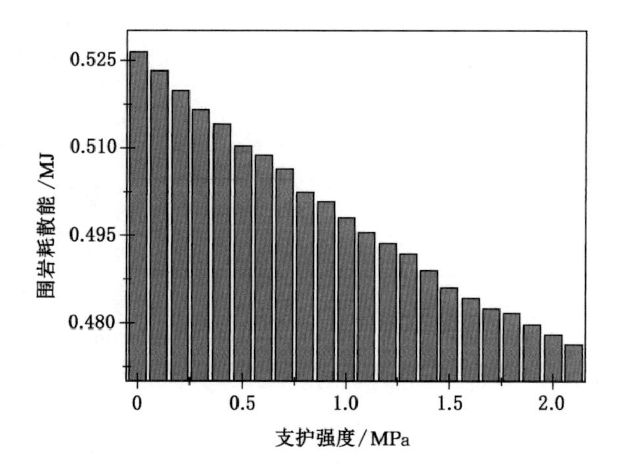

图 4-13 巷道支护以后围岩耗散能与 p_i 的关系曲线

表 4-5 不同支护强度 p_i 与对应的围岩耗散能

支护强度/MPa	R_p/m	弹性区扩展半径/m	阶段一弹性区内弹性能/MJ	阶段二弹性区内弹性能/MJ	阶段二塑性区内弹性能/MJ	DESR(耗散能)/MJ
0	3.902	7.593	4.916	4.212	0.177 5	0.526 5
0.1	3.871	7.532	4.841	4.144	0.173 8	0.523 2
0.2	3.841	7.474	4.771	4.081	0.170 2	0.519 8
0.3	3.812	7.418	4.703	4.020	0.166 6	0.516 4
0.4	3.784	7.363	4.637	3.960	0.163 1	0.513 9
0.5	3.757	7.311	4.575	3.905	0.159 6	0.510 4
0.6	3.731	7.260	4.515	3.850	0.156 2	0.508 8
0.7	3.705	7.209	4.455	3.796	0.152 8	0.506 2
0.8	3.681	7.162	4.399	3.747	0.149 5	0.502 5
0.9	3.657	7.116	4.346	3.699	0.146 2	0.500 8
1.0	3.633	7.069	4.291	3.650	0.142 9	0.498 1
1.1	3.610	7.025	4.240	3.605	0.139 7	0.495 3
1.2	3.588	6.982	4.191	3.561	0.136 5	0.493 5
1.3	3.567	6.941	4.144	3.519	0.133 2	0.491 8
1.4	3.546	6.900	4.097	3.478	0.130 1	0.488 9
1.5	3.525	6.859	4.050	3.437	0.126 9	0.486 1
1.6	3.505	6.820	4.006	3.398	0.123 7	0.484 3
1.7	3.485	6.781	3.962	3.359	0.120 5	0.482 5
1.8	3.466	6.744	3.921	3.322	0.117 3	0.481 7
1.9	3.448	6.709	3.882	3.288	0.114 2	0.479 8
2.0	3.430	6.674	3.843	3.254	0.111 0	0.478 0
2.1	3.412	6.639	3.804	3.220	0.107 8	0.476 2

4.2.1.2 锚杆失效能量判据

对于预紧力锚杆，其对围岩的加固作用可等效简化为两部分：一部分是锚杆锚固段锚固剂与围岩之间的黏结作用力，也被称为黏锚力；另一部分是锚杆托盘对围岩所产生的托锚力作用。据此可建立锚杆-围岩的力学作用模型，如图 4-14 所示。其中，图 4-14(a)为锚杆加固围岩示意图，图 4-14(b)为锚固围岩受力示意图,图 4-14(c)为锚杆受力示意图,图 4-14(d)为锚杆锚固段微元受力示意图。锚杆杆体直径为 $2r_g$,锚固长度为 L,自由段长度为 r_0,预紧力为 P,其对围岩所产生的黏锚力为 $\tau(r)$,托锚力为 q,同样,锚杆锚固段杆体及托盘受到相同大小的反作用力。

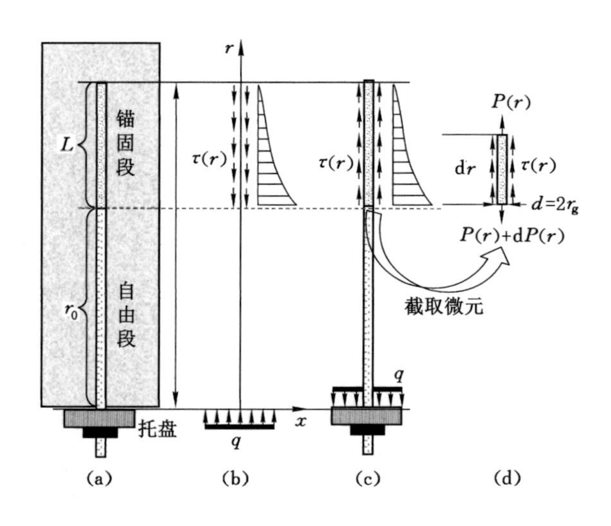

图 4-14 锚杆-围岩力学作用模型

对于托盘所产生的托锚力,可将其视为作用于围岩表面的均布载荷,而锚固段锚杆与围岩之间的黏结作用力则是非均匀的。取锚固段长度为 dr 的锚杆单元体,如图 4-14 所示。根据微单元体的力学平衡条件可列出如下微分方程式[122]:

$$\mathrm{d}r \cdot \pi \cdot 2r_g \cdot \tau(r) = \mathrm{d}P(r) \tag{4-56}$$

依据高等数学,式(4-56)两边做微商可得

$$\pi \cdot 2r_g \cdot \tau(r) = \frac{\mathrm{d}P(r)}{\mathrm{d}r} \tag{4-57}$$

式中,$P(r)$,$\tau(r)$分别为锚杆杆体所受的轴力(N)和剪应力(Pa)。

定义锚杆杆体轴向位移为 $u(r)$,根据弹性胡克定律,锚杆轴力 $P(r)$可表示为:

$$P(r) = \pi \cdot r_g^2 \cdot E_b \cdot \varepsilon_r \tag{4-58}$$

将径向应变表达式代入式(4-58)可得:

$$P(r) = \pi \cdot r_g^2 \cdot E_b \cdot \frac{\mathrm{d}u(r)}{\mathrm{d}r} \tag{4-59}$$

式中，E_b 为锚杆杆体弹性模量。

假设锚杆杆体、锚固剂、围岩三者之间黏结良好，未发生松动破坏，锚杆与围岩之间处于弹性状态，且二者协调变形，则可将锚杆体表面剪应力表示为[118]：

$$\tau(r)=k\cdot u(r) \tag{4-60}$$

式中，k 为锚杆与围岩作用界面的剪切刚度，Pa/m。

联立式(4-57)、式(4-59)、式(4-60)可以得到：

$$\frac{d^2u(r)}{dr^2}-\alpha^2u(r)=0 \tag{4-61}$$

式中，$\alpha=\sqrt{\frac{2k}{r_gE_b}}$，单位是 m^{-1}。

根据高等数学求解微分方程的知识可以知道式(4-61)的通解是：

$$u(r)=c_1e^{\alpha r}+c_2e^{-\alpha r} \tag{4-62}$$

由此可知，c_1 和 c_2 的单位是 m。又根据边界条件可知，锚杆距离 r 等于 r_0 时，轴力的大小为锚杆托盘的预紧力 P；锚杆距离 r 等于 r_0+L 时，轴力的大小为 0。

列出两个边界方程之前，先要求出锚杆锚固段的轴力 $P(r)$。即让式(4-62)对锚杆距离 r 进行求导，可得：

$$\frac{du(r)}{dr}=c_1\alpha e^{\alpha r}+c_2\cdot(-\alpha)e^{-\alpha r} \tag{4-63}$$

将式(4-63)代入式(4-59)可得：

$$P(r)=\pi r_g^2\cdot E_b\cdot[c_1\alpha e^{\alpha r}+c_2\cdot(-\alpha)e^{-\alpha r}] \tag{4-64}$$

利用两个边界条件可以得到：

$$\begin{cases}P=\pi r_g^2\cdot E_b\cdot[c_1\alpha e^{\alpha r_0}-c_2\alpha e^{-\alpha r_0}]\\0=\pi r_g^2\cdot E_b\cdot[c_1\alpha e^{-\alpha(r_0+L)}-c_2\alpha e^{-\alpha(r_0+L)}]\end{cases} \tag{4-65}$$

从中可以知道，$c_1\alpha e^{\alpha(r_0+L)}=c_2\alpha e^{-\alpha(r_0+L)}$，所以 $c_1=c_2e^{-2\alpha(r_0+L)}$，$c_2=c_1e^{2\alpha(r_0+L)}$。然后将其代入式(4-65)的第一个表达式中，可得：

$$P=c_2\cdot\alpha\cdot\pi r_g^2\cdot E_b\cdot[e^{-\alpha r_0}\cdot e^{-2\alpha L}-e^{\alpha r_0}]=c_2\alpha\pi r_g^2E_be^{-\alpha r_0}(e^{-2\alpha L}-1) \tag{4-66}$$

求解式(4-65)和式(4-66)，并整理化简得积分常数 c_1、c_2 的表示式为：

$$c_1=\frac{Pe^{-\alpha r_0}}{\alpha\pi r_g^2E_b(1-e^{2\alpha L})} \tag{4-67}$$

$$c_2=\frac{P\mathrm{e}^{\alpha r_0+2\alpha L}}{\alpha\pi r_g^2E_b(1-\mathrm{e}^{2\alpha L})}\tag{4-68}$$

综上所述，对于图4-14所示的锚杆-围岩力学作用模型，$P(r)$的表达式见式(4-64)。

将c_1和c_2的表达式代入式(4-69)得：

$$P(r)=\frac{P}{1-\mathrm{e}^{2\alpha L}}\cdot\left[\mathrm{e}^{\alpha(r-r_0)}-\mathrm{e}^{\alpha(r_0+2L-r)}\right]\tag{4-69}$$

在式(4-70)中，预紧力P的单位为N，α的单位为m^{-1}，r、r_0、L的单位均为m。这样保证了$P(r)$的单位是N。

根据弹性力学可知，径向应变和径向位移的关系式为：

$$\varepsilon_r=\frac{\mathrm{d}u_{pr}}{\mathrm{d}r}\longrightarrow \mathrm{d}u_{pr}=\varepsilon_r\mathrm{d}r\tag{4-70}$$

联立式(4-62)和式(4-70)，依据力点乘以位移是功的规则，积分得到巷道发生弹塑性变形以后锚杆锚固段吸收能量的表达式为(注意积分变量r的起始原点，计算巷道各部分能量，起始圆点在圆形巷道的圆心处；计算锚杆支护结构储存多少能量，起始圆点在锚杆托盘位置处)：

$$W_1=\int_{r_0}^{r_0+L}P(r)\mathrm{d}u_{pr}=\int_{r_0}^{r_0+L}P(r)\varepsilon_r\mathrm{d}r\tag{4-71}$$

依据就是：前者是圆形巷道围岩内部微元体的静力平衡方程推导过程；后者是锚杆轴力表达式推导过程。

然后让r分别取巷道半径a和$a+r_0$得到锚杆自由段的总位移是Δu_{prz}，则锚杆自由段吸收能量W_2可表示为(依据力点乘以位移是功)：

$$W_2=P\cdot\Delta u_{prz}\tag{4-72}$$

因此，可以得到单根锚杆吸收的总能量为：

$$W_0=W_1+W_2\tag{4-73}$$

平面应变问题下，锚杆支护结构吸收的总能量可按下式计算：

$$W_{bolt}=\frac{2\pi a}{n_1n_2}W_0\tag{4-74}$$

式中，n_1和n_2表示锚杆支护的间排距。

在实际现场中，锚杆不可能在恒定载荷下持续吸能，一旦锚杆储能超过极限，锚杆破断并失效。对于特定材料的锚杆，其极限延伸率为i，由下式可计算得到锚杆支护的极限储能：

$$W_{bmax}=\frac{\pi\cdot 2a}{n_1n_2}\left[P\cdot r_0i+\int_{r_0}^{r_0+L}P(r)\cdot i\mathrm{d}r\right]\tag{4-75}$$

随着支护参数的变化，W_{bolt}和W_{bmax}也近似呈指数关系变化。并且当锚杆直径大小不变时，W_{bmax}的曲线斜率要明显大于W_{bolt}曲线。因此，W_{bmax}和W_{bolt}曲线会出现交叉分界点，如图4-15所示。当锚杆支护参数满足$W_{bolt}<W_{bmax}$时，支护结构尚未达到极限储能状态，这时的锚杆支护参数可有效控制围岩稳定；相反，支护结构达到储能极限，即$W_{bolt}\geqslant W_{bmax}$，锚杆发生破断，进而诱发围岩持续破坏，需补强支护。

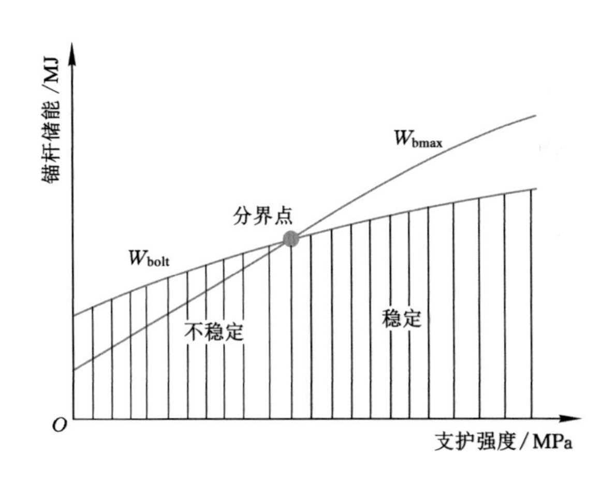

图4-15　锚杆吸能和极限储能随p_i变化曲线

上述分析是基于固定锚杆预紧力P展开的，在实际工程现场，随着围岩变形增加锚杆受力将增加至屈服状态，导致锚杆实际吸能与理论计算存在倍数关系，但仅局限在量值上的差异，不会改变W_{bolt}和W_{bmax}曲线的演化趋势。所以，采用锚杆预紧力P并不会影响对锚固结构稳定状态的判定。

4.2.2 锚杆支护对围岩耗散能调控效应

4.2.2.1 锚杆直径和间排距

依据图4-16可知，锚杆极限储能受锚杆直径和巷道支护间排距共同作用影响。从侧面可以看出，锚杆支护密度增加和锚杆直径增加对巷道围岩耗散能的调控作用是明显的。随着锚杆直径增加，锚杆支护结构极限储能值在上升，锚杆吸能值在明显减小。因为直径增加，锚杆抗拉伸能力增强，所以通过拉伸形式吸收的应变能就会明显减小。同时，直径增加，围岩耗散能也在明显减小，如表4-6所示。

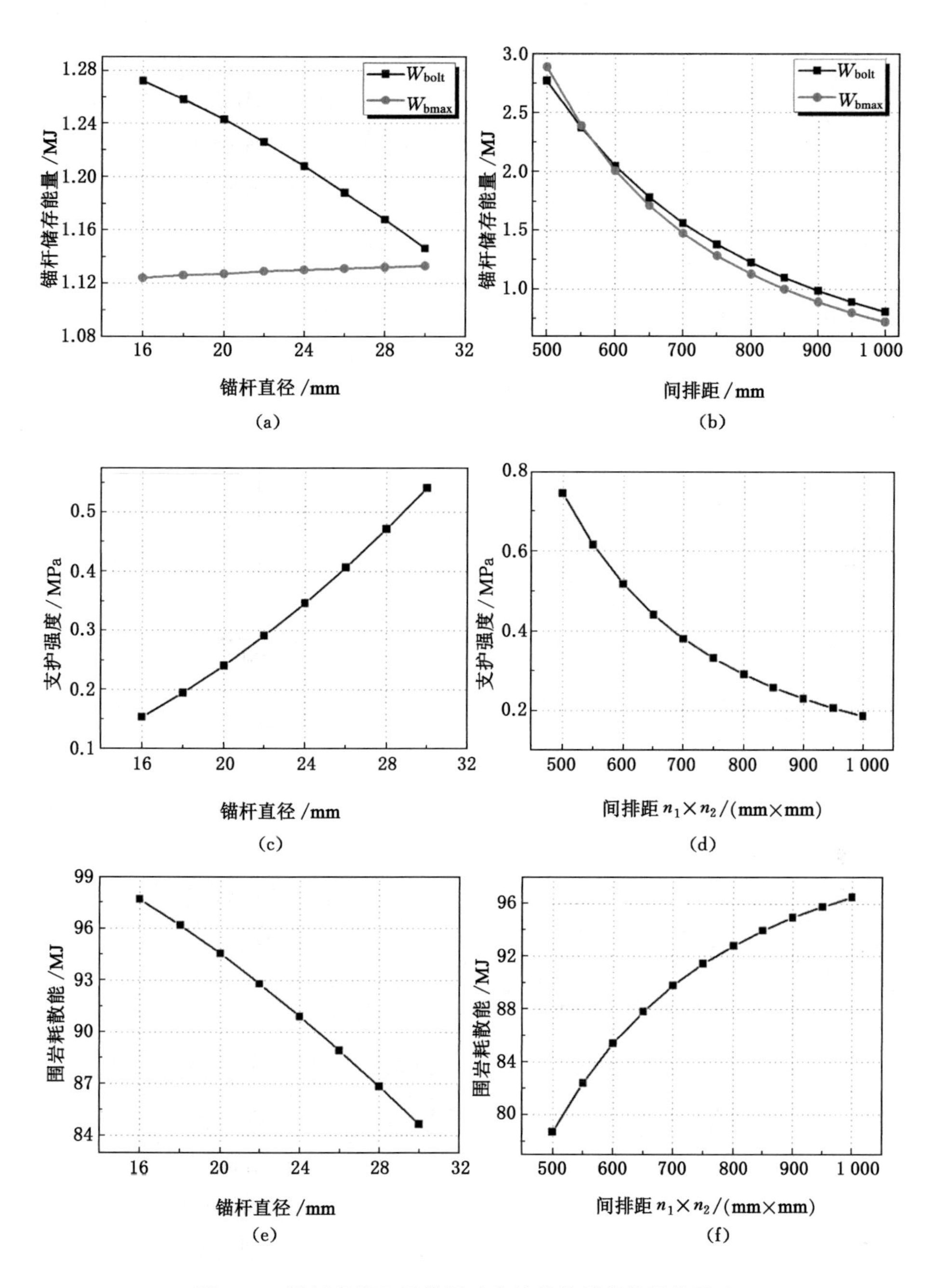

图 4-16　锚杆直径和间排距对支护结构储存能量的影响

表 4-6　锚杆直径对围岩耗散能的影响

直径/mm	16	18	20	22	24	26	28	30
支护强度/MPa	0.153 9	0.194 8	0.240 5	0.291 0	0.346 4	0.406 5	0.471 4	0.541 2
W_{hsz}/MJ	97.68	96.19	94.56	92.80	90.92	88.93	86.84	84.67
W_{bolt}/MJ	1.272	1.258	1.243	1.226	1.208	1.188	1.168	1.146
W_{bmax}/MJ	1.124	1.126	1.127	1.129	1.130	1.131	1.132	1.133

随着间排距的增加,锚杆极限储能一直减小。当间排距为 550 mm×550 mm 时,锚杆吸能与锚杆极限储能几乎相等,表明在 800 m 埋深条件下,间排距为 550 mm×550 mm 是临界点。由表 4-7 可知,当间排距大于 550 mm×550 mm 时,锚杆支护结构吸能值均大于锚杆极限储能值,表明巷道处于非稳定状态。

表 4-7　锚杆间排距对围岩耗散能的影响

间排距/(mm×mm)	500×500	550×550	600×600	650×650	700×700	750×750
支护强度/MPa	0.745 1	0.615 8	0.517 4	0.440 9	0.380 1	0.331 1
W_{hsz}/MJ	78.68	82.42	85.40	87.82	89.80	91.44
W_{bolt}/MJ	2.771	2.371	2.046	1.780	1.561	1.379
W_{bmax}/MJ	2.890	2.388	2.007	1.710	1.474	1.284
差值/MJ	−0.119	−0.017	0.039	0.070	0.087	0.095

间排距/(mm×mm)	800×800	850×850	900×900	950×950	1 000×1 000
支护强度/MPa	0.291 0	0.257 8	0.230 0	0.206 4	0.186 3
W_{hsz}/MJ	92.80	93.96	94.94	95.78	96.50
W_{bolt}/MJ	1.226	1.096	0.985 8	0.890 8	0.808 6
W_{bmax}/MJ	1.129	1.000	0.891 9	0.800 5	0.722 4
差值/MJ	0.097	0.096	0.093 9	0.090 3	0.086 2

上述表格计算参数的取值分别是:埋深约为 800 m,巷道断面尺寸为 5.2 m×4.4 m,等效半径为 3.406 m,c=2.25 MPa,φ=22°。

4.2.2.2　锚杆预紧力

锚杆预紧力是锚杆支护中的一个重要参数,通过自由段施加张拉力传至锚固段,对不稳定围岩进行锚固强化[123],从而提高围岩的稳定性和承载能力。根据巷道生产地质条件确定合理的预紧力，并且使锚杆预紧力实现有效地控制围岩能量耗散、提高围岩强度是巷道支护设计的关键。

分析锚杆预紧力对围岩耗散能的影响规律时（表 4-8），其他因素的数值约定如下：锚杆支护参数直径为 22 mm，间排距为 800 mm×800 mm，锚杆长度为 2.4 m，锚固长度为 1.2 m，岩石容重取 25 kN/m³，巷道半径取 3.0 m，巷道埋深取 500 m，q_0=12.5 MPa，c=2.25 MPa，φ=22°。

表 4-8 不同预紧力下锚杆支护吸能和极限储能

预紧力/MN	0.04	0.06	0.08	0.10	0.12	0.14	0.16	0.18
W_{bolt}/MJ	0.156 1	0.234 2	0.312 3	0.390 4	0.468 4	0.546 5	0.624 6	0.702 7
W_{bmax}/MJ	0.372 9	0.559 4	0.745 8	0.932 3	1.119 0	1.305 0	1.492 0	1.678 0

由图 4-17 可知，随着预紧力的增加，锚杆支护结构吸能和极限储能也在增加，且 W_{bolt}和 W_{bmax}之间的差值也在显著加大。揭示了预紧力增加，锚杆支护结构整体稳定性也在进一步加强。锚杆支护结构吸能值增加意味着允许巷道围岩能够有更多的变形量，极大降低了巷道动力灾害的潜在危险性。

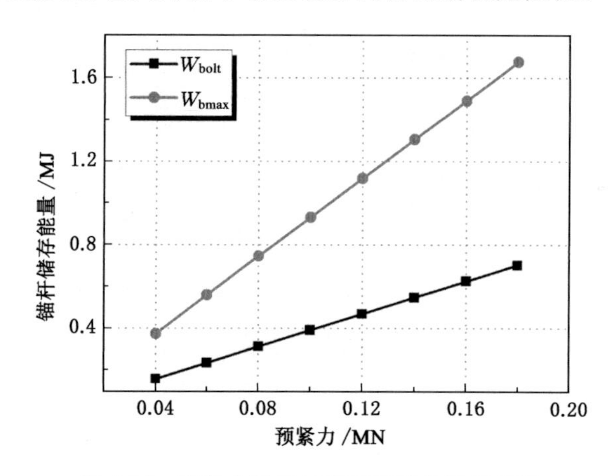

图 4-17 预紧力对锚杆支护储能的影响规律

4.2.2.3 锚杆长度

分析锚杆长度对围岩耗散能的影响规律时（表 4-9），其他因素数值约定如下：锚杆支护参数直径为 22 mm，间排距为 800 mm×800 mm，锚固长度为 1.0 m，预紧力为 0.1 MN，岩石容重取 25 kN/m³，巷道半径取 3.0 m，巷道埋深取 500 m，q_0=12.5 MPa，c=2.25 MPa，φ=22°。

表 4-9　不同锚杆长度下锚杆支护吸能和极限储能

锚杆长度/m	1.4	1.6	1.8	2.0	2.2	2.4	2.6	2.8
W_{bolt}/MJ	0.207 8	0.251 9	0.291 6	0.327 6	0.360 4	0.390 4	0.417 9	0.443 3
W_{bmax}/MJ	0.402 2	0.508 2	0.614 2	0.720 2	0.826 3	0.932 3	1.038 0	1.144 0

由图 4-18 可知，随着锚杆长度的增加，锚杆支护结构吸能和极限储能也在增加，且 W_{bolt} 和 W_{bmax} 之间的差值也在显著加大。锚杆长度增加，意味着锚杆锚固段可以尽可能地黏结在深部稳定围岩，从而将受开掘扰动丧失强度的围岩联结为整体，进一步增强巷道稳定性。

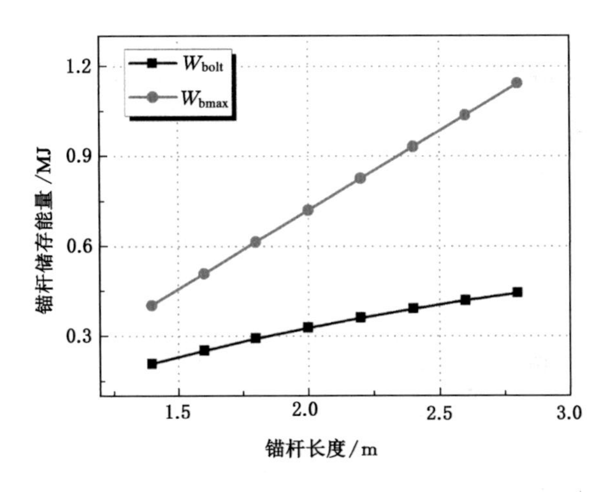

图 4-18　锚杆长度对锚杆支护储能的影响规律

4.2.2.4　锚固长度

分析锚固长度对围岩耗散能的影响规律时(表 4-10)，其他因素数值约定如下：锚杆支护参数直径为 22 mm，间排距为 800 mm×800 mm，锚杆长度计为 2.0 m(自由段＋锚固段＝2 m)，预紧力 0.1 MN，岩石容重取 25 kN/m³，巷道半径取 3.0 m，巷道埋深取 500 m，q_0＝12.5 MPa，c＝2.25 MPa，φ＝22°。

表 4-10　不同锚固长度下锚杆支护吸能和极限储能

锚固长度/m	0.2	0.4	0.6	0.8	1.0	1.2	1.4	1.6
W_{bolt}/MJ	0.462 5	0.450 5	0.437 6	0.423 4	0.407 8	0.390 4	0.370 9	0.349 1
W_{bmax}/MJ	1.219 0	1.165 0	1.110 0	1.053 0	0.994 2	0.932 3	0.867 4	0.799 3

由图4-19可知，随着锚固长度的增加，锚杆支护结构吸能和极限储能却在减小，且 W_{bolt} 和 W_{bmax} 之间的差值也在不断减小。在锚杆长度不变的情况下，增加锚固长度也就是锚杆与围岩黏结长度变长，但是锚杆吸能和极限储能却在减小，说明锚杆延伸量在减小，围岩不易发生变形。揭示了在合理的条件下，可以通过增加锚固长度或者使用全长锚固锚杆支护来控制巷道变形。

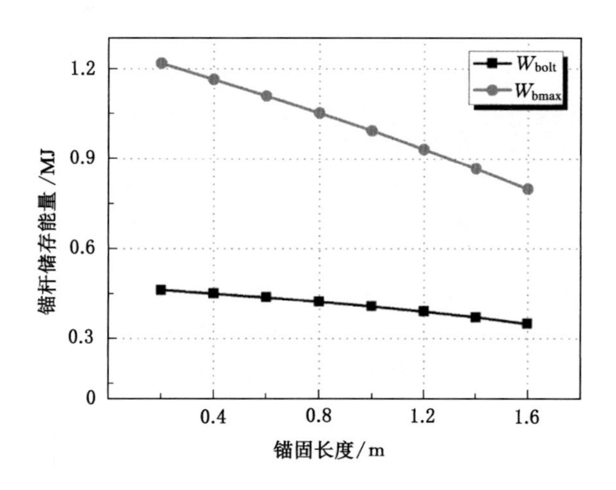

图4-19 锚固长度对锚杆支护储能的影响规律

4.3 深部巷道能量耗散的支护调控模拟

4.3.1 数值计算模型和方案

以三河尖煤矿吴庄区运输大巷生产地质与现有支护条件为工程背景，建立锚杆支护结构的三维数值计算模型，通过设计不同锚杆支护参数的数值计算试验方案，量化分析锚杆预紧力、密度、长度以及锚固长度对巷道围岩能量耗散和变形破坏的控制作用，以此揭示深部巷道围岩能量耗散和稳定控制原理。

锚杆支护结构三维数值计算模型如图4-20中左图所示，模型尺寸(长×宽×高)为40 m×20 m×40 m，断面为半圆拱形巷道，尺寸(宽×高)为5.0 m×4.0 m，模型侧边及底部进行位移固定，上边界施加19.5 MPa的垂直应力边界，相当于埋深780 m的覆岩重力，其余模型参数均参考第3章进行设置，表4-11给出了不同锚杆支护参数取值范围，表4-12给出了数值计算试验方案，图4-20中右图给出了巷道围岩耗散能和变形的监测路径。

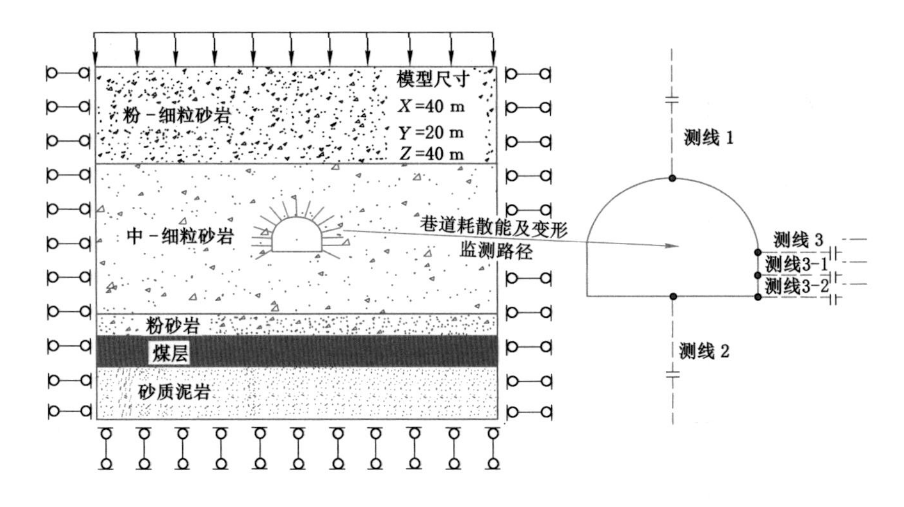

图 4-20 锚杆支护结构三维计算模型

表 4-11 不同支护参数取值范围

影响因素	取值范围
锚杆预紧力 F_g/kN	40、60、80、100、120
锚杆间距 ρ_g/mm	600、700、800、900、1 000
锚杆长度 L_{g1}/m	1.6、1.8、2.0、2.2、2.4
锚固长度 L_{g2}/mm	400、600、800、1 000、1 200

表 4-12 数值计算试验方案

试验方案	定量因素	变量因素
方案①	ρ_g=800 mm、L_{g1}=2.0 m、L_{g2}=1 000 mm	F_g=40 kN
方案②		F_g=60 kN
方案③		F_g=80 kN
方案④		F_g=100 kN
方案⑤		F_g=120 kN
方案⑥	F_g=120 kN、L_{g1}=2.0 m、L_{g2}=1 000 mm	ρ_g=600 mm
方案⑦		ρ_g=700 mm
方案⑧		ρ_g=900 mm
方案⑨		ρ_g=1 000 mm

表 4-12(续)

试验方案	定量因素	变量因素
方案⑩	F_g=120 kN、ρ_g=800 mm、L_{g2}=1 000 mm	L_{g1}=1.6 m
方案⑪		L_{g1}=1.8 m
方案⑫		L_{g1}=2.2 m
方案⑬		L_{g1}=2.4 m
方案⑭	F_g=120 kN、ρ_g=800 mm、L_{g1}=2.0 m	L_{g2}=400 mm
方案⑮		L_{g2}=600 mm
方案⑯		L_{g2}=800 mm
方案⑰		L_{g2}=1 200 mm

4.3.2 锚杆预紧力

锚杆预紧力是锚杆支护中的一个重要参数，通过自由段施加张拉力传至锚固段，对不稳定围岩进行锚固强化，增强锚杆连接的可靠性与紧密性，形成“支护-围岩”共同承载结构，一定程度减小了岩层的相对位移，吸收或转移巷道围岩变形产生的能量耗散。根据巷道生产地质条件确定合理的预紧力，并使预紧力实现有效控制围岩能量耗散、提高围岩体强度是支护设计的关键。

4.3.2.1 锚杆预紧力对围岩能量耗散的影响

图 4-21 为不同锚杆预紧力情况下巷道围岩耗散能密度分布云图，对比锚杆预紧力分别为未支护和 40、60、80、100、120 kN 时的耗散能分布可以看出：随着锚杆预紧力的不断增加，巷道围岩能量耗散的控制效果越好。未支护时巷道围岩耗散能主要集中在巷道两帮和底角位置，此时耗散能最大集中密度约为 1.8 MJ/m^3，由于巷道底板未支护，属于开放空间，预紧力的改变使得巷道底板围岩的能量耗散范围影响较小。施加预紧力锚杆支护后，围岩耗散能集中密度、区域以及能量耗散范围出现改变，巷道顶、帮肩角处出现少量的耗散能集中现象，且预紧力对该处围岩的能量耗散影响较小(耗散能集中密度在 1.4～1.6 MJ/m^3 之间)。对于巷道两帮下部围岩及底板岩层来说，预紧力为 40 kN 时，耗散能集中密度减小至 1.6 MJ/m^3，耗散能集中区域也有所减小，且集中区域向底板岩层转移；预紧力为 60 kN 时，耗散能集中密度继续减小，减小至 1.4 MJ/m^3，减小幅度约 22.2%，能量耗散范围进一步减小，随着锚杆预紧力的不断增加，巷道围岩耗散能集中密度和能量耗散范围逐渐减小，围岩变形破坏程度和范围也随之减小；预紧力为 120 kN 时，耗散能集中密度减小

至1.2 MJ/m³，减小幅度约 33.3%。

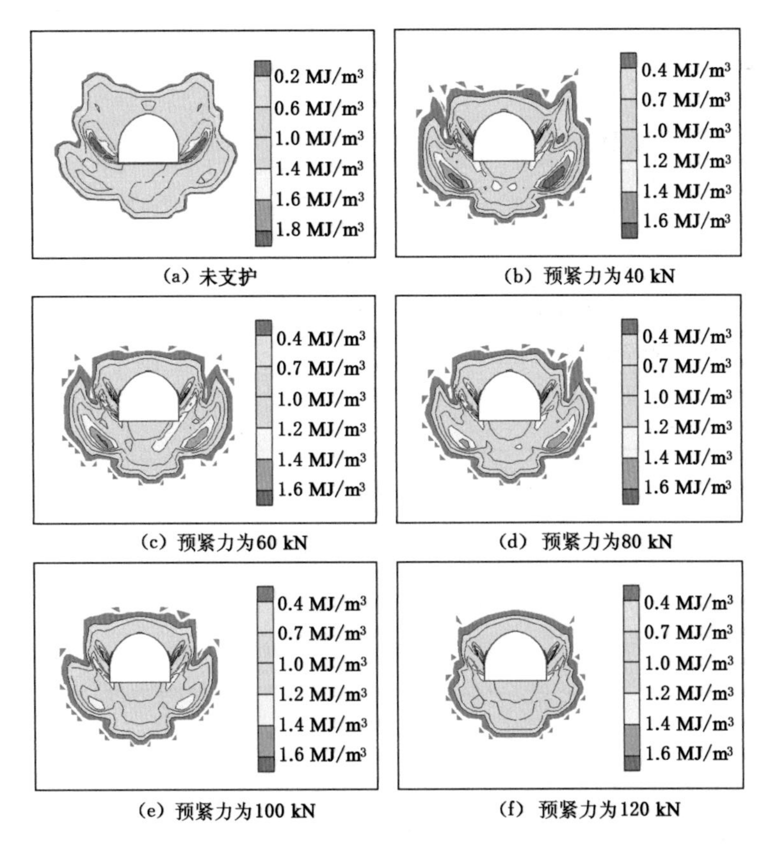

(a) 未支护　(b) 预紧力为40 kN

(c) 预紧力为60 kN　(d) 预紧力为80 kN

(e) 预紧力为100 kN　(f) 预紧力为120 kN

图 4-21　不同锚杆预紧力情况下巷道围岩耗散能集中密度分布云图

上述分析可知，锚杆预紧力的改变主要影响巷道帮部围岩的能量耗散，因此对巷道帮部围岩的能量耗散进行详细分析，图 4-22 给出了不同锚杆预紧力下巷道帮部围岩耗散能密度的分布曲线（测线 1、2、3 分别距底板 1.5 m、0.75 m、0 m，沿巷道帮部布置）。

由图 4-22 可知，随着锚杆预紧力的不断增加，巷道帮部围岩耗散能密度和能量耗散范围将持续减小，预紧力较小时，帮部围岩耗散能密度和能量耗散范围变化较小，预紧力为 40 kN 和 60 kN 时，能量耗散范围约 4.5 m；预紧力为 80 kN 时，帮部围岩能量耗散范围减小至 4.0 m；当预紧力大于 80 kN 后，预紧力的继续增加，帮部围岩耗散能密度和范围将大幅度减小；预紧力为 120 kN 时，能量耗散范围约为 2.5 m，相比 80 kN 的预紧力，能量耗散范围减小了 37.5%。

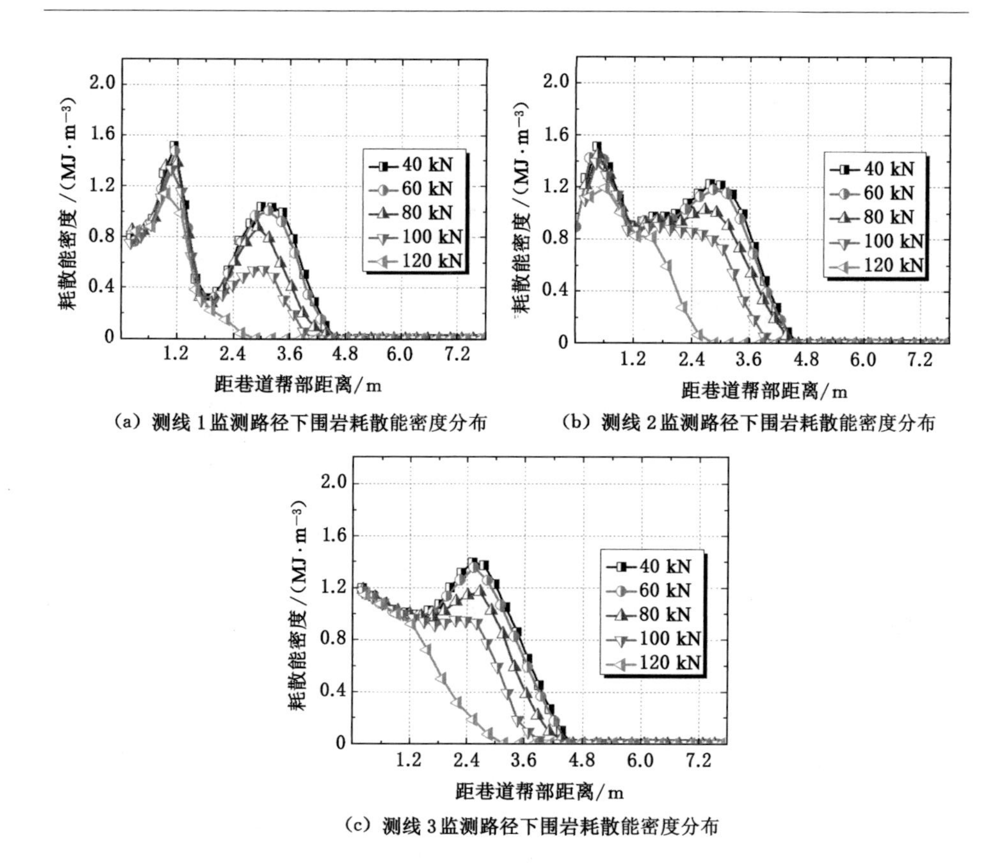

(a) 测线1监测路径下围岩耗散能密度分布　(b) 测线2监测路径下围岩耗散能密度分布

(c) 测线3监测路径下围岩耗散能密度分布

图 4-22　不同锚杆预紧力下巷道帮部围岩耗散能密度分布曲线图

图 4-22 所示，监测路径测线 1 和测线 2 位于巷道帮部，耗散能密度分布可分为 3 个区域：一是锚杆自由段控制影响区域，二是锚杆锚固段控制影响区域，三是未受锚杆控制影响区域。其中自由端控制影响区域存在一个耗散能峰值点，随着预紧力的增加，峰值点量值逐渐减小，在锚杆锚固段控制影响区域同样存在一个耗散能峰值点，随着预紧力的增加，峰值点量值逐渐减小，耗散能密度曲线逐渐趋于平滑，表明高预紧力锚杆支护可有效控制巷道围岩的能量耗散；监测路径测线 3 位于巷道底板，该区域主要受锚杆支护结构的协同控制，预紧力增大，锚固段控制影响区域耗散能峰值点量值逐渐减小，围岩能量耗散则趋于稳定。

4.3.2.2　锚杆预紧力对巷道变形的影响

图 4-23(a)给出了不同锚杆预紧力下巷道表面的最大变形量，图 4-23(b)～(d)给出了巷道变形与距巷道表面距离的关系曲线图。

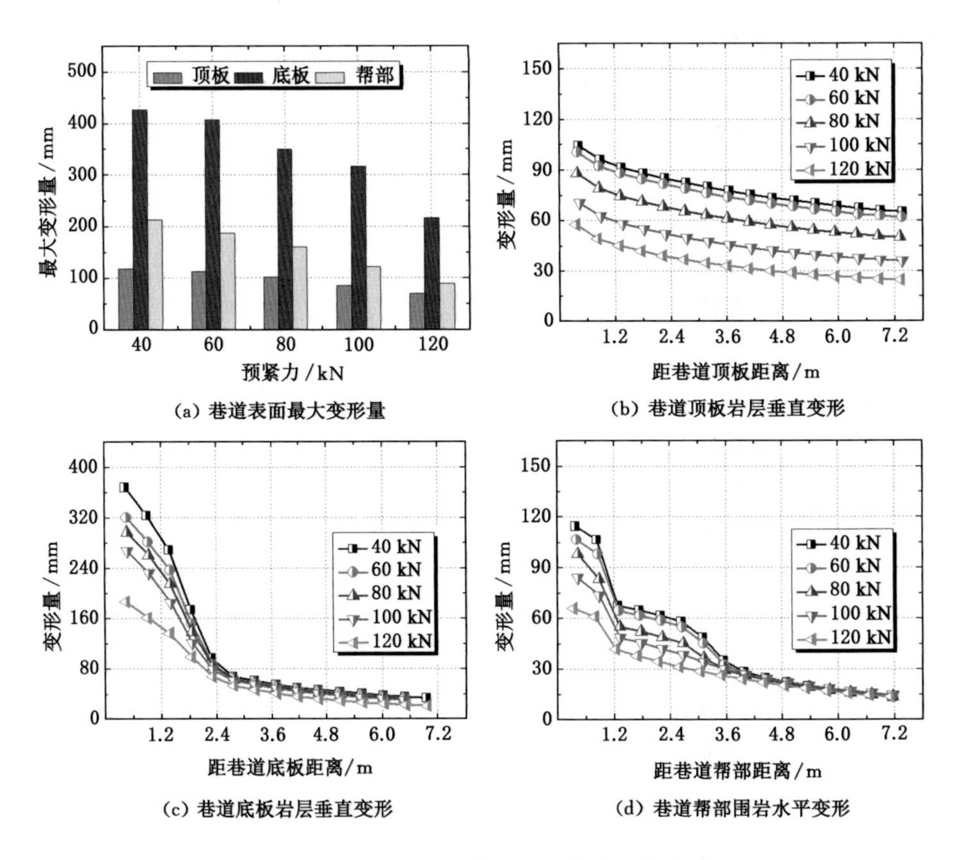

(a) 巷道表面最大变形量

(b) 巷道顶板岩层垂直变形

(c) 巷道底板岩层垂直变形

(d) 巷道帮部围岩水平变形

图 4-23 锚杆预紧力与巷道围岩变形关系图

从图中可以看出，当预紧力为 40 kN 时，巷道顶板、底板及帮部最大变形量分别为 118、427、213 mm；预紧力增加至 60 kN 时，巷道顶板、底板及帮部最大变形量均有所减小，分别减小至 113、408、187 mm，之后随着预紧力的增加，巷道变形量持续减小；当预紧力为 120 kN 时，巷道顶板、底板及帮部最大变形量分别为 69、217、88 mm，巷道变形得到有效控制。综上所述，随着预紧力的增加，巷道变形情况得到有效改善，锚杆预紧力由 40 kN 增加至 120 kN，顶板、底板及帮部最大变形量分别减小了 41.5%、49.2%、58.7%。

图 4-23(b)给出了巷道顶板岩层的变形情况，距巷道顶板表面约 2 m 范围内，顶板岩层发生较大变形，范围外的岩层变形较为稳定，随着锚杆预紧力的增加，顶板岩层变形近似线性减小；图 4-23(c)给出了底板岩层的变形情况，由于底板未进行支护，因此其变形量较大，随着顶板和帮部锚杆预紧力的增加，使支护结构逐渐形成了整体的承载结构，有效转移或吸收了围岩的能量耗散，

减小顶板和帮部变形的同时，一定程度上抑制了底板岩层的变形，底板岩层的变形破坏主要发生在距离底板 2.5 m 左右范围内的岩层，由于所处岩层深度的增加，岩体能量耗散明显降低，岩层变形较小；巷道帮部最大变形量发生在中间位置，图 4-23(d)给出了巷道直墙与拱形相交处的帮部岩层变形情况，帮部岩层变形可分为 3 个变形区域：一是锚杆自由段控制的变形区域(1 m 范围内)，岩层变形最为严重；二是锚杆锚固段控制的变形区域(1～2.5 m 范围内)，变形情况有所降低；三是锚杆有效影响区域范围外的变形区域(2.5 m 范围外)，变形逐渐趋于稳定。其中，前两个变形区域受预紧力的影响较大，当预紧力为 100 kN 和 120 kN 时，除锚杆自由段控制区域的变形减小之外，锚固段控制区域逐渐与锚杆影响区域范围外的变形区域稳定，表明高预紧力锚杆支护可有效控制深部围岩的变形破坏。

综上所述，锚杆预紧力较小(40 kN 或 60 kN)时，预紧力的增加对围岩能量耗散和变形破坏的控制效果影响较小；当预紧力增加至一定程度后(大于 80 kN)，预紧力的继续增加，将显著改善巷道围岩能量耗散以及围岩变形，高预紧力锚杆支护抑制了围岩的能量耗散和变形破坏，提高了围岩的稳定性和承载能力，有利于实现巷道围岩的稳定控制。因此，在锚杆支护设计时，应尽量设计高预紧力锚杆支护，促使锚杆支护形成有效的主动承载结构，从而有效控制巷道围岩的能量耗散。

4.3.3　锚杆间距

锚杆间距直接影响巷道围岩控制效果，根据锚杆本身的轴向和横向作用，间距越小，支护系统形成的轴向和横向作用总和越大，围岩控制效果越好。间距较大时，单根锚杆形成的能量控制区域彼此独立，不能形成整体支护结构，即锚杆间距既不能过大，也不能过小，间距过大无法有效控制围岩的能量耗散，间距过小则容易造成材料浪费。

4.3.3.1　锚杆间距对围岩能量耗散的影响

图 4-24 为不同锚杆间距情况下巷道围岩耗散能密度分布云图，对比耗散能分布可以看出：锚杆间距对巷道围岩耗散能集中区域和能量耗散范围影响较大，随着锚杆间距减小，巷道围岩耗散能集中区域先由两帮底角岩层转移至顶帮肩角处，之后逐渐向两帮围岩转移，锚杆间距为 1 000 mm 时，支护结构对围岩能量耗散影响较小，耗散能集中区域位于巷道两帮和底角位置，此时耗散能集中密度约 1.6 MJ/m^3，同未支护相比，其耗散能集中密度、区域以及围岩能量耗散范围均有一定减小，但其耗散能集中区域位置没有改变；锚杆间距为 800 mm 时，

支护结构对巷道顶板能量耗散范围控制较好，耗散能集中区域转移至巷道肩角处，耗散能集中密度约为 1.4 MJ/m³，同时，围岩耗散能集中区域、能量耗散范围进一步减小，随着锚杆间距的继续减小，支护结构主要影响两帮下部和底板岩层的能量耗散，对顶板和两帮中上部围岩的能量耗散影响较小。

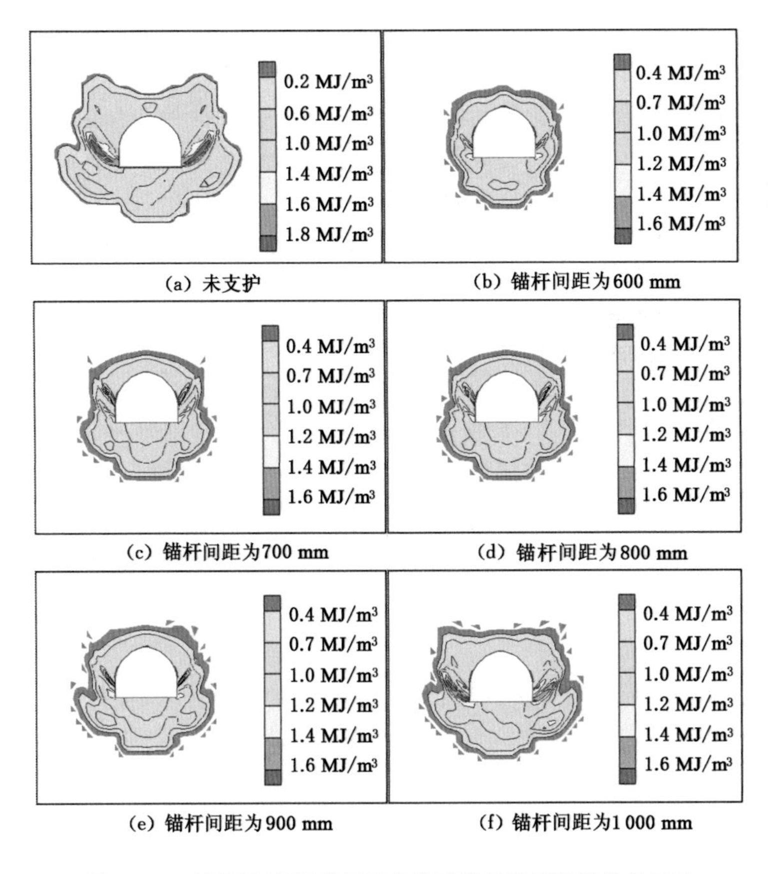

图 4-24 不同锚杆间距情况下巷道围岩耗散能密度分布云图

图 4-25 为不同锚杆间距下巷道帮部围岩耗散能密度分布曲线图，由图中可知，随着锚杆间距的减小，帮部围岩耗散能密度和能量耗散范围持续减小。当锚杆间距为 1 000 mm 时，能量耗散范围约为 4.0 m；当锚杆间距为 900 mm 时，能量耗散范围有所减小，但其减小幅度较小；当锚杆间距减小至 800 mm 后，能量耗散范围约为 2.5 m，减幅约 37.5%；当锚杆间距为 600 mm 时，巷道底板岩层能量耗散范围出现大幅度减小。测线 1 位于巷道顶板和帮部肩角区域，锚杆间距为1 000 mm和 900 mm 时，支护结构对围岩能量耗散控制较弱，而当锚杆间距

为 600～800 mm 时，围岩能量耗散得到有效控制。同样，对于测线 2 和 3 耗散能密度分布，锚杆间距为 1 000 mm 和 900 mm 时的能量耗散范围均较大，当锚杆间距小于 900 mm 后，随着锚杆间距的继续减小，能量耗散范围将明显减小。

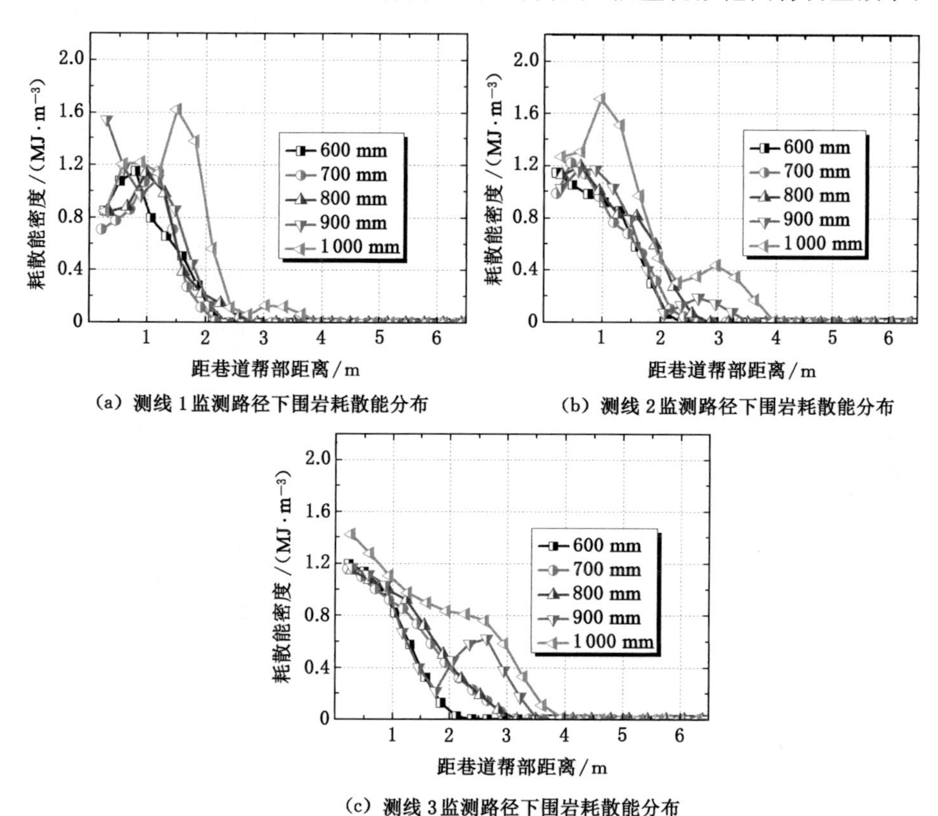

图 4-25　不同锚杆间距下巷道帮部围岩耗散能分布曲线图

4.3.3.2　锚杆间距对巷道变形的影响

图 4-26(a)为不同锚杆间距下巷道表面的最大变形量，图 4-26(b)～(d)为巷道变形与距巷道表面距离的关系曲线图。

从图中可以看出，当锚杆间距为 600 mm 时，顶板、底板及帮部最大变形量分别为 64、161、84 mm，围岩变形量较小；当锚杆间距为 700 mm 和 800 mm 时，顶板、底板及帮部最大变形量分别为 67、218、87 mm 和 69、217、88 mm，围岩变形量变化较小；当锚杆间距增加至 900 mm 时，巷道整体变形量出现明显增加，顶板、底板及帮部最大变形量分别为 72、224、108 mm；当锚杆间距继续增加至 1 000 mm 后，巷道最大变形量出现大幅度增加。

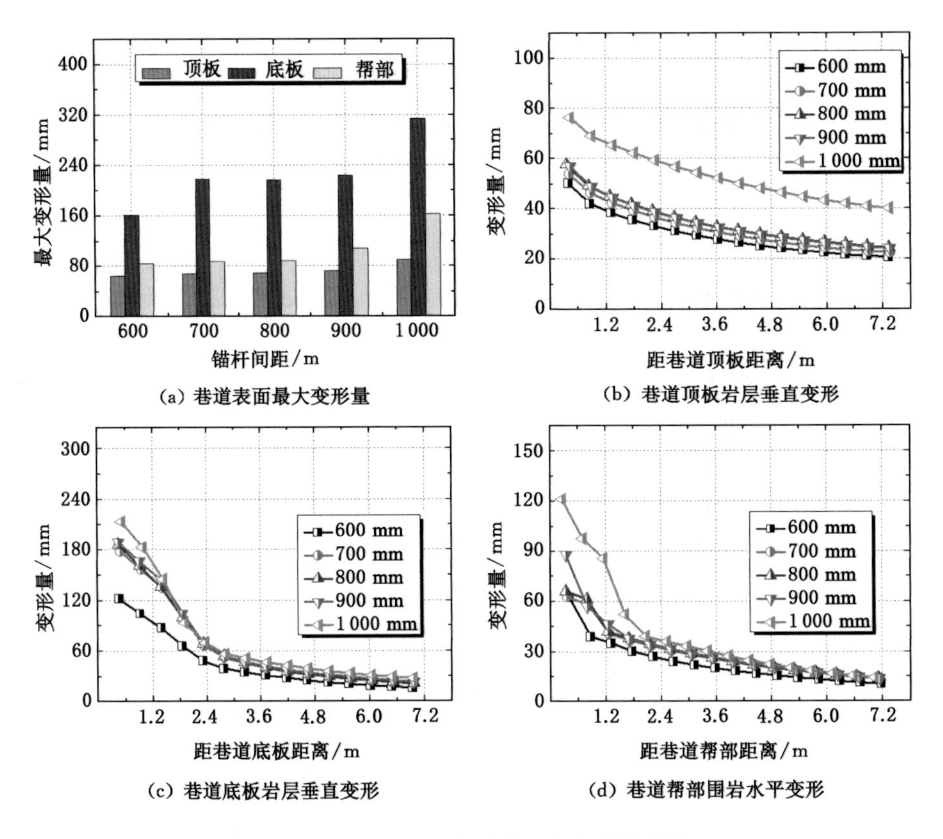

图 4-26 锚杆间距与巷道围岩变形关系图

图 4-26(b)给出了巷道顶板岩层的变形情况，当锚杆间距为 600～900 mm 范围内时，随着锚杆间距的增加，巷道顶板岩层变形小幅度增加，锚杆间距增加至1 000 mm后，顶板岩层变形明显增加；图 4-26(c)和(d)分别给出了底板岩层和巷道帮部围岩的变形情况，锚杆间距的改变主要影响巷道浅部围岩的变形(2 m 范围内)，其中，锚杆间距为 600 mm 时，底板和帮部变形控制效果最好，锚杆间距为 1 000 mm 时，底板和帮部变形控制效果最差，锚杆间距在 700～900 mm 范围内时，底板和帮部变形控制效果相近。

综上所述，锚杆间距主要影响巷道围岩耗散能集中区域和能量耗散范围，随锚杆间距的减小，巷道围岩耗散能集中区域，先由两帮底角岩层转移至顶帮肩角处，之后逐渐向两帮围岩转移，锚杆间排距越小，支护结构对围岩能量耗散的控制效果越好，但是容易加大工程投入成本。研究表明，该地质条件下，锚杆间距在 600～800 mm 范围内，支护结构对围岩能量耗散和变形破坏控制效果较好。

4.3.4　锚杆长度

锚杆长度是锚杆支护中的关键参数之一，适宜的锚杆长度可以保证支护结构具有足够的承载能力，形成稳定支护承载结构。锚固区范围太小，对巷道围岩能量耗散的控制效果较弱，不利于巷道围岩的稳定，相反，如果锚杆长度增加到一定值后，继续增加锚杆长度对围岩能量耗散的控制影响较小，且容易降低支护结构整体强度，因此，锚杆长度有一个合理的取值范围。

4.3.4.1　锚杆长度对围岩能量耗散的影响

不同锚杆长度情况下的巷道围岩耗散能密度分布云图如图 4-27 所示。从图中可以看出，锚杆长度在一定范围内(≤2 m)，随着锚杆长度的增加，巷道围岩耗散能集中密度、区域以及能量耗散范围均有明显减小，且耗散能集中区域逐渐转移至巷道肩角位置，之后随着锚杆长度的继续增加，耗散能集中密度、区域继续减小，但减小幅度较小，而能量耗散范围趋于一定。在锚杆长度为 1.6 m 时，耗散能集中密度明显减小，由 1.9 MJ/m^3 左右降至 1.4 MJ/m^3 左右，降低幅

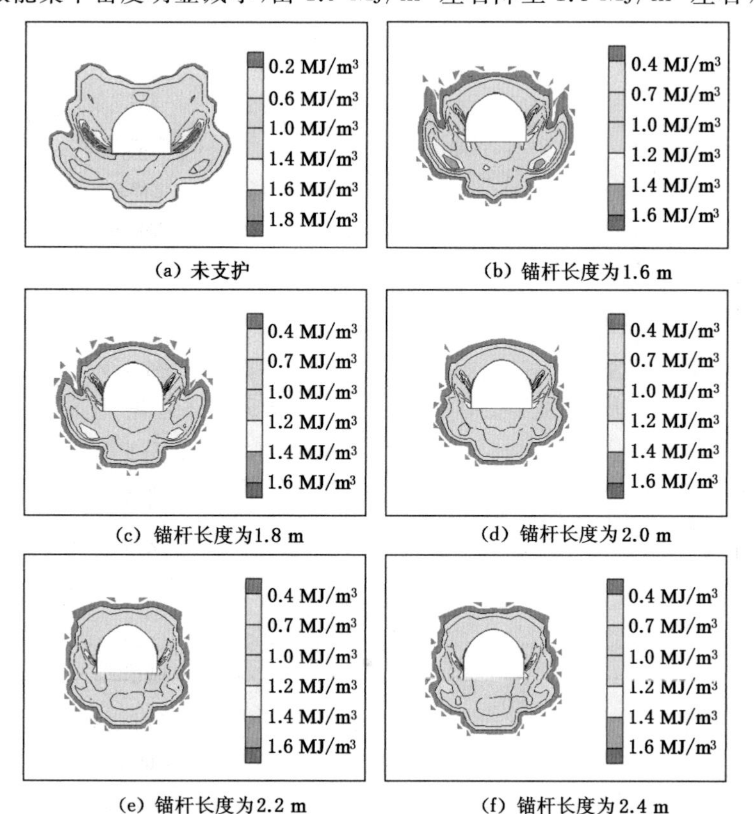

(a) 未支护　(b) 锚杆长度为1.6 m

(c) 锚杆长度为1.8 m　(d) 锚杆长度为2.0 m

(e) 锚杆长度为2.2 m　(f) 锚杆长度为2.4 m

图 4-27　不同锚杆长度情况下巷道围岩耗散能密度分布云图

度在25%以上,耗散能集中区域出现转移,并大幅度减小,但是由于锚固区范围较小,对巷道围岩(尤其是巷道帮部)能量耗散范围的控制不佳。当锚杆长度增加至2.0 m时,耗散能集中密度减小幅度较小,但是其能量耗散范围大幅度减小,平均减幅在50%以上,之后随着锚杆长度的继续增加,对围岩能量耗散的控制影响较小,而且增加了工程成本。

图4-28为不同锚杆长度下巷道帮部围岩耗散能分布曲线图。由图中可知,随着锚杆长度的增加,帮部围岩耗散能密度和能量耗散范围持续减小并逐渐稳定,对比测线1、2和3的耗散能密度分布曲线,锚杆长度为1.6 m和1.8 m时,锚固区范围太小,对巷道围岩能量耗散的控制效果较弱,能量耗散范围约4 m,锚杆长度增加至2.0 m后,能量耗散范围显著减小,减小至2.5 m左右,减幅约37.5%,锚杆长度继续增加并不会有效改善巷道围岩能量耗散,比如锚杆长度为2.4 m时,巷道帮部围岩能量耗散范围有所增加。从整体来看,锚杆长度为2.0 m或2.2 m时,围岩能量耗散控制效果相对最好。

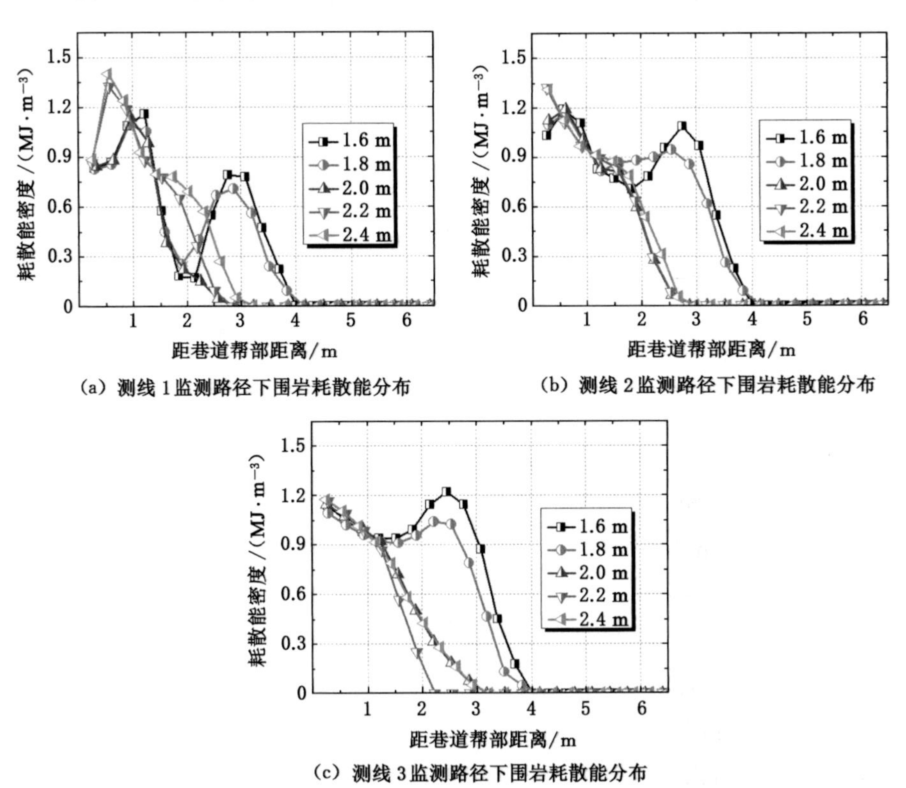

(a) 测线1监测路径下围岩耗散能分布

(b) 测线2监测路径下围岩耗散能分布

(c) 测线3监测路径下围岩耗散能分布

图4-28 不同锚杆长度下巷道帮部围岩耗散能分布曲线图

4.3.4.2 锚杆长度对巷道变形的影响

图 4-29(a)为不同锚杆长度下巷道表面的最大变形量，图 4-29(b)～(d)为巷道变形与距巷道表面距离的关系曲线图。

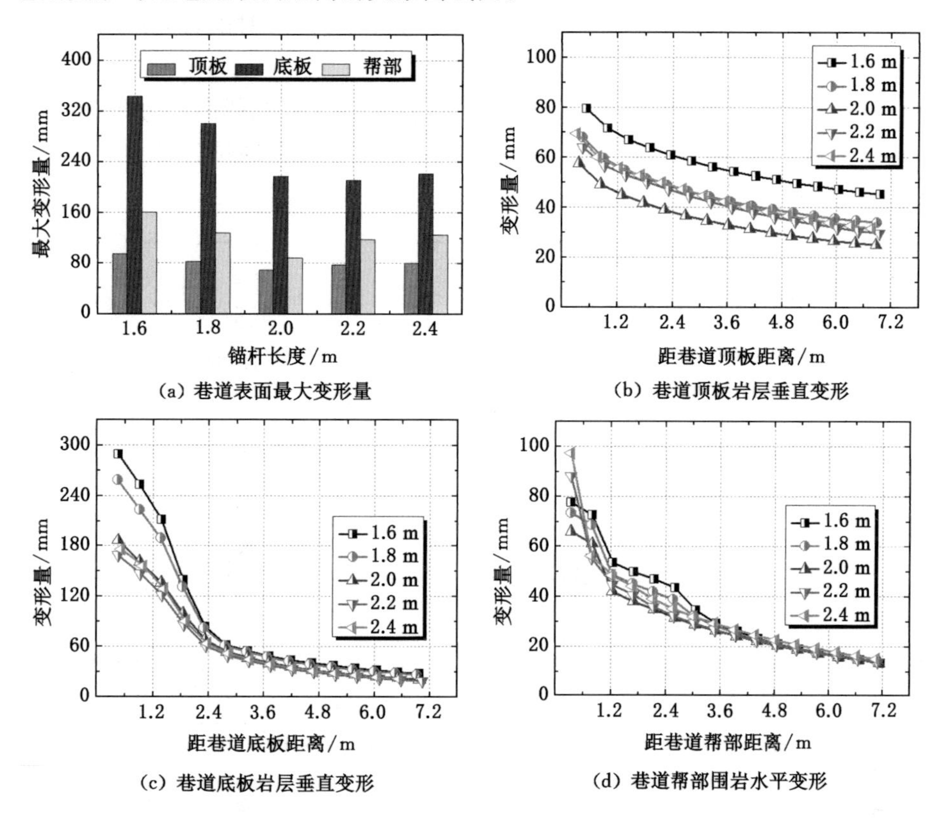

图 4-29 锚杆长度与巷道围岩变形关系图

从图中可以看出，锚杆长度为 1.6 m 时，顶板、底板及帮部最大变形量分别为 95、344、161 mm，围岩变形量最大；锚杆长度增加至 1.8 m 时，围岩变形量明显减小，此时顶板、底板及帮部最大变形量分别为 82、300、128 mm；锚杆长度继续增加至 2.0 m 时，围岩变形量继续减小，顶板、底板及帮部最大变形量分别为 69、217、88 mm，之后锚杆长度的继续增加并不会减小围岩的变形；锚杆长度为 2.2 m 和 2.4 m 时，巷道围岩变形出现了小幅度的增加。

图 4-29(b)给出了巷道顶板岩层的变形情况，锚杆长度在 1.6～2.4 m 范围内，随着锚杆长度的增加，顶板变形先减小后增加；图 4-29(c)给出了巷道底板岩层的变形情况，锚杆长度为 1.6、1.8、2.0 m 时，随着锚杆长度的增加，底板变

形明显减小，之后锚杆的继续增加对底板的控制效果缓慢增加；图 4-29(d)给出了巷道帮部围岩的变形情况，锚杆长度为 1.6 m 和 1.8 m 时，锚杆锚固区所控制的范围较小，不利于巷道帮部围岩的稳定，锚杆长度为 2.2 m 和 2.4 m 时，虽说巷道帮部变形较大，但是锚固范围较大，很好地控制较深部围岩的变形，锚杆长度为 2.0 m 时，巷道围岩的控制效果最好。

综上所述，锚杆长度的不断增加，并不会持续改善巷道围岩能量耗散和变形破坏。锚杆长度较短时，锚杆长度的增加，锚固区范围逐渐增加，促使支护结构对巷道围岩的控制效果显著增加；当锚杆长度增加到一定程度后，锚杆长度继续增加，锚固区范围增加，但是支护结构强度有所降低，巷道围岩的控制效果变弱。研究表明，该地质条件下，锚杆长度为 2.0 m 或 2.2 m 时，巷道围岩能量耗散和变形破坏的控制效果最好。

4.3.5 锚固长度

锚固长度是指锚杆打入围岩发挥锚固作用部分的有效长度，直接影响到围岩稳定结构，锚固长度的增加可以使锚杆产生较大的黏锚力，提供较大或较广泛的轴向拉力及横向挤压力，提高支护结构的强度，促使支护结构有效控制巷道围岩的能量耗散，从而减小围岩破坏程度和范围。

4.3.5.1 锚固长度对围岩能量耗散的影响

不同锚固长度情况下巷道围岩耗散能密度分布云图如图 4-30 所示。从图中可以看出，随着锚固长度的不断增加，巷道围岩耗散能集中密度、区域以及能量耗散范围持续减小，且耗散能集中区域逐渐转移至巷道肩角位置和两帮下部底板岩层。当锚固长度为 400 mm 时，其锚固体左右范围较小，对锚固区围岩的能量耗散范围影响较小，围岩耗散能最大集中密度由 1.6 MJ/m^3 左右降至 1.4 MJ/m^3 左右，降低幅度约 12.5%，耗散能集中区域转移至巷道帮部和底板岩层；当锚固长度增加至 800 mm 后，其锚固体对锚固区围岩的能量耗散范围的影响明显增加，围岩耗散能集中密度、区域继续减小；当锚固长度大于 1 000 mm 时，锚固长度主要影响巷道围岩能量耗散范围，此时，相对未支护巷道，围岩能量耗散范围平均减幅在 50%以上。

图 4-31 为不同锚固长度下巷道帮部围岩耗散能密度分布曲线，由图中可知，随着锚杆长度的增加，帮部围岩耗散能密度和能量耗散范围持续减小，对比测线 1、测线 2 和测线 3 耗散能密度分布曲线得到：当锚固长度为 400 mm 时，锚固体无法提供足够的支护强度，支护结构对巷道围岩能量耗散的控制效果较弱，此时帮部围岩能量耗散范围约为 4.8 m，随着锚固长度的增加，支护结构强度得

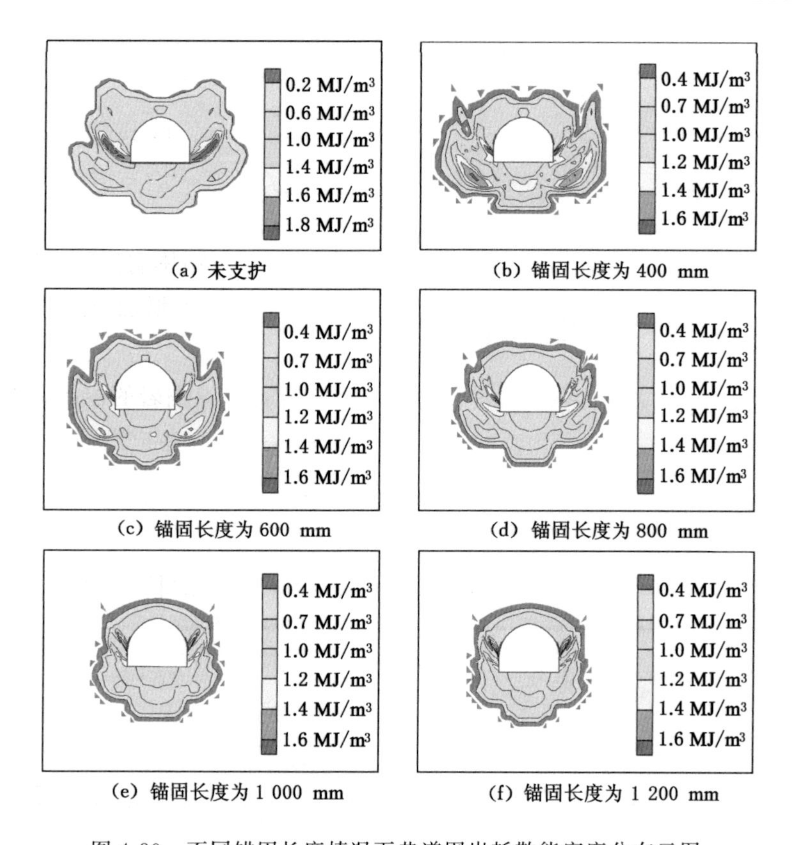

(a) 未支护
(b) 锚固长度为 400 mm
(c) 锚固长度为 600 mm
(d) 锚固长度为 800 mm
(e) 锚固长度为 1 000 mm
(f) 锚固长度为 1 200 mm

图 4-30 不同锚固长度情况下巷道围岩耗散能密度分布云图

到提高，围岩能量耗散不断改善，有利于巷道围岩的稳定控制；当锚固长度为 600 mm 和 800 mm 时，能量耗散范围减小至 4.0 m；当锚固长度增加至 1 000 mm 时，能量耗散范围减小至 2.5 m 左右；当锚固长度为 1 200 mm 时，能量耗散范围减小至 2.0 m。

4.3.5.2 锚固长度对巷道变形的影响

图 4-32(a)为不同锚杆锚固长度下巷道表面的最大变形量，图 4-32(b)～(d)为巷道变形与距巷道表面距离的关系曲线图。

从图中可以看出，锚固长度为 400 mm 时，巷道围岩变形的控制效果最差，顶板、底板及帮部最大变形量分别为 115、383、206 mm，锚固长度增加，围岩的控制效果逐渐改善；锚固长度增加至 800 mm 时，顶板、底板及帮部最大变形量分别为 84、248、136 mm，之后锚固长度继续增加，巷道围岩变形继续减小；锚固长度继续增加至 1 200 mm 时，顶板、底板及帮部最大变形量分别为 63、187、

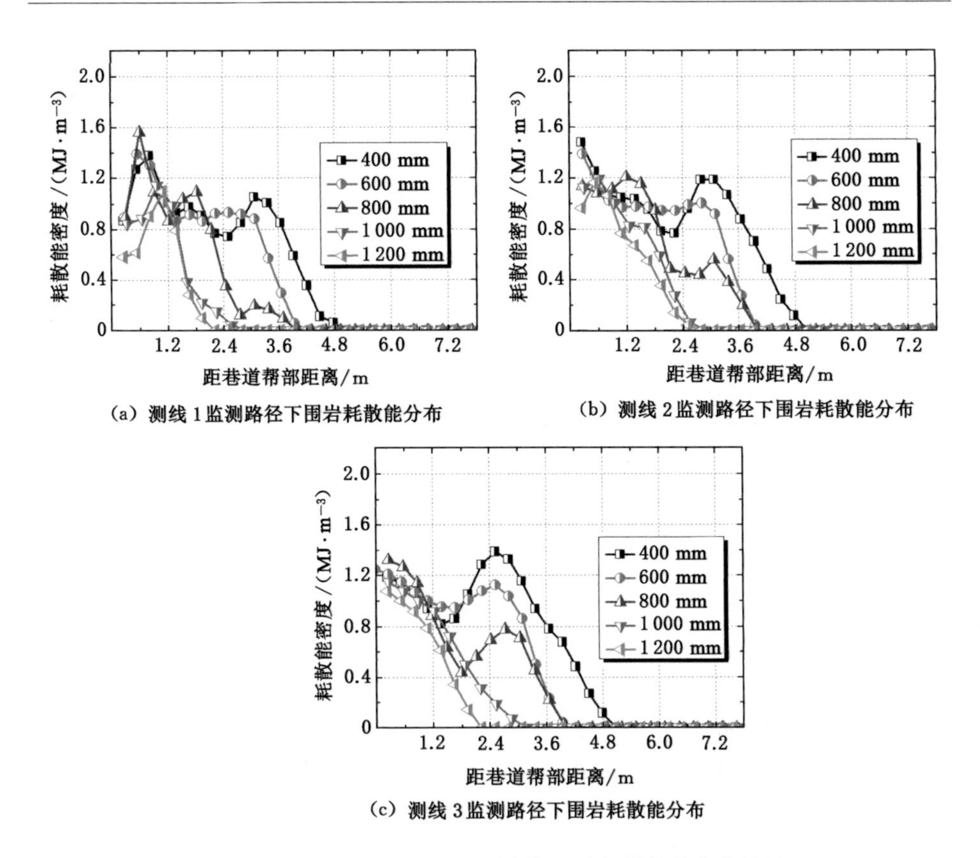

(a) 测线1监测路径下围岩耗散能分布

(b) 测线2监测路径下围岩耗散能分布

(c) 测线3监测路径下围岩耗散能分布

图 4-31　不同锚固长度下巷道帮部围岩耗散能分布曲线图

81 mm;锚固长度由 400 mm 增加至 1 200 mm,顶板、底板以及帮部围岩最大变形量分别减小了 45.2%、51.2%、60.7%。

图 4-32(b)给出了巷道顶板岩层的变形情况,顶板岩层的变形随锚固长度的增加持续减小,且减小幅度逐渐降低;图 4-32(c)给出了巷道底板岩层的变形情况,对于底板岩层,锚固长度为 400、600、800 mm 时,锚杆提供的黏锚力较小,无法形成有效的整体承载结构,从而对底板变形的控制效果相对较小,锚固长度为 1 000 mm 和 1 200 mm 时,锚固长度提供了较大量值的轴向拉力及横向挤压力,有效转移或吸收围岩的能量释放,减小了围岩的能量耗散,形成整体支护承载结构,从而实现了对底板的协同控制。图 4-32(d)给出了巷道直墙与拱形相交处的帮部岩层变形情况,该测线岩层变形同样可分为 3 个变形区域:一是锚杆自由端控制的变形区域,岩层变形最为严重;二是锚杆锚固段控制的变形区域,变形情况有所降低;三是锚杆有效影响区域范围外的变形区域,变形逐渐趋于稳定。锚固长度为

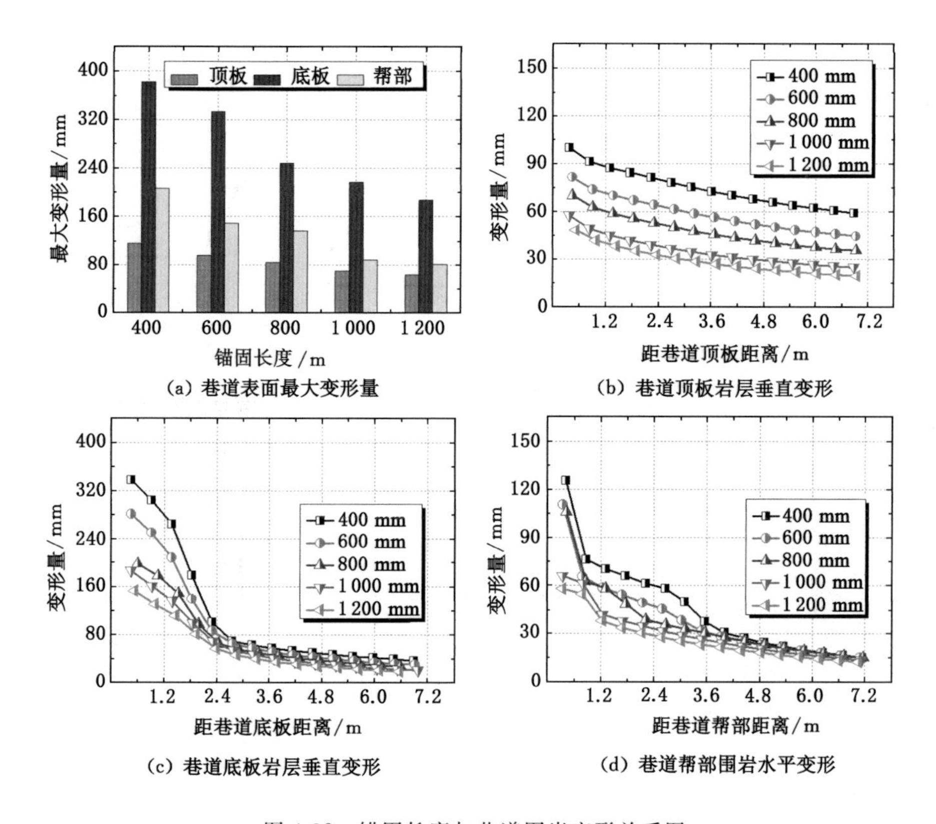

图 4-32　锚固长度与巷道围岩变形关系图

400 mm 和 600 mm 时，锚固段控制区域控制范围较小、变形量较大，无法与更深部岩体形成整体结构，而当锚固长度为 1 000 mm 和 1 200 mm 时，锚固段控制区域与更深部岩体形成整体结构，有效控制了帮部围岩的变形。

综上所述，锚固长度的不断增加，巷道围岩能量耗散和变形破坏持续减小，锚固长度较短时，锚固体无法提够足够的支护强度，支护结构对巷道围岩能量耗散的控制效果较弱，随着锚固长度的增加，支护结构强度得到提高，围岩能量耗散不断改善，有利于巷道围岩的稳定控制。

4.4　深部卸压巷道能量耗散的支护调控模拟

4.4.1　数值计算模型和方案

锚杆支护结构三维数值计算模型如图 4-33 所示（即模型Ⅱ），模型尺寸

(长×宽×高)为 40 m×20 m×40 m，巷道截面为半圆拱形，尺寸(宽×高)为 4.6 m×4.1 m，模型侧边及底部通过位移固定，通过在模型上边界施加20 MPa垂直应力模拟埋深 800 m 覆岩载荷，其余模型参数和模拟方案参考 4.3.1 部分设置。

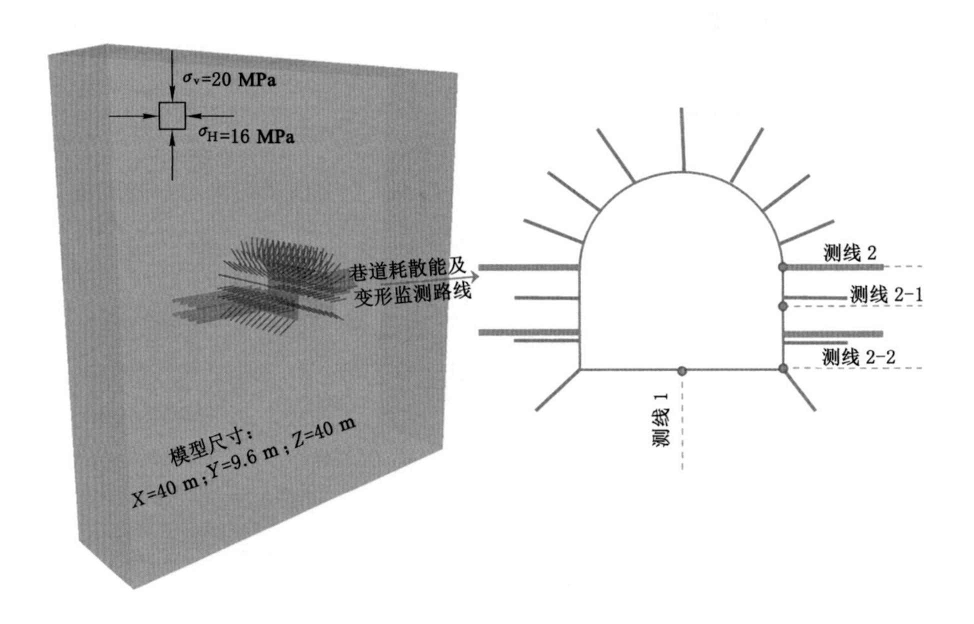

图 4-33　锚杆支护结构三维数值计算模型(模型Ⅱ)

4.4.2　锚杆预紧力

4.4.2.1　锚杆预紧力对卸压巷道围岩耗散能的影响

取两钻孔中间位置 Y=4.5 m 剖面绘制图 4-34，图 4-34(a)～(f)为卸压巷道在未支护时以及不同方案下卸压巷道围岩耗散能密度分布云图。

从图 4-34 可以看出，耗散能范围随预紧力的增大而减小。未支护时，卸压巷道充分卸压，耗散能密度集中范围约 11.3 m，耗散能密度峰值位置距巷道帮部约 6 m，预紧力为 40 kN 时，底板耗散能密度集中范围与无支护时相比大幅度收缩，这是因为在无支护情况下，巷道处于充分卸压状态，卸压钻孔的开挖切断了高应力和弹性能量向底板转移路径，底板处于开放空间。锚杆支护介入后，预紧力的改变，导致巷道底板围岩的能量耗散范围及耗散能密度均减小，预紧力大于 40 kN 后，底板围岩耗散能集中密度及能量耗散范围不再发生变化，钻孔末端由叠加状态转向分离；在预紧力大于 60 kN 时，耗散能密度集中范围开始出现降低趋势；预紧力由 60 kN 增至 80 kN 时，耗散能密度集中范围由 11.3 m 减至 9.8 m，减小幅度约 13.27%；预紧力由 80 kN 增至 100 kN 时，耗散能密度集中范围由 9.8 m 减至 7.8 m，减小幅度约 20.41%；预紧力由 100 kN 增至 120 kN 时，耗散能密度集中范围由 7.8 m 减至 6.3 m，减小幅度约 19.23%，然而，在耗散能密度集中范围降低过程中耗散能密度峰值位置基本保持不变。

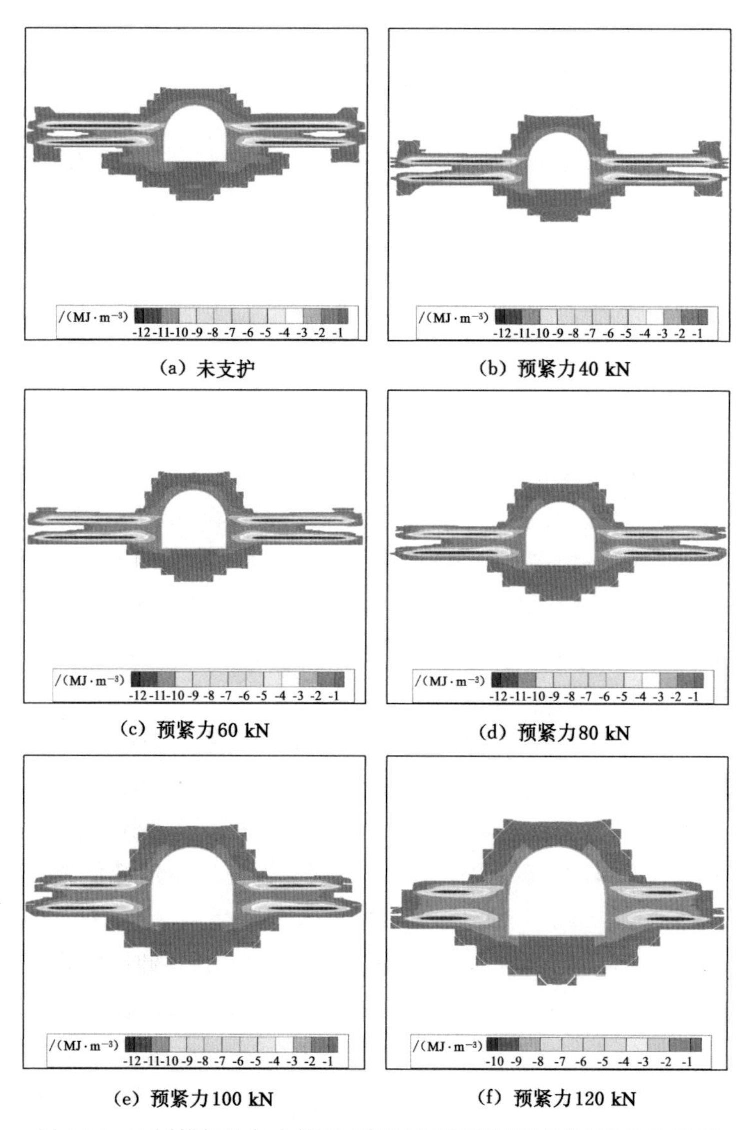

(a) 未支护　(b) 预紧力40 kN

(c) 预紧力60 kN　(d) 预紧力80 kN

(e) 预紧力100 kN　(f) 预紧力120 kN

图 4-34　不同锚杆预紧力情况下卸压巷道围岩耗散能密度分布云图

由上述分析可知，锚杆预紧力的改变主要影响巷道帮部围岩的能量耗散，因此对巷道帮部围岩的能量耗散进行详细分析，分别取两钻孔中间位置、两钻孔对角中心位置及底板位置，如图 4-35 所示为巷道帮部围岩耗散能密度分布曲线图。

由图中可知，在数值计算的不同方案下，预紧力的增加导致巷道帮部围岩耗散能密度和能量耗散范围将持续减小，预紧力较小时，帮部围岩耗散能密度和能量耗散范围变化较小。未支护时，帮部围岩耗散能密度峰值为 8.43 MJ/m^3；预紧力为 60 kN 时，帮部围岩耗散能密度峰值为 7.74 MJ/m^3，与未支护时相比减小幅度约为 8.2%；预紧力大于 60 kN 以后，帮部围岩耗散能密度和能量耗散范围变化较大，其中预紧力由 80 kN 增至 100 kN 时，帮部围岩耗散能密度和能量耗散范围变化幅度最大，帮部围岩耗散能密度峰值为 6.30 MJ/m^3，与未支护时相比减小幅度约为 25.3%；预紧力为120 kN时，帮部围岩耗散能密度峰值为 5.58 MJ/m^3，与未支护时相比减小幅度约为 33.8%。

如图 4-35 所示，监测路径测线 2-1 布置在巷帮位置，耗散能密度在监测路径上分成 3 个区域：锚杆末端控制区域、锚固区域和不受锚杆影响区域，其中在锚杆末端控制区域和锚固区域分别存在一个耗散能峰值点，随着预紧力的增加，峰值点量值逐渐减小，预紧力增大到一定程度时两峰值相互叠加，形成一条近似平滑的曲线，此时，说明预紧力的增大可使锚杆的整体性提高，对控制巷道围岩的能量耗散更加有效；监测路径测线 2-2 位于巷道底板，锚杆支护之前与锚杆支护之后耗散能范围显著降低，在预紧力增加的过程中，耗散能峰值有所降低，耗散能范围不再发生变化，底板围岩整体性趋于稳定。

4.4.2.2 锚杆预紧力对卸压巷道变形的影响

图 4-36 为 2 条变形监测路径下的巷道变形与距巷道表面距离的关系曲线图（监测路径见图 4-33 中右图的测线 1、测线 2）。

由图 4-36 可知，未支护时，巷道帮部和底板最大变形量分别为 265、150 mm；预紧力为 40 kN 时，巷道帮部和底板最大变形量分别为 220、143 mm；预紧力增加至 60 kN 时，巷道帮部和底板最大变形量进一步减小，分别减小至 197、137 mm，之后随着预紧力的增加，巷道变形量持续减小；当预紧力为 120 kN 时，巷道帮部和底板最大变形量分别为 114、105 mm，巷道变形得到有效控制，2 条测线给出的岩层变形情况同样表明随着预紧力的增加，巷道变形情况得到有效改善。锚杆预紧力由 40 kN 增加至 120 kN，帮部及底板最大变形量分别减小了 48.2%、26.6%。

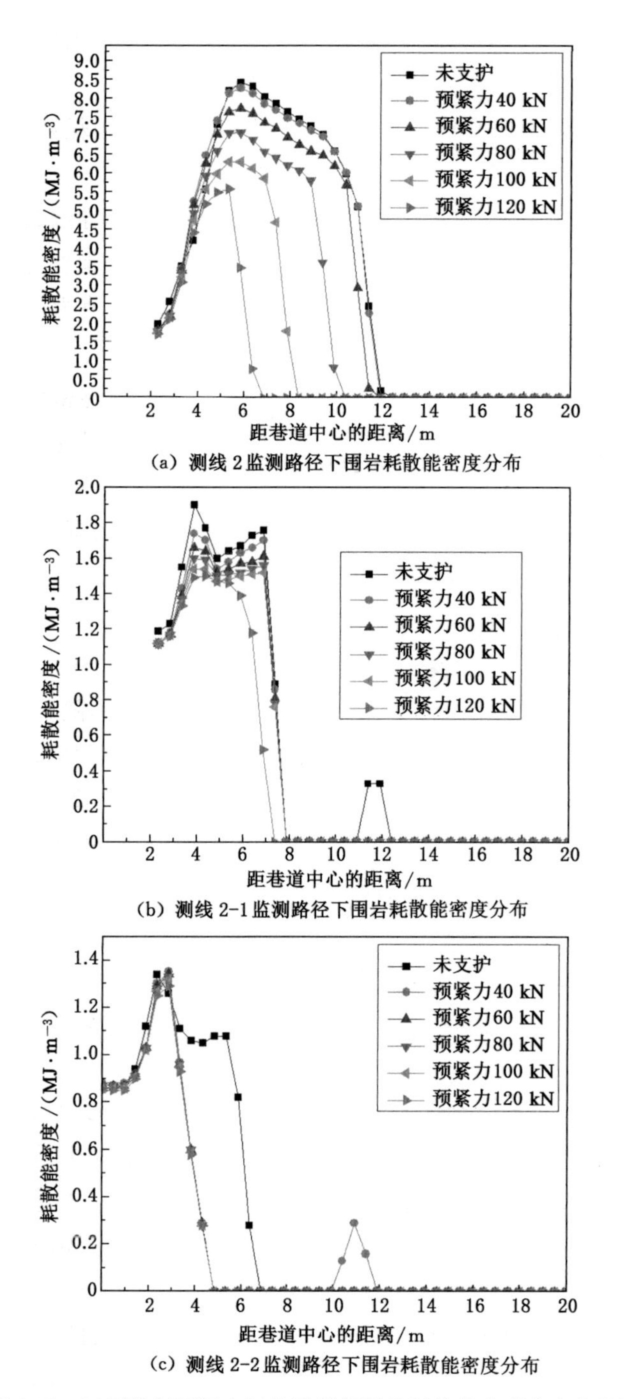

(a) 测线2监测路径下围岩耗散能密度分布

(b) 测线2-1监测路径下围岩耗散能密度分布

(c) 测线2-2监测路径下围岩耗散能密度分布

图4-35　不同锚杆预紧力下巷道帮部围岩耗散能密度分布曲线图

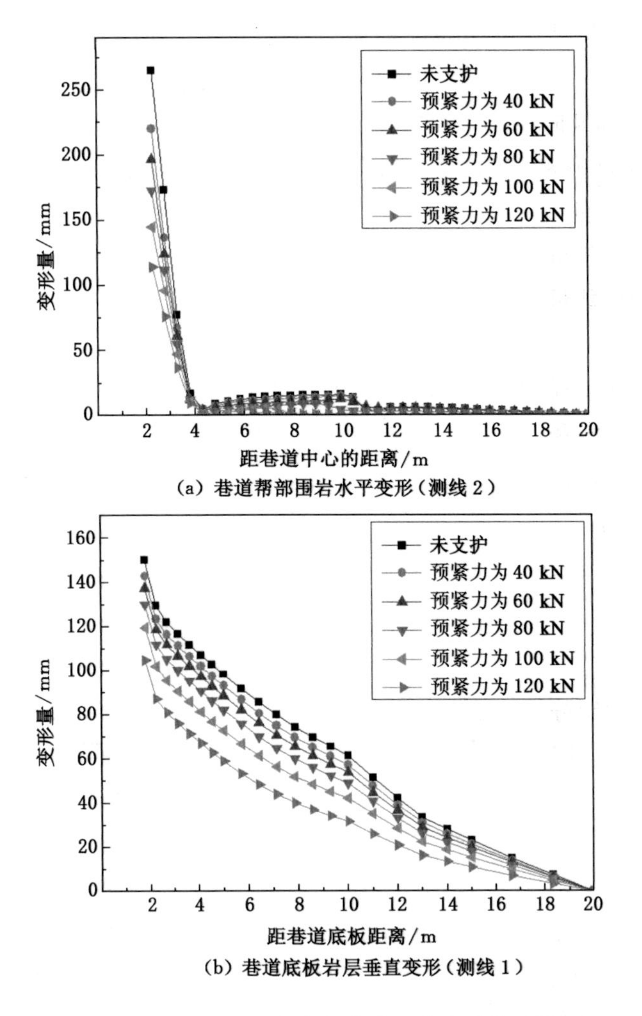

图 4-36 锚杆预紧力与巷道围岩变形关系图

测线 1 给出了底板岩层的变形情况,由于底板未进行支护,因此其变形量较大,随着帮部锚杆预紧力的增加,使支护结构逐渐形成了整体承载结构,有效转移或吸收了围岩的能量耗散,减小巷帮变形的同时,一定程度上抑制了底板岩层的变形。测线 2 给出了巷道帮部 $Z=0.3$ m 处的帮部岩层变形情况,该测线岩层变形可分为 3 个变形区域:① 锚杆自由端区域,位于巷道围岩表面,预紧力大小的变化对其影响最为明显,随着预紧力的增加,帮部变形量大幅度降低;② 锚固端区域,此处随着预紧力的加大其变化也较为明显,由于预紧力加大,锚杆将拉力传向锚固区域,提高了围岩的整体性;③ 锚杆影响范围外区域，预紧力的变化对巷道变形控制域影响较小，由于钻孔形成一定的塑性区，预紧力增大，在提高围岩整体性的同时，也减小了耗散区范围。当预紧力为100 kN 和 120 kN 时，除锚杆自由段控制区域的变形减小之外，锚固段控制区域逐渐与锚杆影响区域范围外的变形区域稳定，表明高预紧力锚杆支护可有效控制深部围岩的变形破坏。

基于以上分析可知，在施加预紧力较小时（方案一、二），预紧力的改变对深部卸压巷道围岩能量耗散集中密度、范围影响较小，而对围岩帮部变形量的控制已经开始显现；在预紧力增大到一定程度后（方案三），继续施加预紧力，将显著改善巷道围岩能量耗散集中密度、范围以及围岩变形，高预紧力的锚杆支护抑制了围岩的能量耗散和变形破坏，提高了围岩的稳定性和承载能力，有利于实现巷道围岩的稳定控制。

4.4.3 锚杆间距

4.4.3.1 锚杆间距对卸压巷道围岩耗散能的影响

取两卸压钻孔中间位置 Y=4.5 m 剖面进行绘制卸压巷道围岩耗散能密度分布云图，如图 4-37 所示。

对比锚杆间距分别为未支护、600、700、800、900、1 000 mm 时的围岩耗散能分布可以看出：锚杆间距的改变对巷道围岩耗散能集中区域和能量耗散范围影响较大，随着锚杆间距的减小，巷道围岩耗散能集中范围持续减小。未支护时，卸压巷道充分卸压，耗散能密度集中范围约 11.3 m，耗散能密度峰值位置距巷道帮部约 6 m，锚杆间距为 1 000 mm 时，支护结构对围岩能量耗散的影响相对较小，卸压钻孔间距的对称中心处的耗散能范围基本没有发生变化，但是卸压钻孔 Z 平面上的耗散能密度集中范围约为 8.5 m，锚杆间距为 600～900 mm 时，能量耗散范围大幅度减小，其中锚杆间距为 600 mm 时，耗散能密度集中范围约为 6 m，与未支护时相比减幅约为 47%。锚杆支护时，底板耗散能集中区域和能量耗散范围影响基本不再变化。

图 4-38 为不同锚杆间距下卸压巷道帮部围岩耗散能密度分布曲线图，由图中可知，与无支护时相比，帮部围岩耗散能密度峰值急剧减小，随着锚杆间距的减小，帮部围岩耗散能密度峰值持续减小，测线 2 位于帮部上排卸压钻孔之间，锚杆间距为 1 000 mm，耗散能密度峰值约为 6 MJ/m^3，降幅约为 29%，锚杆间距为 600～900 mm，耗散能密度峰值约为 5 MJ/m^3，锚杆间距为 600 mm 时，巷道帮部耗散能集中区域和能量耗散范围均出现大幅度减小。测线 2-1 位于巷道帮部上下两排卸压钻孔之间，锚杆间距小于 900 mm 时，耗散能密度峰值点居间

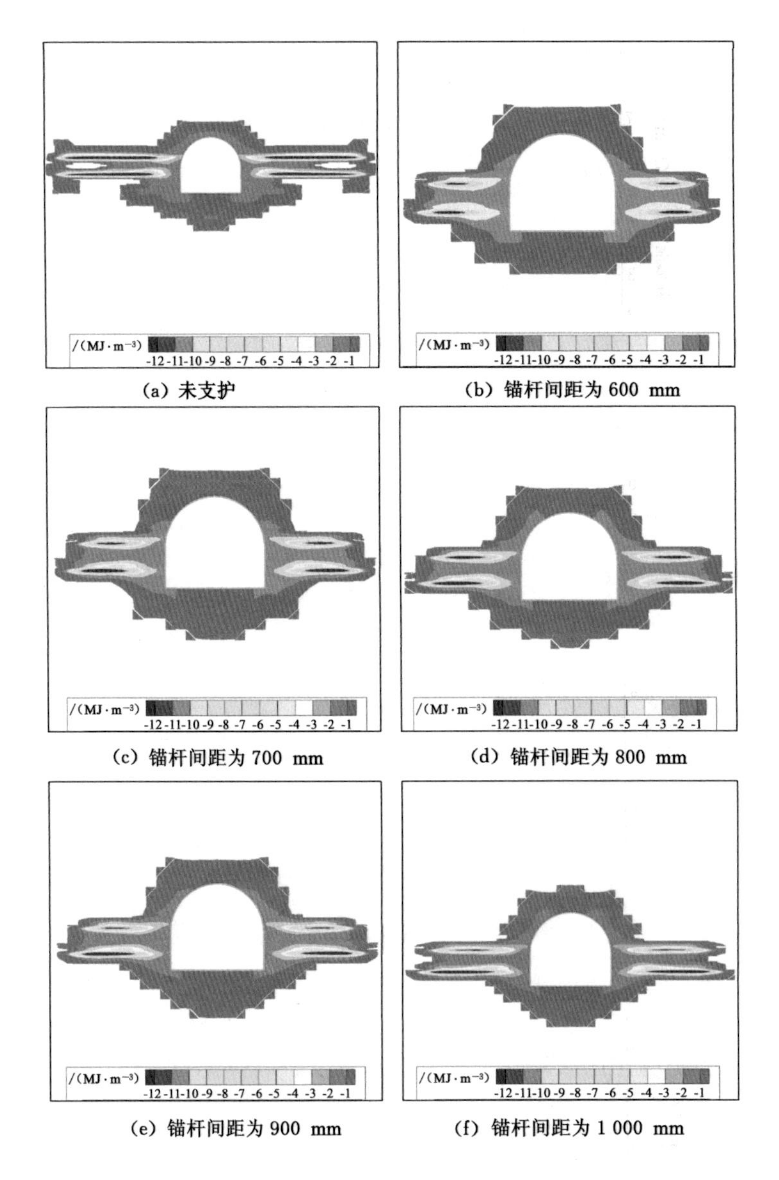

(a) 未支护　(b) 锚杆间距为 600 mm

(c) 锚杆间距为 700 mm　(d) 锚杆间距为 800 mm

(e) 锚杆间距为 900 mm　(f) 锚杆间距为 1 000 mm

图 4-37　不同锚杆间距情况下卸压巷道围岩耗散能密度分布云图

降低，峰值位置趋于稳定，耗散能密度曲线逐渐趋于平滑。测线 2-2 位于底板位置，锚杆支护后与支护前对比，耗散能密度峰值基本不变，耗散能密度峰值位置在支护后向深部转移后也保持不变，锚杆支护后，锚杆参数的改变对底板的耗散能集中区域和能量耗散范围较小。

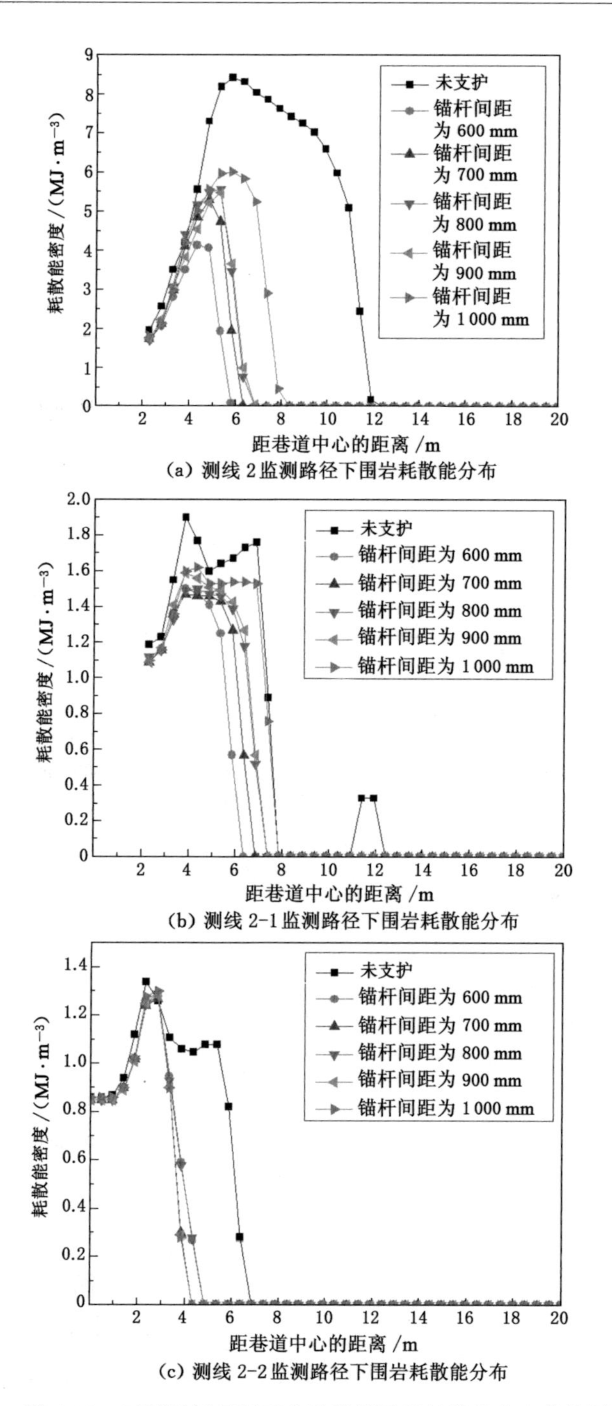

(a) 测线 2 监测路径下围岩耗散能分布

(b) 测线 2-1 监测路径下围岩耗散能分布

(c) 测线 2-2 监测路径下围岩耗散能分布

图 4-38 不同锚杆间距下巷道帮部围岩耗散能分布曲线图

4.4.3.2 锚杆间距对卸压巷道变形的影响

图 4-39 为 2 条变形监测路径下的巷道变形与距巷道表面距离的关系曲线图(监测路径见图 4-33 中右图)。从图中可以看出,锚杆间距为 600 mm 时,底板及帮部最大变形量分别为 97 mm 和 94 mm,围岩变形量最小;锚杆间距为 700、800、900 mm 时,底板及帮部最大变形量分别为 101 mm、105 mm、105 mm、114 mm、107 mm 和 115 mm,围岩变形量变化相对较小;锚杆间距增加至 1 000 mm 时,巷道整体变形量出现明显增加,底板及帮部最大变形量分别为 120 mm 和 145 mm。测线 2 给出了卸压巷道帮部变形情况,锚杆间距

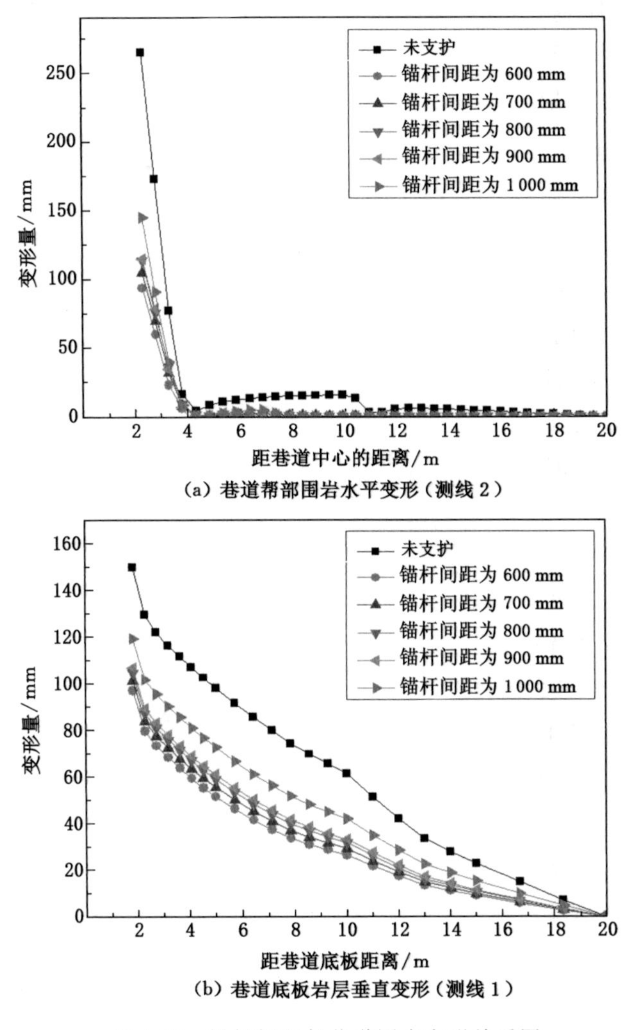

(a) 巷道帮部围岩水平变形(测线 2)

(b) 巷道底板岩层垂直变形(测线 1)

图 4-39 锚杆间距与巷道围岩变形关系图

为 600～900 mm 范围内，随着锚杆间距的增加，巷道帮部岩层变形小幅度增加，锚杆间距增加至 1 000 mm 后，帮部岩层变形明显增加；测线 1 给出了底板岩层的变形情况，锚杆间距的改变主要影响巷道浅部围岩的变形，其中，锚杆间距为 600 mm 时，底板变形控制效果最好，锚杆间距为 1 000 mm 时，底板和帮部变形控制效果最差，锚杆间距在 700～900 mm 范围，底板和帮部变形控制效果相近。

综上所述，锚杆间距主要影响巷道围岩耗散能集中区域和能量耗散范围，随着锚杆间距的减小，巷道围岩耗散能集中区域和能量耗散范围均有较为显著的变化，锚杆间排距越小，支护结构对围岩能量耗散的控制效果越好，但是容易加大工程投入成本。研究表明，该卸压方案下，锚杆间距在 600～900 mm 范围内，支护结构对围岩能量耗散和变形破坏控制效果较好。

4.4.4 锚杆长度

4.4.4.1 锚杆长度对卸压巷道围岩耗散能的影响

不同锚杆长度下的巷道围岩耗散能密度分布云图如图 4-40 所示，从图中可以看出，锚杆长度在一定范围内($L_{g1} \leqslant 2$ m)，随着锚杆长度的增加，巷道围岩耗散能集中密度、区域以及能量耗散范围均有明显减小，之后随着锚杆长度的继续增加，耗散能集中密度和区域有所增加，增加幅度较小，而能量耗散范围增加较大。当锚杆长度为 1.6 m 时，耗散能集中区域与能量耗散范围基本没有变化；当锚杆长度为 1.8 m 时，耗散能集中区域与能量耗散范围均有所减小，但是减小幅度较小；当锚杆长度增加至 2.0 m 时，耗散能集中区域与能量耗散范围均大幅度减小，其中能量耗散范围降幅达 53%，之后随着锚杆长度的继续增加，对围岩能量耗散的控制影响较小，而且增加了工程成本。

图 4-41 为不同锚杆长度下巷道帮部围岩耗散能密度分布曲线图，由图中可知，锚杆长度等于或小于 2.0 m 时，帮部围岩耗散能密度和能量耗散范围持续减小，对比测线 2、2-1 和 2-2 的耗散能密度分布曲线，锚杆长度为 1.6 m 和 1.8 m 时，锚固区域范围太小，对巷道围岩能量耗散的控制效果较弱，能量耗散范围约为8.0 m；锚杆长度增加至 2.0 m 后，能量耗散范围显著减小，减小至 5.8 m 左右，减幅约 49%；锚杆长度大于 2.0 m 时，巷道帮部围岩能量耗散范围有所增加，整体看，锚杆长度为 2.0 m 或 2.2 m 时，围岩能量耗散控制效果相对最好。

4.4.4.2 锚杆长度对卸压巷道变形的影响

图 4-42 为 2 条变形监测路径下的巷道变形与距巷道表面距离的关系曲线图(监测路径见图 4-33 中右图)。

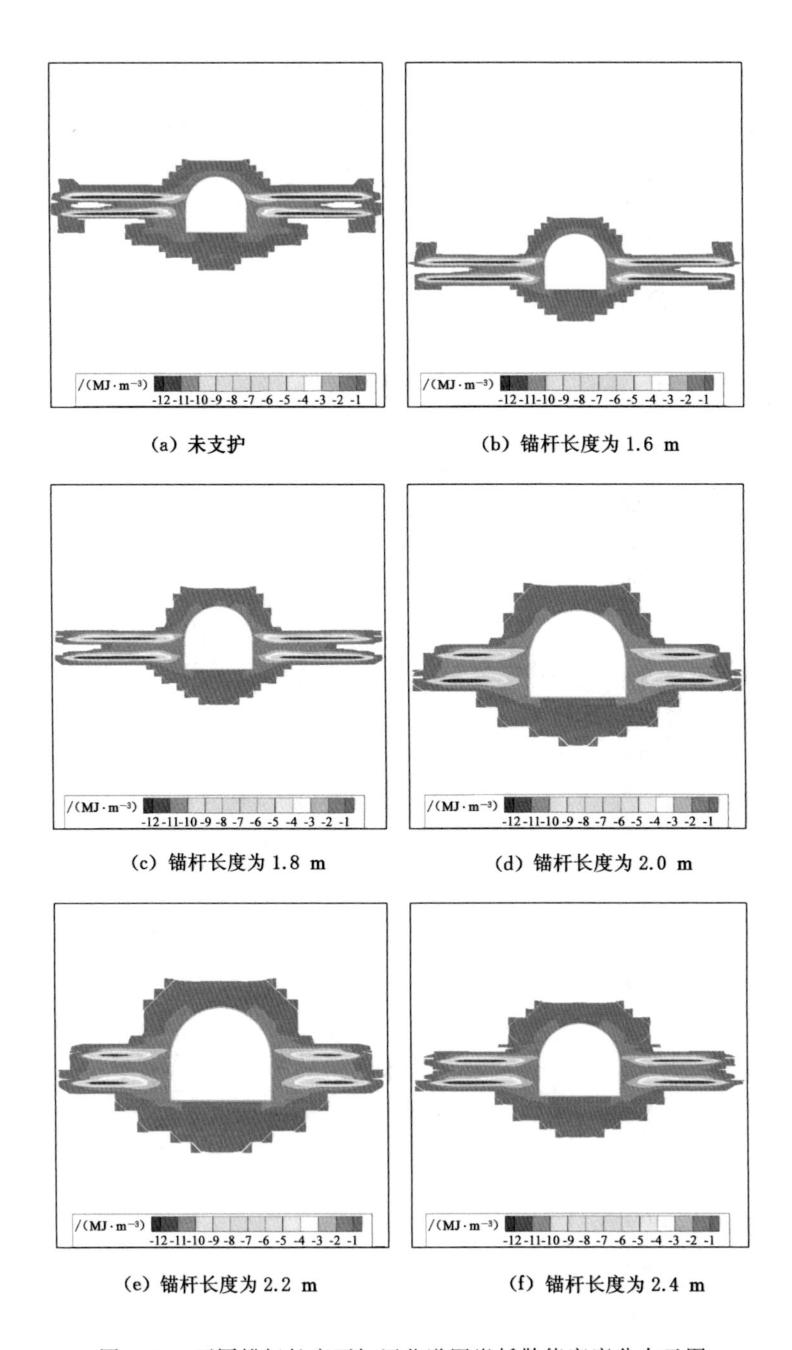

(a) 未支护　　(b) 锚杆长度为 1.6 m

(c) 锚杆长度为 1.8 m　　(d) 锚杆长度为 2.0 m

(e) 锚杆长度为 2.2 m　　(f) 锚杆长度为 2.4 m

图 4-40　不同锚杆长度下卸压巷道围岩耗散能密度分布云图

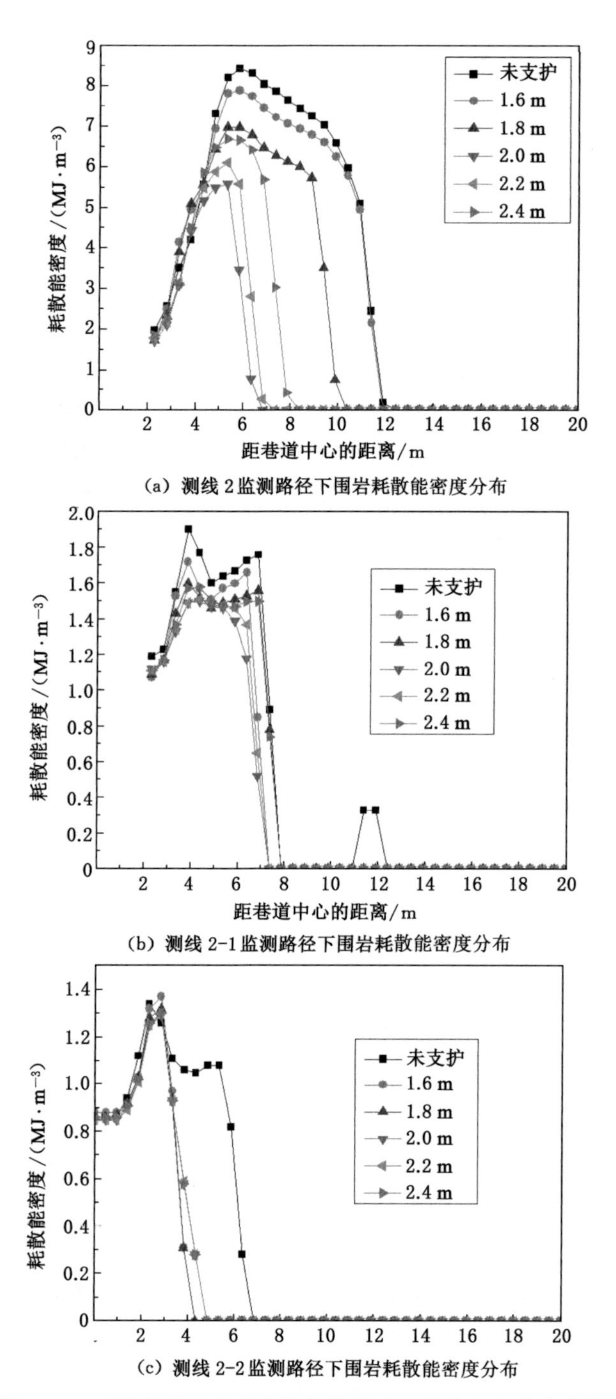

(a) 测线2监测路径下围岩耗散能密度分布

(b) 测线2-1监测路径下围岩耗散能密度分布

(c) 测线2-2监测路径下围岩耗散能密度分布

图4-41 不同锚杆长度下巷道帮部围岩耗散能密度分布曲线图

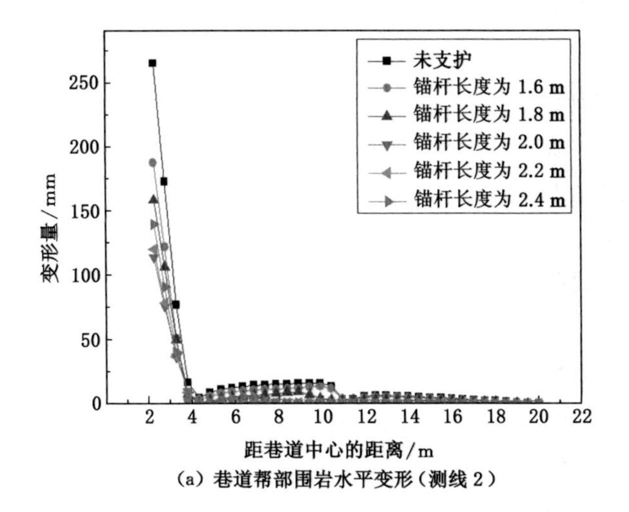

(a) 巷道帮部围岩水平变形(测线 2)

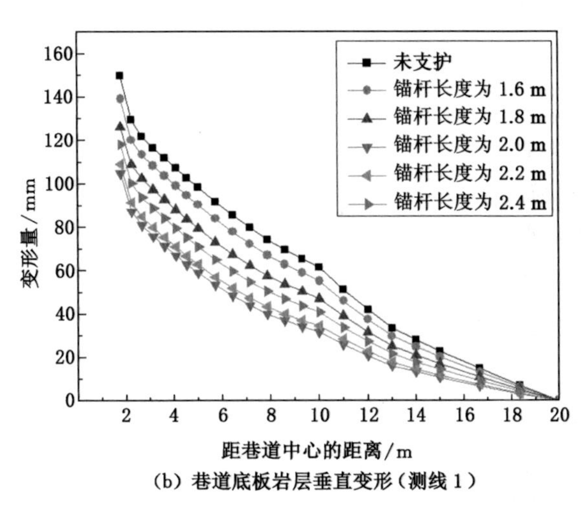

(b) 巷道底板岩层垂直变形(测线 1)

图 4-42　锚杆长度与巷道围岩变形关系图

从图中可以看出,锚杆长度为 1.6 m 时,巷道帮部和底板最大变形量分别为 187 mm 和 139 mm,围岩变形量较大;锚杆长度增加至 1.8 m 时,围岩变形量明显减小,此时帮部和底板最大变形量分别为 158 mm 和 126 mm;锚杆长度继续增加至 2.0 m 时,围岩变形量继续减小,帮部和底板最大变形量分别为 114 mm 和 104 mm,之后锚杆长度的继续增加并不会显著减小围岩的变形;锚杆长度为 2.2 m 和 2.4 m 时,巷道围岩变形不再发生显著变化。

测线 2 给出了卸压巷道帮部围岩的变形情况,当锚杆长度为 1.6 m 和 1.8 m

时，锚杆锚固区所控制范围较小，不利于巷道帮部围岩的稳定，当锚杆长度为 2.2 m 和 2.4 m 时，虽说巷道帮部变形较大，但是锚固范围较大，很好地控制深部围岩的变形。测线 1 给出了卸压巷道底板岩层的变形情况，当锚杆长度为 1.6、1.8、2.0 m 时，随着锚杆长度的增加，卸压巷道底板变形量明显减小，之后锚杆长度的继续增加对底板的控制效果缓慢增加，当锚杆长度为 2.0 m 时，巷道围岩的控制效果最好。

综上所述，锚杆长度的不断增加，并不会持续改善巷道围岩能量耗散和变形破坏，锚杆长度较短时，锚杆长度的增加，锚固区范围逐渐增加，促使支护结构对巷道围岩的控制效果显著增加，当锚杆长度增加到一定程度后，锚杆长度继续增加，锚固区范围增加，但是支护结构强度有所降低，巷道围岩的控制效果变弱，研究表明，该地质条件下，锚杆长度为 2.0 m 或 2.2 m 时，巷道围岩能量耗散和变形破坏的控制效果最好。

4.4.5 锚固长度

4.4.5.1 锚固长度对卸压巷道围岩耗散能的影响

不同锚固长度下卸压巷道围岩耗散能密度分布云图如图 4-43 所示。从图中可以看出，随着锚固长度的不断增加，巷道围岩耗散能集中密度、区域以及能量耗散范围持续减小。当锚固长度为 400 mm 时，其锚固体作用范围较小，对锚固区围岩的能量耗散范围影响较小，围岩能量耗散范围约为 9.4 m，降低幅度约 17%；当锚固长度增加至 800 mm 后，其锚固体对锚固区围岩的能量耗散范围的影响明显增加，围岩耗散能集中密度、区域继续减小；当锚固长度大于 1 000 mm 时，锚固长度主要影响巷道围岩能量耗散范围，此时，相对未支护巷道，围岩能量耗散范围平均减幅在 50%以上。

图 4-44 为不同锚固长度下巷道帮部围岩耗散能密度分布曲线图。由图中可知，随着锚固长度的增加，帮部围岩耗散能密度和能量耗散范围持续减小。对比测线 2、2-1 和 2-2 的围岩耗散能密度分布曲线得到：当锚固长度为 400、600 mm 时，锚固体无法提供足够的支护强度，支护结构对巷道围岩能量耗散的控制效果较弱，围岩耗散能最大集中密度约为 7 MJ/m^3，减幅约为 16%，随着锚固长度的增加，支护结构强度得到提高，围岩能量耗散不断改善，有利于巷道围岩稳定控制；当锚固长度为 1 000 mm 时，围岩耗散能最大集中密度约为 5.5 MJ/m^3，减幅约为 35%；当锚固长度为 1 200 mm 时，围岩耗散能最大集中密度约为 4 MJ/m^3，此时减幅超过 50%。

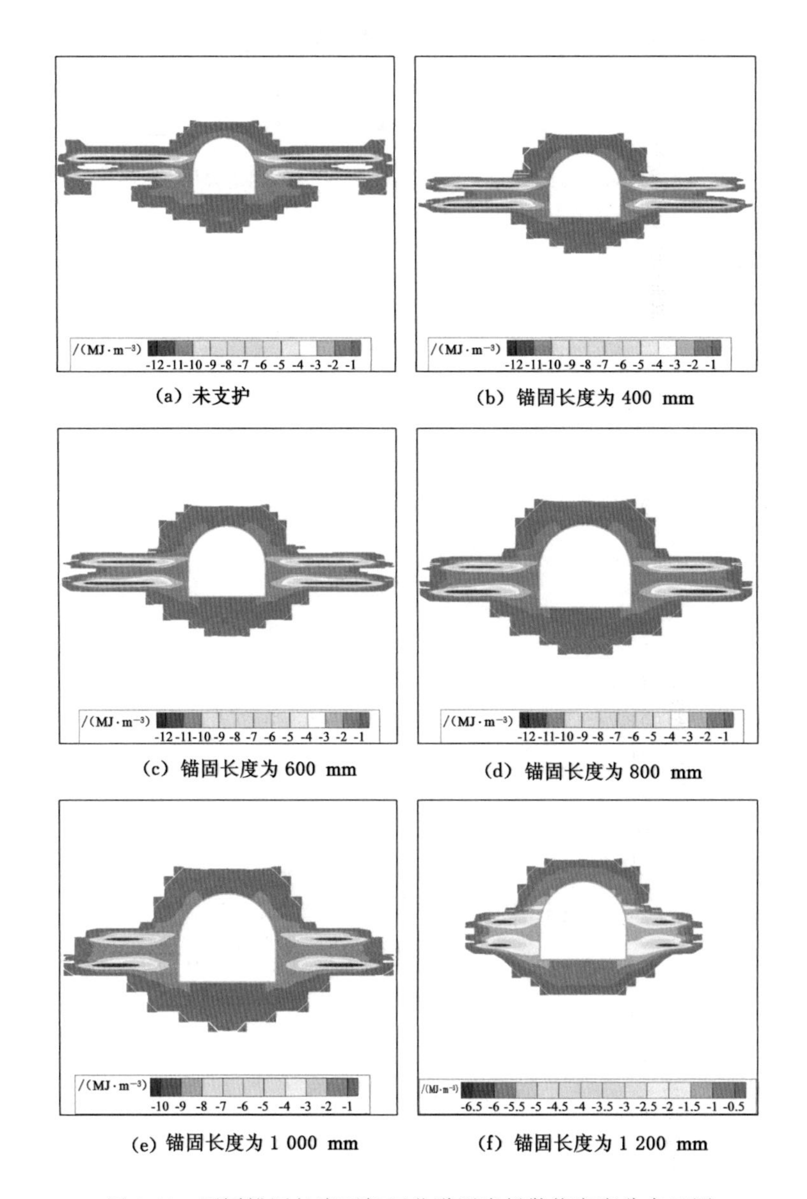

(a) 未支护 (b) 锚固长度为 400 mm

(c) 锚固长度为 600 mm (d) 锚固长度为 800 mm

(e) 锚固长度为 1 000 mm (f) 锚固长度为 1 200 mm

图 4-43 不同锚固长度下卸压巷道围岩耗散能密度分布云图

4.4.5.2 锚固长度对卸压巷道变形的影响

图 4-45 为 2 条变形监测路径下的巷道变形与距巷道表面距离的关系曲线图(监测路径见图 4-33 中右图)。从图中可以看出,锚固长度为 400 mm 时,巷道围岩变形的控制效果相对最差,帮部和底板最大变形量分别为

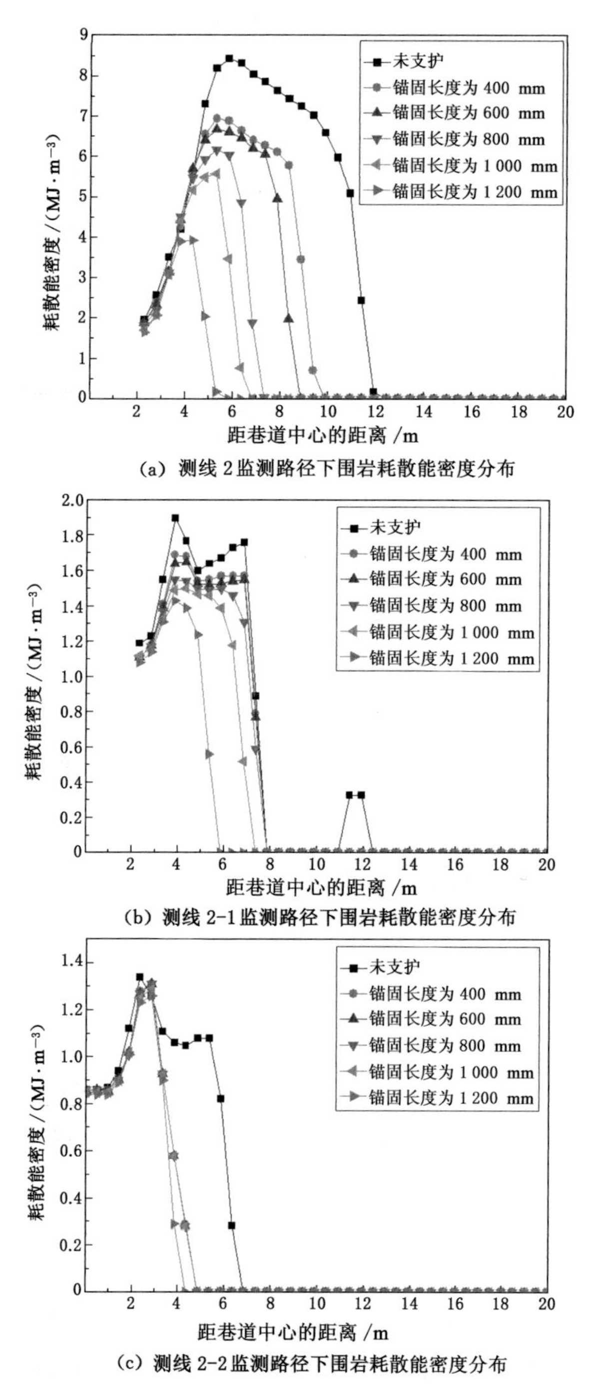

(a) 测线 2 监测路径下围岩耗散能密度分布

(b) 测线 2-1 监测路径下围岩耗散能密度分布

(c) 测线 2-2 监测路径下围岩耗散能密度分布

图 4-44 不同锚固长度下巷道帮部围岩耗散能密度分布曲线图

176 mm 和 129 mm，随着锚固长度的增加，围岩的控制效果逐渐改善；锚固长度增加至 800 mm 时，帮部和底板最大变形量分别为 125 mm 和 113 mm，之后锚固长度继续增加，巷道围岩变形继续减小；当锚固长度增加至 1 200 mm 时，帮部和底板最大变形量分别为 82 mm 和 91 mm；锚固长度由 400 mm 增加至 1 200 mm，帮部和底板围岩最大变形量分别减小了 53.4%、29.5%。

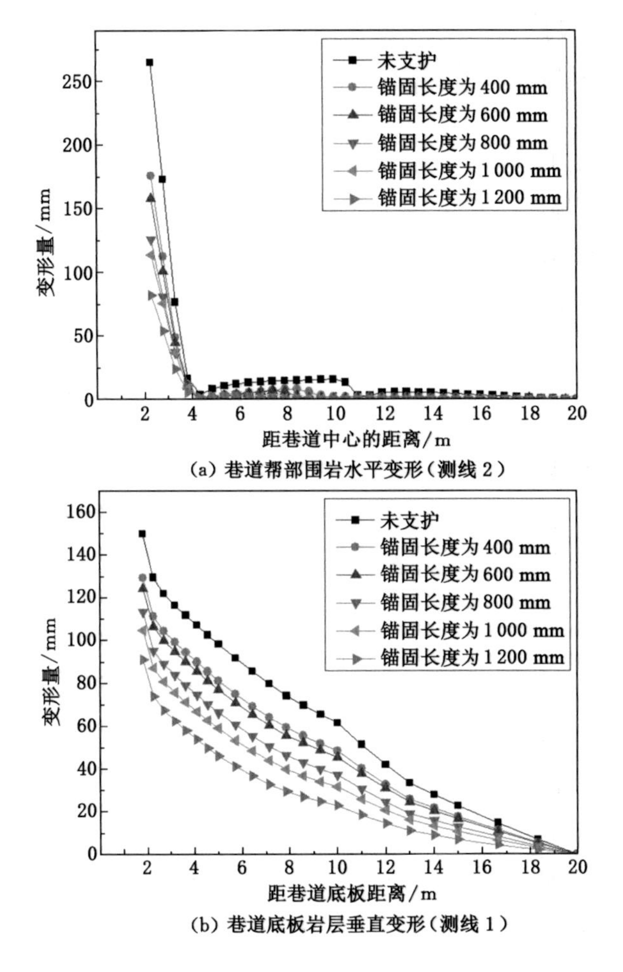

图 4-45　锚固长度与巷道围岩变形关系图

测线 1 给出了巷道底板岩层的变形情况，对于底板岩层，当锚固长度为 400、600 mm 时，锚杆提供的黏锚力较小，无法形成有效的整体承载结构，从而对底板变形的控制效果相对较小；当锚固长度为 800～1 200 mm 时，锚固长度提供了较大量值的轴向拉力及横向挤压力，有效转移或吸收围岩的能量释放，减小了围岩的能量耗散，形成整体支护的承载结构，从而实现了对底板的协同控制。测线2给出了卸压巷道上排卸压钻孔之间帮部岩层变形情况，该测线岩层变形同样可分为3个变形区域：一是锚杆自由端控制的变形区域，岩层变形最为严重；二是锚杆锚固段控制的变形区域，变形情况有所降低；三是锚杆有效影响区域范围外的变形区域，变形逐渐趋于稳定。当锚固长度为400 mm和600 mm时，锚固段控制区域控制范围较小、变形量较大，而当锚固长度为1 000 mm和1 200 mm时，锚固段控制区域与更深部岩体形成整体结构，有效控制了帮部围岩的变形。

综上所述，锚固长度的不断增加，巷道围岩能量耗散和变形破坏持续减小，锚固长度较短时，锚固体无法提够足够的支护强度，支护结构对巷道围岩能量耗散的控制效果较弱，随着锚固长度的增加，支护结构强度得到提高，围岩能量耗散不断改善，有利于巷道围岩的稳定控制。

4.5 本章小结

（1）基于锚杆支护和巷道围岩耗散能计算原理，在“支护-围岩”协同变形条件下，给出了锚杆支护结构吸能和极限储能的表达式，建立了支护控制围岩稳定的能量判据，当锚杆支护参数满足 $W_{\mathrm{bolt}}<W_{\mathrm{bmax}}$ 时，支护结构尚未达到极限储能状态，这时的锚杆支护参数可有效控制围岩稳定；相反，支护结构达到储能极限时，即 $W_{\mathrm{bolt}}\geqslant W_{\mathrm{bmax}}$，锚杆发生破断，进而诱发围岩持续破坏，需补强支护。

（2）随着预紧力和锚杆长度的增加，锚杆支护结构吸能和极限储能呈现线性增长趋势。锚杆极限储能受锚杆直径和巷道支护间排距共同作用影响，其中以间排距影响程度最为显著。随着间排距的减小，锚杆极限储能一直增加，锚杆吸能与锚杆极限储能的差值也一直增加，说明锚杆支护结构的储能载荷量在不断加强。在锚杆长度不变的情况下，增加锚固长度也就是锚杆与围岩黏结长度变长，但是锚杆吸能和极限储能却在减小，说明锚杆延伸量在减小，围岩不易发生变形。

（3）利用开发的围岩能量计算模型，量化分析了锚杆支护参数（锚杆预紧力、间距、长度以及锚固长度）对深部巷道围岩能量耗散演化及变形的影响规律，得到：随着锚杆预紧力、锚固长度的增加以及间距的减小，围岩能量耗散得到明显改善，而适宜的锚杆长度可以有效控制围岩能量耗散，能量耗散受预紧力和锚固长度的控制更为显著，高预紧力锚杆支护可有效抑制围岩的能量耗散和变形，锚固长度的增加提高了支护结构强度。

(4) 利用建立的深部巷道钻孔卸压模型,进一步探究了锚杆支护参数对深部卸压巷道围岩能量耗散与变形的影响规律,得到支护对卸压巷道围岩能量调控和变形控制的作用规律与其对深部巷道的影响较为类似,卸压巷道围岩耗散能的调控效果与锚杆预紧力、锚杆长度和锚固长度正相关,与锚杆间距负相关。工程现场,在保证围岩锚固效果可靠的情况下,采用高强高预紧力锚杆索支护系统是控制卸压巷道围岩稳定的有效途径之一。

5　现场工业性试验

本章基于第3章和第4章理论研究结果，选取徐州矿务集团有限公司三河尖煤矿吴庄区运输大巷和宿州煤电（集团）有限公司界沟煤矿1025机巷进行现场工业性试验，依据研究结果和试验巷道生产地质条件确定卸压及支护技术，进行现场矿压监测，验证研究成果的合理性和可靠性。

5.1　深部巷道支护调控技术

5.1.1　三河尖煤矿

5.1.1.1　试验巷道生产地质条件

试验巷道位于三河尖煤矿吴庄区，巷道在断层 $H=100$ m，断层倾角为75°～80°上盘开掘，按方位角239°24′方向、3‰上山施工105.9 m，然后拐62°按方位角301°24′方向、3‰上山施工1 336.9 m后停止掘进，巷道预计总长度为1 442.8 m。巷道开掘并与－700 m西大巷相连，施工过程中穿过断层 $H=100$ m，断层倾角为75°～80°，进入下盘掘进，揭露岩性主要为中-细粒砂岩、粉砂岩、砂质泥岩等，继续掘进穿过张庄断层 $H=20$～140 m，断层倾角为70°后，进入7号煤底板、9号煤顶板岩层进行施工，巷道揭露岩性主要为中-细粒砂岩。

试验巷道采用全断面钻爆法施工，掘进断面为半圆拱形巷道，拐弯前巷道断面尺寸（宽×高）为4.8 m×3.9 m，拐弯后断面尺寸（宽×高）为5.0 m×4.0 m，巷道平均埋深约为800 m，其中揭露中-细粒砂岩岩性约占巷道掘进总长度的75％，采掘工程平面图和岩层综合柱状图如图5-1和图5-2所示。

5.1.1.2　试验巷道支护技术及参数

基于研究成果，结合试验巷道生产地质条件和现有支护条件，确定巷道采用“锚网喷＋钻孔卸压”联合支护技术，其中锚杆采用型号BHRB500、直径为20 mm的左旋无纵筋螺纹钢高强锚杆，具体卸压支护设计参数如下：

（1）锚杆预紧力设计

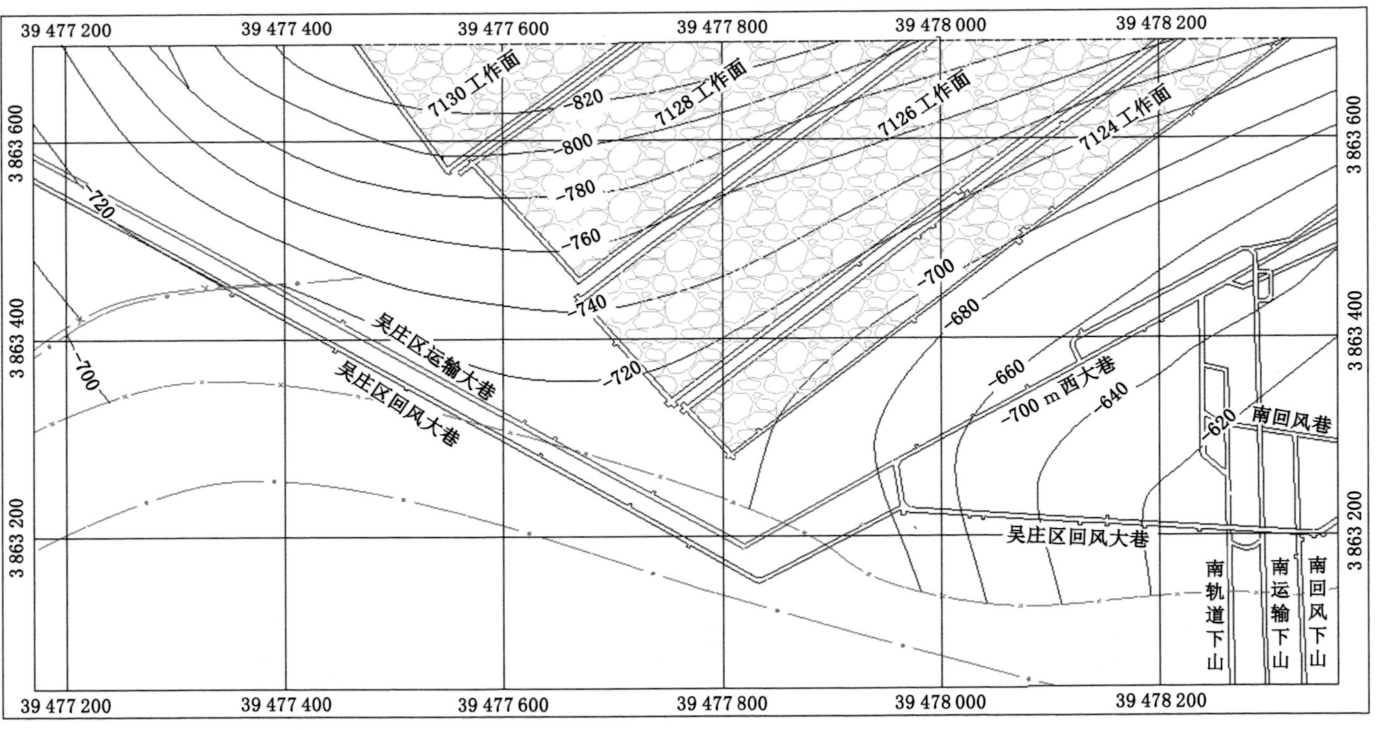

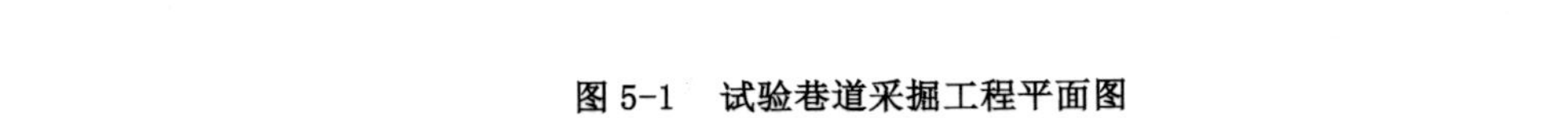
图 5-1　试验巷道采掘工程平面图

岩层名称	层厚/m	岩性描述
7号煤	2.07	块状，沥青光泽～半金属光泽，属较高变质烟煤
粉-细粒砂岩	15.15	深灰色，浅灰色的明暗相间排列，薄层状互层，发育缓波状水平层理
中-细粒砂岩	17.05	浅灰色，钙质胶结，分选性好，含少量炭质薄片
粉砂岩	1.77	灰黑色，性脆，被紊乱的方解石脉穿行，局部含细砂岩层
9号煤	3.35	局部被火成岩侵蚀
砂质泥岩	6.08	深灰色，质细，致密，较坚硬，含稀疏灰褐色菱铁条带，发育水平层理

图 5-2 试验巷道岩层综合柱状图

高预紧力锚杆支护可以有效控制巷道围岩的能量耗散和变形破坏，有利于实现巷道围岩的稳定控制，基于锚杆预紧力对巷道围岩能量耗散和变形的影响规律研究，设计锚杆预紧力为 120 kN。

(2) 锚杆间排距设计

研究表明，该地质条件下，锚杆间距在 600～800 mm 范围内，锚杆支护结构对围岩能量耗散和变形控制效果较好，在设计锚杆间排距时，考虑安全经济原则，最终设计锚杆间排距为 750 mm×800 mm(拐弯前)和 800 mm×800 mm(拐弯后)。

(3) 锚杆长度设计

研究表明，该地质条件下，锚杆长度为 2.0 m 或 2.2 m 时，锚杆支护结构对围岩能量耗散和变形破坏的控制效果相对较好，因此锚杆长度设计为 2.0 m。

(4) 锚固长度设计

随着锚固长度的增长，巷道围岩能量耗散控制效果不断改善，基于锚杆支护“三径匹配”原理，确定施工钻头直径为 28 mm，已知采用的树脂锚固剂直径为 23 mm，锚固长度为 1 000 mm，计算得到锚固剂长度为 726 mm，考虑现场施工问题，确定锚杆采用 1 支 CK-Z2370 树脂药卷进行锚固。

(5) 卸压钻孔设计

设计在巷道帮部布置卸压钻孔，卸压钻孔直径为 115 mm，两帮每排各布置

2 个钻孔，钻孔间距为 1 000 mm，排距为 800 mm，长度为 10 m。

综上所述，确定试验巷道支护参数，支护断面（拐弯后）如图 5-3 所示，具体参数如下：

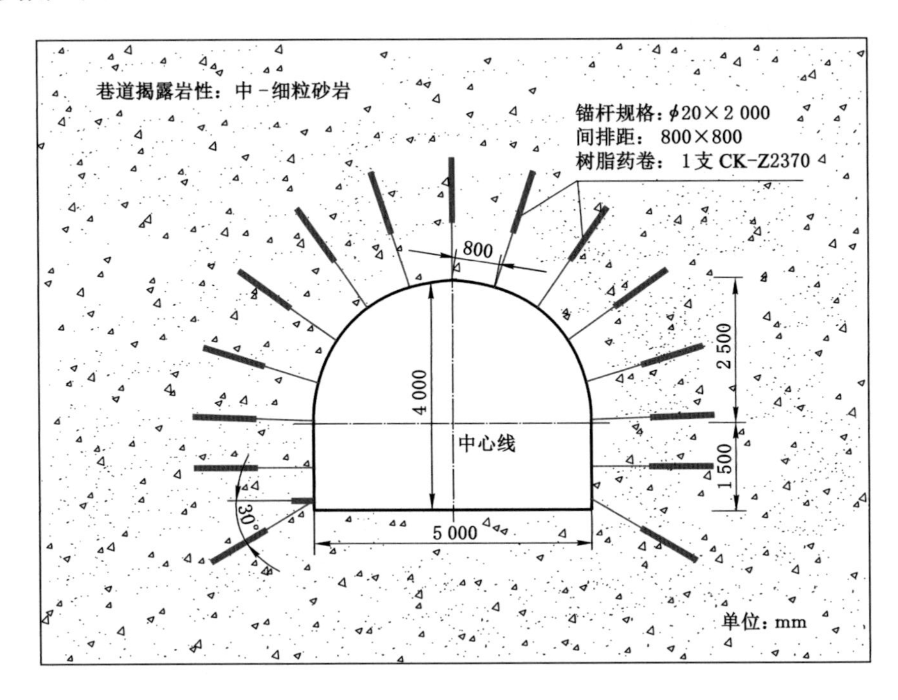

图 5-3 试验巷道支护断面图（拐弯后）

(1) 锚杆采用左旋无纵筋螺纹钢高强锚杆，型号为 BHRB500，规格为 ϕ20 mm×2 000 mm，锚杆间排距为 750 mm×800 mm（拐弯前）和 800 mm×800 mm（拐弯后），配套使用规格为 140 mm×140 mm×10 mm 的碟形托盘，每根锚杆采用 1 支 CK-Z2370 树脂药卷进行锚固，锚杆垂直于岩面施工，锚杆的角度误差为±5°之内。

(2) 锚杆采用二次预紧螺母的方法以增强锚杆预紧力，初次预紧力矩为 150～200 N·m，二次预紧后预紧力矩为 260～300 N·m。

(3) 锚杆配合单筋梯子梁，梯子梁采用 ϕ12 mm 圆钢加工，呈排布设；金属网采用 8# 铁丝编织的菱形金属网，网径规格为 50 mm×50 mm，网与网之间搭接压茬为 100～200 mm，并且每隔 200 mm 用 14# 铁丝呈双排扣扎紧；金属网及单筋梯子梁均铺至巷道底角锚杆，底角锚杆与底板岩层呈 30°。

(4) 采用二次喷浆封闭巷道围岩，初喷厚度为 30～50 mm，应在喷层凝固后进行锚杆施工工序的操作，复喷厚度为 30～50 mm，复喷时，喷层覆盖网、钢带、锚杆托板等，喷层总厚度约为 100 mm。

(5) 在巷道过断层或异常破碎带处，采取缩小锚杆间排距(比如 600 mm×600 mm)、缩小循环进尺、补打锚索或套棚等方式进行加强支护。

(6) 巷道支护完成后，尽快排矸，尽可能紧跟掘进工作面迎头对巷道施工大孔径卸压钻孔，现场实测卸压钻孔施工滞后工作面距离为 30～50 m，卸压钻孔直径为 115 mm，两帮每排各布置 2 个钻孔，钻孔间距为 1 000 mm，排距为 800 mm，长度为 10 m。

5.1.1.3 *矿压观测结果与分析*

为验证巷道支护技术及参数的合理性，在巷道支护过程中，及时进行矿压监测，包括围岩表面变形监测、深部围岩离层监测以及锚杆受力监测等。

(1) 巷道表面变形分析

围岩表面移近量的监测主要包括巷道顶板、底板移近量和两帮移近量，监测方法采用十字测试法，测试工具选用“卷尺＋细线”，如图 5-4 所示。巷道每掘进 50 m，布置 1 个表面移近观测站，及时进行变形监测，掘进初期，每天观测 1 次，2 周后每周观测 2 次。

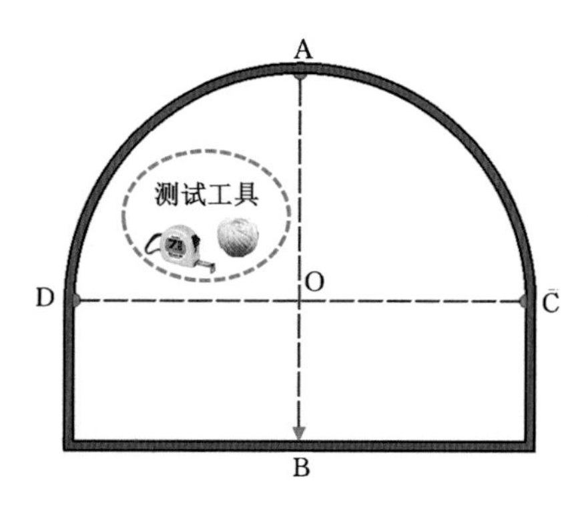

图 5-4 十字测试法及测试工具

图 5-5 和图 5-6 为其中 3 个巷道表面移近观测站的围岩表面移近量监测数据，总体来看，三河尖煤矿吴庄区运输大巷围岩变形趋势基本保持一致。从图中可以看出，在巷道初掘 2 周(14 d)内，顶板、底板和两帮快速变形，顶板、底板变形速率为 16.86～19.87 mm/d，两帮变形速率为 14.14～15.21 mm/d，两帮变形速率小于顶板、底板变形速率，随着巷道掘出时间的推移，围岩变形逐渐趋于稳定(30 d 后)，此时顶板、底板移近量在 276～333 mm 之间，其中，底板变形量占

顶底板变形的70%～80%，现场实测过程中发现最大底鼓量达700 mm，两帮变形量在247～270 mm之间。从巷道变形趋势可以将巷道变形阶段分为两个阶段，即围岩快速变形阶段和围岩稳定变形阶段。围岩快速变形阶段是由于巷道掘进初期，围岩能量大幅度耗散，一定程度上降低了围岩强度，导致巷道围岩快速变形；而围岩稳定变形阶段是指巷道围岩能量耗散逐渐稳定，即锚杆形成的主动支护结构有效控制了围岩的能量耗散，围岩逐渐趋于稳定，表明围岩能量耗散主要发生在巷道掘进初期。

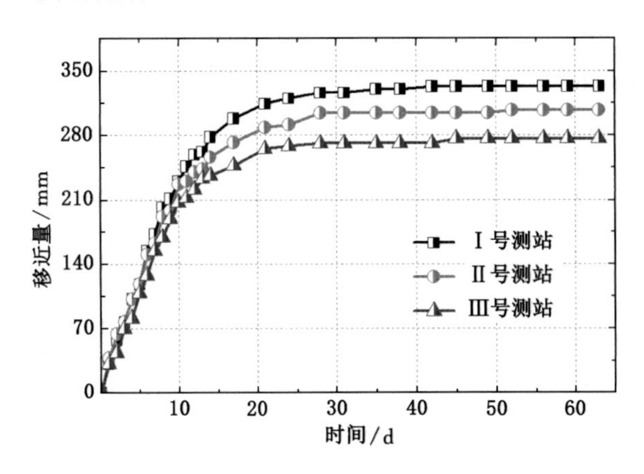

图5-5　顶板、底板移近量监测数据

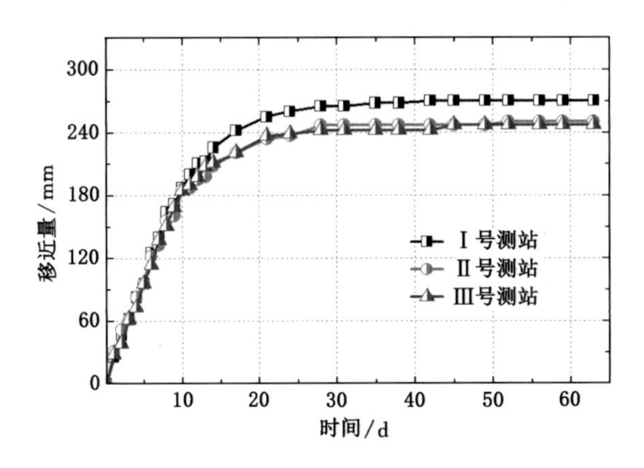

图5-6　两帮移近量监测数据

(2) 深部围岩离层分析

深部围岩离层是指不同深部围岩的相对位移，通过多点间位移测试得到，反映了不同深度围岩的变形，了解巷道围岩各部分岩层弱化和松动范围等，由此判断锚杆与围岩是否脱离。监测仪器使用多点位移计，巷道每掘进 200 m，布置 1 个深部围岩离层观测站，基点分别位于 1、2、4、6、8、10 m 等不同围岩深度（顶板和帮部），图 5-7 和图 5-8 分别为顶板和帮部深部围岩离层观测站的围岩深部基点位移监测结果，图中 0-1、1-2、2-4、4-6、6-8 和 8-10 分别表示 0～1 m、1～2 m、2～4 m、4～6 m、6～8 m、8～10 m 之间的相对离层距离。从图中可以看出，巷道顶板和帮部浅部围岩离层量最大，巷道围岩破坏主要发生在 0～6 m 范围内，该范围顶板离层总量达到 87 mm，占顶板总变形的 80%左右，帮部离层总量达到 105 mm，占帮部总变形的 90%左右。距巷道表面 0～2 m 范围内顶板和两帮离层量分别为 64 mm 和 79 mm，此时锚杆承受较大的拉力，但锚固区内离层量处于安全可控范围内（小于 30%的锚杆极限抗拉应变值）。

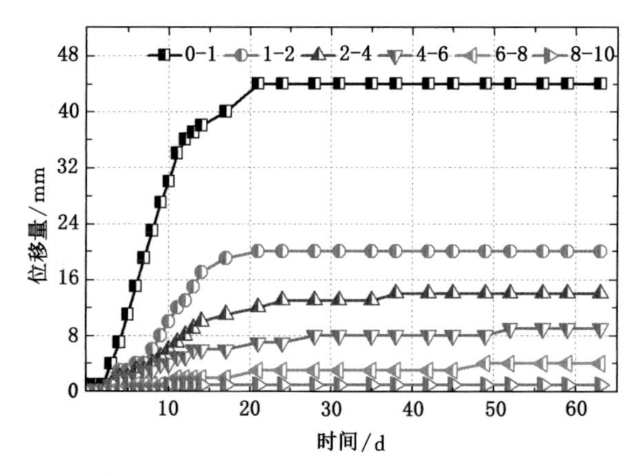

图 5-7 顶板深部围岩离层量监测结果

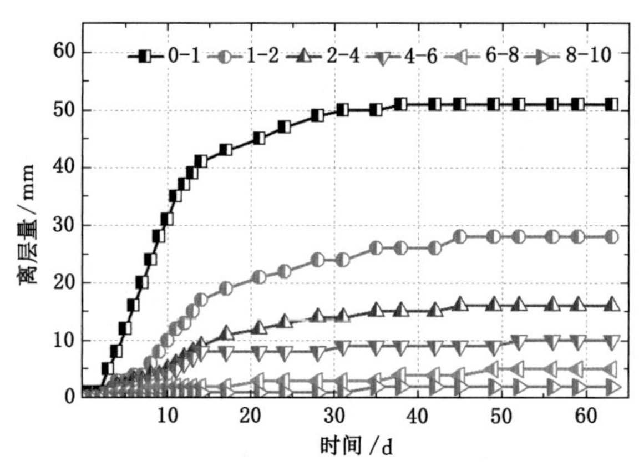

图 5-8 帮部深部围岩离层量监测结果

(3) 锚杆受力分析

锚杆受力主要指锚杆所受轴向力大小,可以用于评价锚杆实际工作特性及其与围岩变形的关系,以及判断锚杆对围岩变形的控制作用和强度储备。采用锚杆压力枕进行测试锚杆受力情况,巷道每掘进 200 m,布置 1 个锚杆受力观测站,图 5-9 为锚杆受力观测站测点布置示意图,图 5-10 为一个锚杆受力观测站的观测结果。

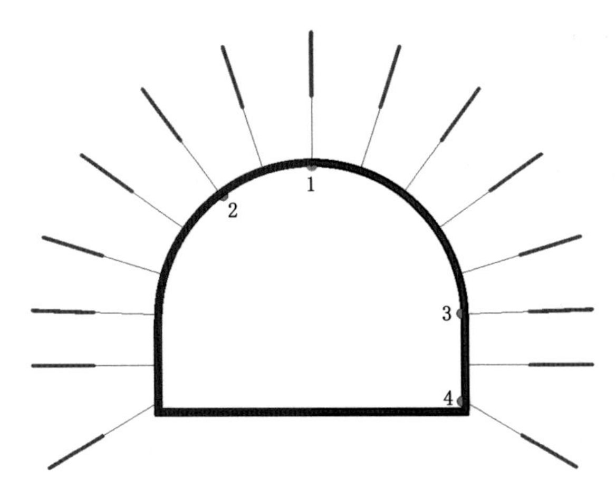

图 5-9 锚杆受力观测站测点布置示意图

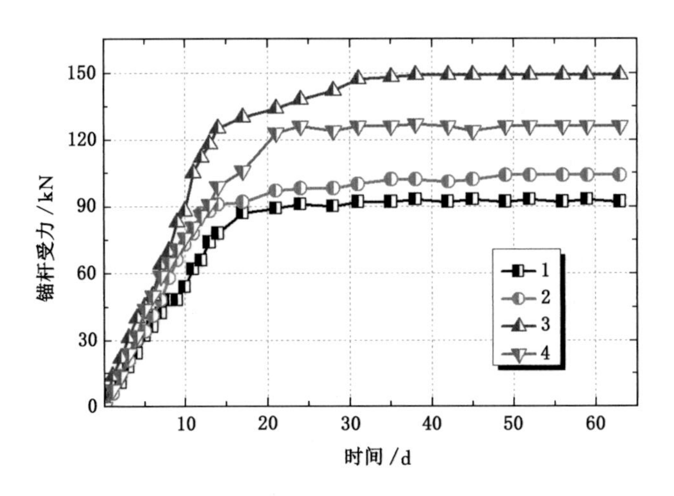

图 5-10 锚杆受力观测站的观测结果

从图 5-10 可以看出,在巷道初掘 2 周(14 d)内,锚杆受力迅速增加,1 号测点锚杆受力增加至 78 kN,增速约为 5.57 kN/d,2 号测点锚杆受力增加至

91 kN,增速约 6.50 kN/d,3 号测点锚杆受力增加至 125 kN,增速约 8.93 kN/d,4 号测点锚杆受力增加至 99 kN,增速约 7.07 kN/d;在巷道初掘 14～30 d 内,1、2 号测点锚杆受力逐渐平衡,3、4 号测点锚杆受力缓慢增加;巷道初掘 30 d 后锚杆受力情况逐渐稳定,此时,1、2、3、4 号测点锚杆受力分别为 92、104、149、126 kN。锚杆受力稳定后,3 号测点锚杆受力最大,其次是 4 号测点,1、2 号测点锚杆受力相对较小,这是由于巷道断面形状为直墙半圆拱形,其拱形顶板具有较好的自承能力,而巷道帮部受顶板和帮部围岩的共同作用,导致 3 号测点锚杆受力较大,4 号测点次之,查表可知[124],型号为 BHRB500,直径为 20 mm 的左旋无纵筋螺纹钢高强锚杆拉断载荷为 210.5 kN,4 个测点的锚杆最大受力分别为拉断载荷的 43.7%、49.4%、70.8%、59.9%,表明支护设计的安全系数较高。

5.1.2　界沟煤矿

5.1.2.1　试验巷道生产地质条件

本书以界沟煤矿东一采区 10# 煤层 1025 机巷为工程背景。东一采区 10# 煤层 1025 工作面(尚未正式回采)煤层赋存稳定,煤层倾角为 14°～25°,平均 16°,煤层结构简单,煤厚为 2.14～3.58 m,平均 3.1 m。工作基本顶、直接顶岩性分别为细砂岩(9.25 m)和泥岩(2.33 m),直接底和基本底岩性分别是泥岩(2.00 m)和细砂岩(8.90 m)。

界沟煤矿 1025 工作面回采巷道原始支护参数。根据在界沟煤矿收集的掘进作业规程资料,可以找出 1025 机巷支护初始参数:巷道采用锚梁网+锚索支护,顶部采用锚杆、12# 槽钢梁、直径为 6 mm 钢筋网支护和锚索加强支护,帮部采用锚杆、180 mm 钢带、塑钢复合网支护。

锚杆选用规格为 ϕ22 mm×2 400 mm 左旋无纵筋螺纹钢等强锚杆,顶板、帮部锚杆间排距为 800 mm×800 mm,每根锚杆使用 2 支 K2860 树脂锚固剂;锚索选用规格为 ϕ17.8 mm×6 400 mm 钢绞线锚索加强支护,锚索间排距机巷为 2 400 mm×1 600 mm、风巷为 2 250 mm×1 600 mm,开切眼为 1 600 mm×800 mm,每根锚索使用 3 支 K2860 树脂锚固剂;钢筋网选用直径为 6 mm 的钢筋,网幅为 1 700 mm×1 000 mm,网格间距为 100 mm。围岩条件变差,锚梁网索不能满足支护要求时采用架 U29 型棚。东一采区 10# 煤层 1025 机巷锚网梁索支护断面图和架棚支护断面图如图 5-11 和图 5-12 所示。

5.1.2.2　试验巷道支护技术及参数

因为研究的巷道断面形状为圆形,所以需要将实际观测的巷道尺寸转化为等效半径。工程现场中巷道断面形状多为矩形或斜顶梯形,可以通过选择外接

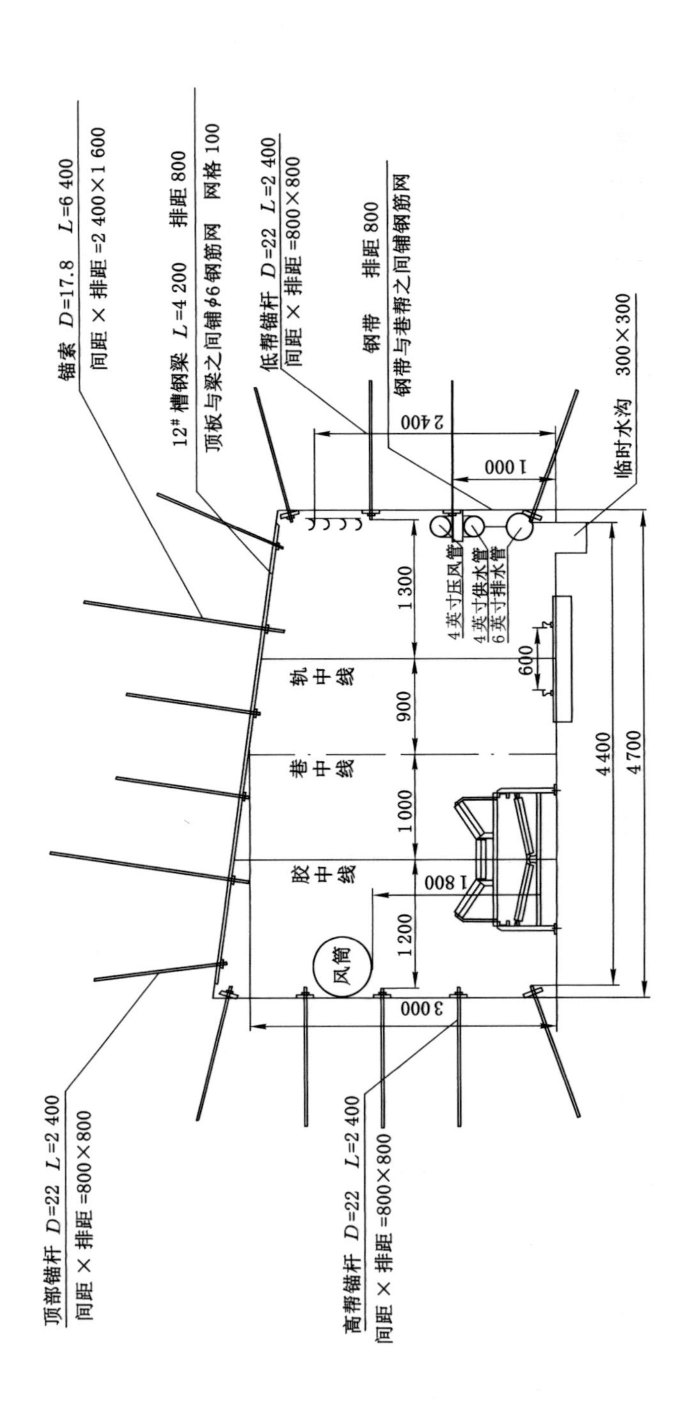

图 5-11 东一采区 10#煤层 1025机巷锚网梁索支护断面图

(1英寸=2.54 cm，下同)

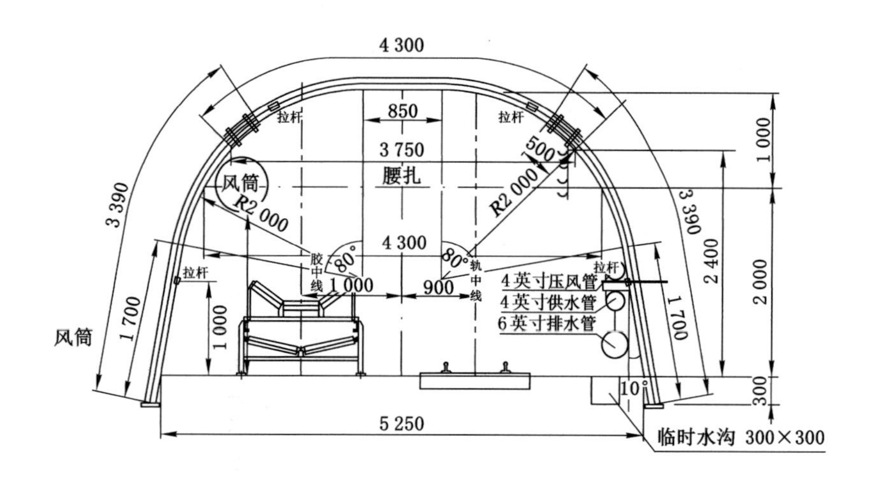

图 5-12 东一采区 10# 煤层 1025 机巷架棚支护断面图

圆半径作为理论模型中的巷道半径。根据 AutoCAD 作图，对于所选界沟煤矿的 1025 机巷，其尺寸为宽 4.6 m，巷道中线高 3.0 m，外接圆半径接近 3.0 m。因此在进行支护参数计算时，巷道半径取值定为 3.0 m。对于实际断面（斜顶梯形）来说，由于采取外接圆半径作为理论模型计算半径，实际上扩大了巷道断面尺寸，计算结果会偏于保守，因此巷道观测结果合理可靠。

室内岩石力学试验得出的参数数值不能直接当作巷道围岩的力学参数，可以通过临近巷道变形反演，即根据塑性区径向位移表达式 u_{pr} 进行反向计算，从而获取围岩弹性模量 $E=0.45$ GPa，$\mu=0.34$。为了能够进一步说明问题，取如下参数进行验证：锚杆长度为 2.4 m，岩石容重取 25 kN/m^3，巷道埋深取 500 m，$q_0=12.5$ MPa，$c=0.9$ MPa，$\varphi=22°$，巷道半径 a 取 3.0 m，$E=0.45$ GPa，$\mu=0.34$，锚杆支护自由段长度定为 1.4 m，锚固段长度定为 1.0 m。

原支护参数条件下巷道存在的问题：① 锚索直径为 17.8 mm，强度偏低，应替换成直径为 18.9 mm 的锚索。② 每一排不能同时有锚杆和锚索，这样不能充分发挥锚杆和锚索的协同支护作用。锚索布置形式应呈“212”形式，这样布置同时兼顾了施工工艺和支护效果。③ 在槽钢开口处垫托盘意义不大，不能发挥托盘应有的作用。④ 巷道中有底鼓现象发生，所以可考虑在底角处打设底角锚杆，减弱底鼓现象发生的程度。界沟煤矿 10# 煤层巷道围岩属于Ⅲ类和Ⅴ类，而Ⅴ类围岩属于较软岩，具体围岩参数范围[125]如表 5-1 所示，获取参数进行计算，计算结果如表 5-2 所示。

表 5-1 围岩级别对照参数表[125]

围岩级别	容重 γ /(kN·m^{-3})	内摩擦角 φ/(°)	黏聚力 c/MPa	抗拉强度 σ_t/MPa	抗压强度 σ_c/MPa	弹性模量 E/GPa	泊松比 μ
Ⅰ	26～27	＞60	＞2.0	＞1.1	＞15.0	＞25	＜0.22
Ⅱ	25～26	49～60	1.5～2.0	0.9～1.1	8.0～15.0	15～25	0.25
Ⅲ	24～25	38～49	1.0～1.5	0.5～0.9	4.1～8.0	6～15	0.30
Ⅳ	22～24	27～38	0.5～1.0	0.2～0.5	1.6～4.1	2～6	0.325
Ⅴ	19～22	＜27	＜0.5	＜0.2	＜1.6	＜2	＞0.35

表 5-2 界沟煤矿试验巷道理论计算结果

支护参数	第①种	第②种
直径/mm	20	22
间排距/(mm×mm)	850×850	800×800
支护强度/MPa	0.213 1	0.291 0
W_{hs}/MJ	63.65	63.65
W_{hsz}/MJ	53.40	50.22
W_{bolt}/MJ	0.902 4	0.967 4
W_{bmax}/MJ	0.879 6	0.994 2

由表 5-2 可知，对于Ⅴ类区域，采用第②种支护参数要明显优于第①种支护参数。锚杆参数：直径为 22 mm，长度为 2.4 m，间排距为 800 mm×800 mm，提供支护强度为 0.291 0 MPa，更换支护参数后 DESR 减小至 50.22 MJ，锚杆吸能为0.967 4 MJ，小于其储能极限 0.994 2 MJ。由于围岩本身也要发挥一定的自承载作用，围岩耗散能一部分用于围岩发生塑性破坏，一部分通过锚杆支护结构拉伸的方式储存在支护结构当中。同时又考虑到顶板锚索的协同吸能，锚杆实际吸能要小于 0.994 2 MJ，可有效控制围岩稳定。依据围岩能量耗散与锚杆吸能校验结果，确定了巷道支护参数，并应用于现场实践。

东一采区 10# 煤层 1025 机巷埋深为 530 m 左右。根据煤岩物理力学测试结果和算例分析，试验地段巷道锚杆支护参数确定如下：锚杆直径选为 22 mm，间排距选为 800 mm×800 mm。具体支护设计如图 5-13 至图 5-17 所示。

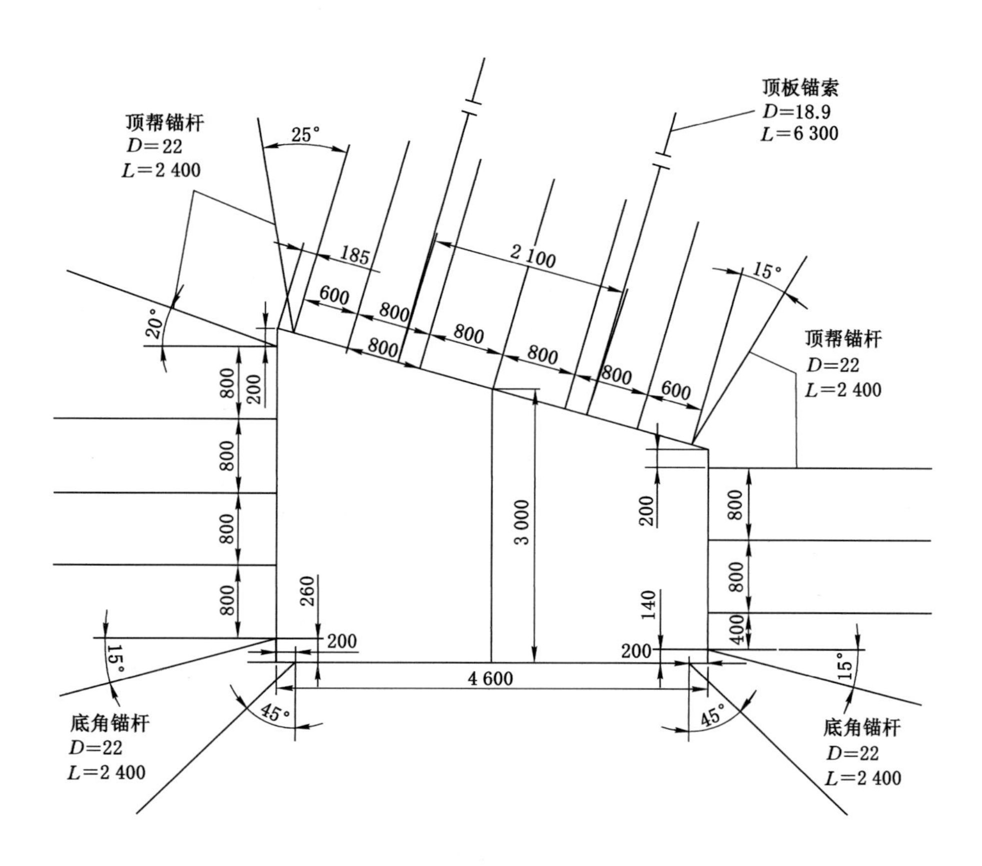

图 5-13　东一采区 10# 煤层 1025 机巷支护断面图

(1) 顶板支护规格

锚杆托盘规格:180 mm×105 mm×15 mm 的 U 型钢加工托盘,此处 U 型钢凹面很平。

锚索锚固方式:采用树脂锚固剂加强支护。

锚索托盘及组件:配套专用锚索托盘(长×宽×厚=200 mm×200 mm×10 mm方形托盘)进行支护。

锚索布置:锚索布置呈“202”布置。

金属网:顶板选用规格为 2 100 mm×950 mm 的钢筋网搭接,钢筋网使用 ϕ6 mm钢筋,网格为 100 mm×100 mm 的焊接平网。

槽钢梁:采用 12# 槽钢,槽钢梁长 4 400 mm。

(2) 巷帮支护规格

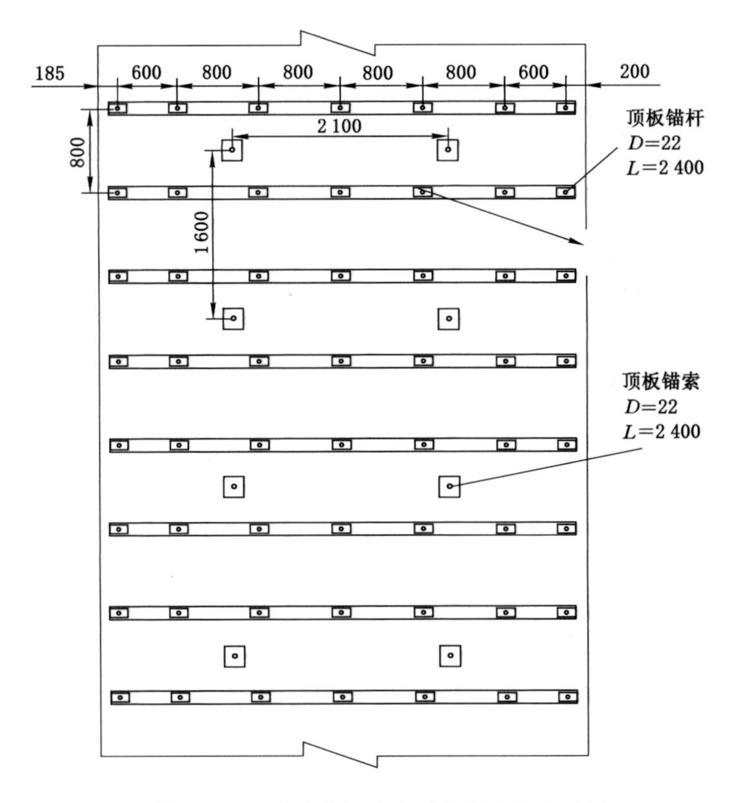

图 5-14　10# 煤层 1025 机巷顶板支护平面图

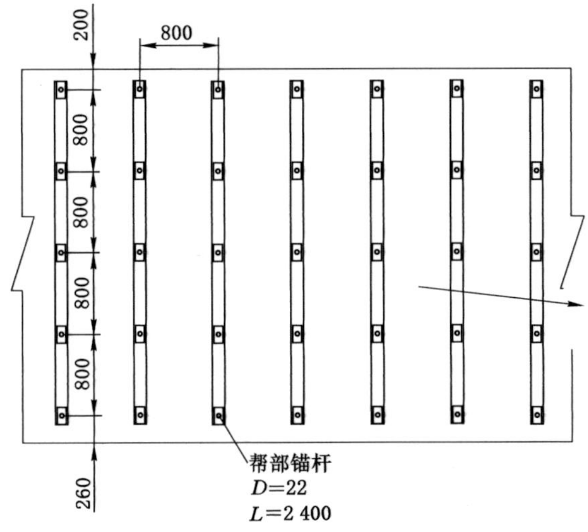

图 5-15　10# 煤层 1025 机巷高帮支护平面图

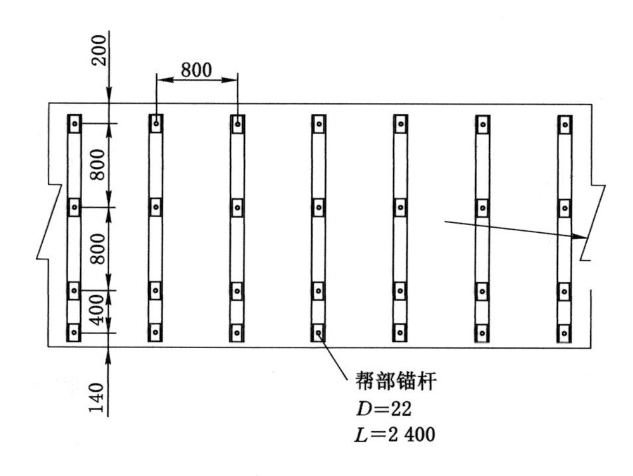

图 5-16 10# 煤层 1025 机巷低帮支护平面图

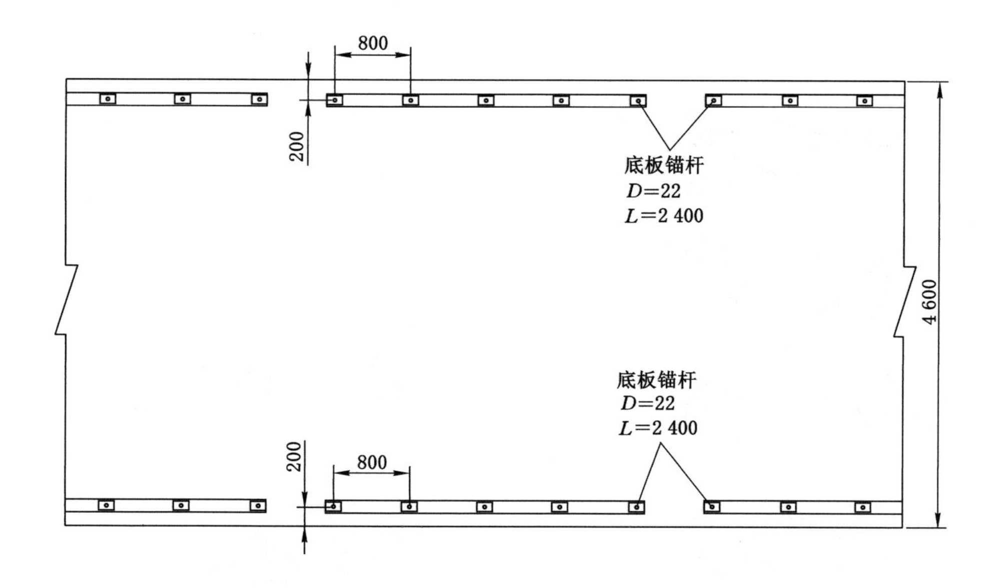

图 5-17 10# 煤层 1025 机巷底角支护平面图

锚杆托盘规格:180 mm×105 mm×15 mm 的 U 型钢加工托盘。

两帮钢带规格:低帮规格(长×宽×厚)为 2 200 mm×180 mm×3 mm,高帮规格(长×宽×厚)为 3 400 mm×180 mm×3 mm。

金属网:顶板选用规格为 2 100 mm×950 mm 的钢筋网搭接,钢筋网使用

ϕ6 mm 钢筋，网格为 100 mm×100 mm 的焊接平网。

锚杆预紧力矩：要求不低于 300 N·m。

(3) 底板支护规格

底板、钢带规格：底板钢带规格（长×宽×厚）为 3 400 mm×180 mm×3 mm。

5.1.2.3 *矿压观测结果与分析*

(1) 钻孔窥视

① 1025 机巷（锚网段）顶板岩层分布

为了解东一采区 1025 机巷（锚网段）顶帮岩层分布、裂隙扩展以及厚度变化规律，在距开切眼 15 m 左右的位置上向巷道顶板和帮部进行钻孔窥视。通过对现场监测采集到的顶板窥视视频进行分析，得到 1025 机巷（锚网段）顶帮岩层分布情况如图 5-18 所示。1025 机巷（锚网段）顶板钻孔窥视方向垂直向上。根据钻孔窥视结果和 1025 机巷（锚网段）附近 5-8 钻孔柱状图综合分析，锚网段顶板岩性如表 5-3 所示。

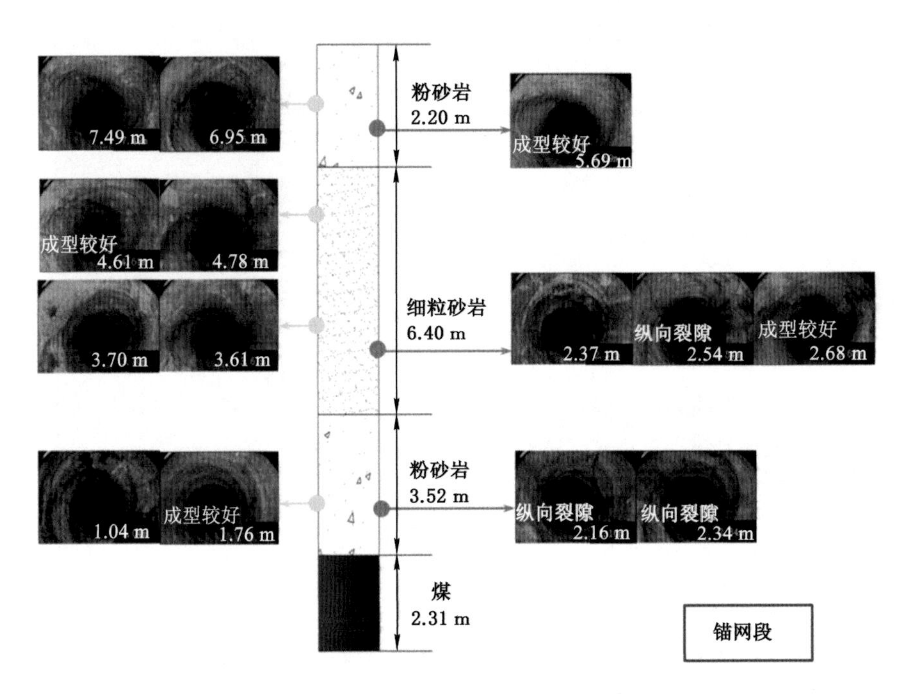

图 5-18 1025 机巷（锚网段）顶板窥视结果示意图

表 5-3　5-8 孔岩性柱状表格(截取)

层厚/m	岩性	备注
2.64	泥岩	
2.20	粉砂岩	结合钻孔窥视视频结果和 5-8 钻孔柱状图综合分析,1025 机巷(锚网段)顶板岩性为粉砂岩和细粒砂岩
6.40	细粒砂岩	
3.52	粉砂岩	
2.31	煤	
7.16	泥岩	
2.66	煤	
0.60	炭质泥岩	
6.70	粉砂岩	
6.45	细粒砂岩	
3.80	煤	

综合分析可知,1025 机巷(锚网段)顶板以泥岩为主,粉砂岩和细粒砂岩为辅。泥岩深灰色,致密块状,细腻,有滑面,具壳状断口,含少量团块状粉砂质,有植物化石碎片。粉砂岩深灰色,致密,块状,含细砂质与粉砂成波状层理,含云母片。细粒砂岩浅灰,灰白色,细粒结构,以石英为主,次长石和暗色矿物,含有菱铁质,形成斜层理,槽状层理。局部有波状层理和断续波状层理,分选性好,致密坚硬。

根据现场施工技术和钻孔窥视条件,1025 机巷(锚网段)顶板窥视距离为 8 m 左右。当窥视距离为 1.04 m 左右时,钻孔壁周围有少量纵向裂隙,钻孔壁成型不好;当窥视距离为 1.76 m 左右时,钻孔壁成型较好,说明锚杆支护起到一定效果;当窥视距离为 2.16～2.34 m 时,钻孔壁可见少量纵向裂隙,一直延伸到 2.54 m;当窥视距离为 2.54 m 以外,钻孔壁成型较好,较完整。从钻孔窥视视频来看,松动范围大致在 2.54～3.00 m 之间。

② 1025 机巷(锚网段)帮部岩层分布

1025 机巷(锚网段)帮部钻孔窥视方向大约在 45°向上。对钻孔窥视结果进行分析,1025 机巷(锚网段)帮部煤岩体成型特征如图 5-19 所示。

由于窥视距离较短,大约 3 m,同时也为了不影响现场工人的工作,因此在 1025 机巷(锚网段)帮部进行钻孔窥视的时候,没有进行位移跟踪。

根据现场施工技术条件和钻孔窥视条件,1025 机巷(锚网段)帮部窥视距离为 3 m 左右。从钻孔窥视结果可以看出,钻孔壁裂隙较为明显,可见少量纵向裂隙,巷道帮部围岩松动圈范围大致为 2.5 m。

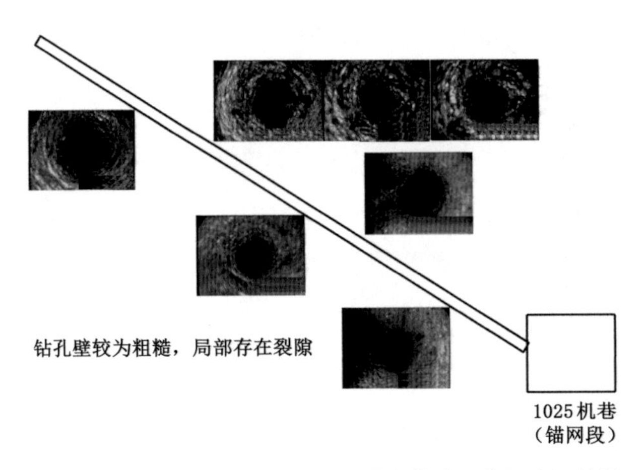

图 5-19　1025 机巷（锚网段）帮部煤岩体成型特征窥视结果

③ 1025 机巷（架棚段）顶板岩层分布

为了解东一采区 1025 机巷（架棚段）顶帮岩层分布、裂隙扩展以及厚度变化规律，在距 1025 机巷（架棚段）巷道口 340 m 左右的位置上向巷道顶板和帮部进行钻孔窥视。通过对现场监测采集到的顶板窥视视频进行分析，得到 1025 机巷（架棚段）顶帮岩层分布情况如图 5-20 所示，1025 机巷（架棚段）顶板钻孔窥视方向垂直向上。根据钻孔窥视结果和 1025 机巷（架棚段）附近 19-2 钻孔柱状图综合分析，架棚段顶板岩性如表 5-4 所示。

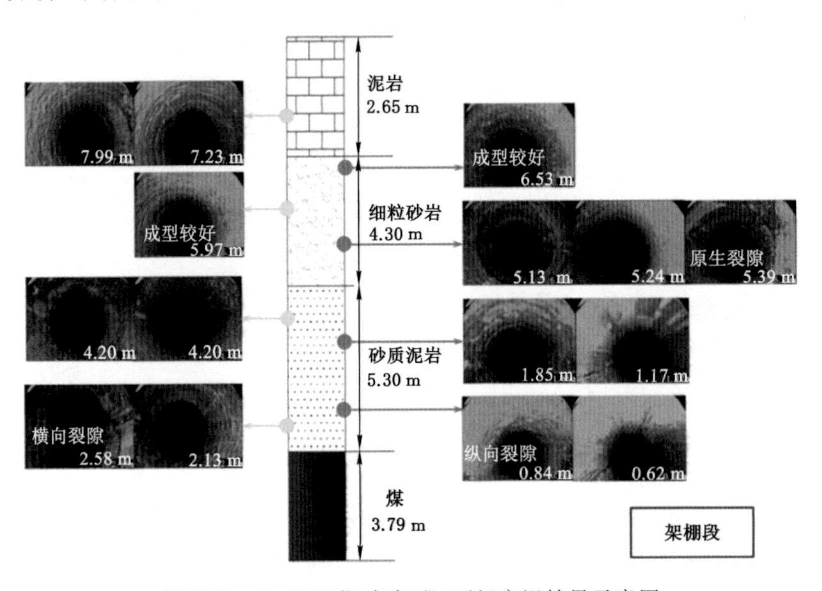

图 5-20　1025 机巷（架棚段）顶板窥视结果示意图

表 5-4　19-2 钻孔岩性柱状表格(截取)

层厚/m	岩性	备注
29.66	泥岩	
0.82	煤	
0.62	泥岩	
0.40	碳质泥岩	
2.65	泥岩	结合钻孔窥视视频结果和 19-2 钻孔柱状图综合分析,1025 机巷(架棚段)顶板岩性为泥岩、砂质泥岩和细粒砂岩
4.30	细粒砂岩	
5.30	砂质泥岩	
3.79	煤	
3.77	砂质泥岩	
2.32	煤	
13.97	砂质泥岩	
3.40	细粒砂岩	
0.88	砂质泥岩	
2.52	煤	

综合分析可知,1025 机巷(架棚段)顶板以泥岩为主,细粒砂岩为辅。泥岩深灰～灰色,致密块状,上部参差状断口,下部平坦状断口,上部含泥质成分较高,下部具碳质层面,中部含砂质成分较高,底部含植物化石及云母碎片。细粒砂岩灰色,中厚层状,细粒砂状结构,主要成分为石英长石,次为暗色矿物碎屑,分选性中等,泥质胶结,裂隙发育。砂质泥岩灰色,致密,块状,参差状断口,平坦状断口,局部含砂质成分较高。

根据现场施工技术和钻孔窥视条件,1025 机巷(架棚段)顶板窥视距离为 8 m左右。根据钻孔窥视结果,0.62～0.95 m,有纵向裂隙,且一直延伸到 1.17 m;1.18～1.85 m 之间,孔壁成型不好;2.00～2.80 m,钻孔壁有少量离层、轻微纵向裂隙和横向裂隙,一直延伸到 3.01 m。3.01 m 以后钻孔壁成型较好。根据钻孔窥视视频,钻孔处巷道围岩松动范围大致在 3.01～3.50 m 之间。

④ 1025 机巷(架棚段)帮部岩层分布

1025 机巷(架棚段)帮部钻孔窥视方向大约是水平方向。对钻孔窥视结果进行分析,1025 机巷(架棚段)帮部煤岩体成型特征如图 5-21 所示。

根据现场施工技术条件和钻孔窥视条件,1025 机巷(架棚段)顶板窥视距离为 3.5 m 左右。

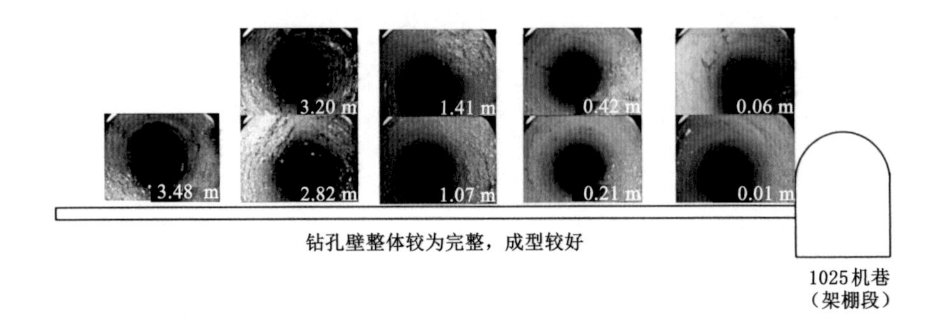

图 5-21　1025 机巷(架棚段)帮部煤岩体成型特征窥视结果

在窥视距离大约为 0.06 m 处,钻孔壁有轻微裂隙,往深处可见煤灰较多,观测效果略差,但仍然有轻微裂隙,如 0.42 m 左右处和 1.41 m 左右处。从窥视结果来看,松动圈范围大约为 3.00 m,从 1.50 m 往后煤灰较多,影响观测效果。

⑤ 钻孔窥视结果分析

基于上述分析结果,总结东一采区 1025 机巷锚网段和架棚段顶板岩层分布、裂隙发育及钻孔成型特征如下:

a. 巷道顶板岩性及厚度多变,但具有一定的赋存规律。1025 机巷锚网段和架棚段总共布置 4 个窥视钻孔,每个观测点设置 2 个钻孔,但每个钻孔揭露顶板岩性及其厚度均不相同。从顶板揭露岩性分析,自巷道顶板表面向上,依次揭露岩性分别为泥岩、细粒砂岩和粉砂岩等,其中主要揭露岩性为泥岩。根据钻孔窥视结果,钻孔壁成型较好,裂隙发育较少,砂岩和泥岩结构完整,为锚杆(锚索)支护提供了有利的着力基础。

b. 巷道帮部煤体松软,从窥视结果来看,靠近巷道帮部钻孔成型较差,裂隙较为发育,这是由于受巷道掘进影响。对于处在巷道帮部的深部煤岩体来说,其结构较为完整,煤体致密分布,能够为锚杆(锚索)提供有利的着力基础。但考虑到帮部附近区域的煤岩体多为松散状,因此需加设锚网梁来进一步发挥锚杆(锚索)的支护性能。从钻孔窥视结果来看,锚网段松动范围大约为 2.5 m,架棚段松动范围大约为 3 m,所以认为锚网段支护效果比架棚段支护效果好。从窥视结果可以看出,巷道塑性区半径一般不超过 4 倍的巷道半径。

c. 对于完整性好且围岩强度高的区域,可以采用平顶 U 型棚对巷道进行支护,如遇较为松散软的围岩区域,可以在平顶 U 型棚后方铺设金属网,并喷射混凝土[126-127],来提高 U 型棚的支护性能和支护效果。对于较为松散、围岩强度低的区域,采用锚杆(锚索)+金属网+12# 槽钢梁联合加强支护,最大限度地保证巷道能够满足服务年限要求。

d. 从钻孔窥视结果和钻孔柱状图进行综合分析，顶板岩性大致呈现为细粒砂岩、粉砂岩、碳质泥岩和砂质泥岩，多呈现为泥岩[128]。而泥岩是指弱固结的黏土经过中等程度的后生作用形成强固结的岩石，是已固结成岩的，但层理不明显，或呈块状，局部失去可塑性，遇水不立即膨胀的沉积型岩石，泥岩的特点是强固结。因此能够为锚杆(锚索)支护提供有效的着力基础，在某些条件下可以使用注浆锚杆(锚索)来加强锚杆的着力点，从而进一步发挥锚杆(锚索)的支护性能。

(2) 巷道围岩位移观测

① 巷道表面位移观测

巷道表面位移观测采用十字布点法，如图 5-22 所示。1025 机巷架棚段处于掘巷稳定阶段，锚网段处于掘巷影响阶段。为了有效测量巷道表面位移，观测位置选择在锚网段。观测内容为巷道两帮相对移近量和顶板下沉量。使用钢卷尺测量 OA、OB、OC、OD 各测点间的距离，从而得出巷道两帮相对移近量和顶板下沉量。

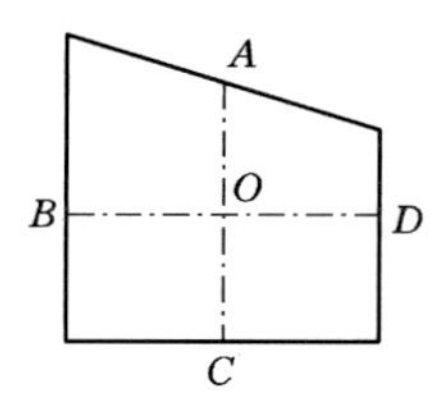

图 5-22 十字交叉法观测巷道表面位移示意图

② 顶板离层观测

顶板离层仪深基点锚头应固定在钻孔深部 5 m 处的稳定岩层内，浅基点固定在钻孔 2.0～2.5 m 处(钻杆端部位置)。当锚杆锚固范围内有离层时，顶板(套管)沿外测筒向下移动，移动量由测筒标尺指示。测试位置为 1025 机巷 4# 顶板离层仪。顶板离层仪实际上是两点巷道围岩位移计。顶板离层仪主要监测锚杆锚固范围以内和锚固范围以外的顶板离层状况，即双高度顶板离层仪。

3 次在 1025 机巷 4# 顶板离层仪安装位置处观测的变化值均为 0，即该位置处巷道顶板没有离层变化，巷道稳定性良好。

③ 观测结果与分析

巷道表面位移包括巷道顶板、底板相对移近量和巷道两帮相对移近量。根据巷道围岩表面位移值可以判断锚杆支护的效果和围岩的稳定情况。1025 机巷 1# 观测点的观测数据和观测结果如表 5-5 和图 5-23 所示。

表 5-5　1025 机巷 1# 观测点观测数据

天数/d	2	4	6	8	10	12	14	16	18	20
帮部累计变形量/mm	10	10	15	19	26	27	28	27	27	26
顶板累计变形量/mm	5	5	8	15	20	23	24	23	25	24

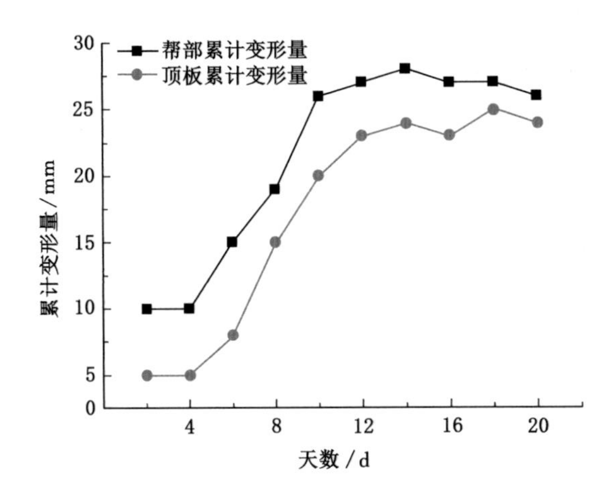

图 5-23　1025 机巷 1# 观测点观测结果

在 1025 机巷（锚网段支护），用钢卷尺测量巷道顶板、底板距离约为 3.44 m，两帮距离约为 5.30 m。由图 5-23 可知，在第 2 天至第 4 天，帮部累计变形量均为 10 mm，顶板累计变形量均为 5 mm。在第 4 天至第 10 天，巷道顶板和帮部变形有所增加，帮部累计变形量从 10 mm 增加至 27 mm 左右，顶板累计变形量从5 mm 增加至 20 mm 左右。整体来看，巷道变形较小，且稳定可控。在约半个月以后，巷道变形基本稳定。

5.2　深部卸压巷道支护调控技术

5.2.1　试验巷道支护技术及参数

基于第 3 章确定的三河尖煤矿吴庄区运输大巷卸压钻孔参数确定方法，开发深部巷道卸压支护协同控制技术，该技术主要包括钻孔卸压和锚杆支护两个阶段，对于试验巷道，掘出后首先按照设计锚杆支护方案进行主动支护，待主动支护完成后，紧跟工作面迎头施工卸压钻孔（钻孔直径为 113 mm，间排距为 1.2 m×1.2 m），试验长度约为 50 m。

接下来，重点对锚杆（索）支护设计进行说明。结合试验巷道生产地质条件和现有支护条件，确定巷道采用“锚网喷”联合支护技术[129]，选取锚杆型号为 BHRB500，规格为 ϕ20 mm×2 000 mm 的左旋无纵筋螺纹钢高强锚杆，配套使用规格为 100 mm×100 mm×12 mm 的碟形托盘，采用 CK-Z2370 树脂药卷锚固，锚杆预紧力为 120 kN，锚杆间排距为 800 mm×800 mm。试验巷道支护断面图如图 5-24 所示。

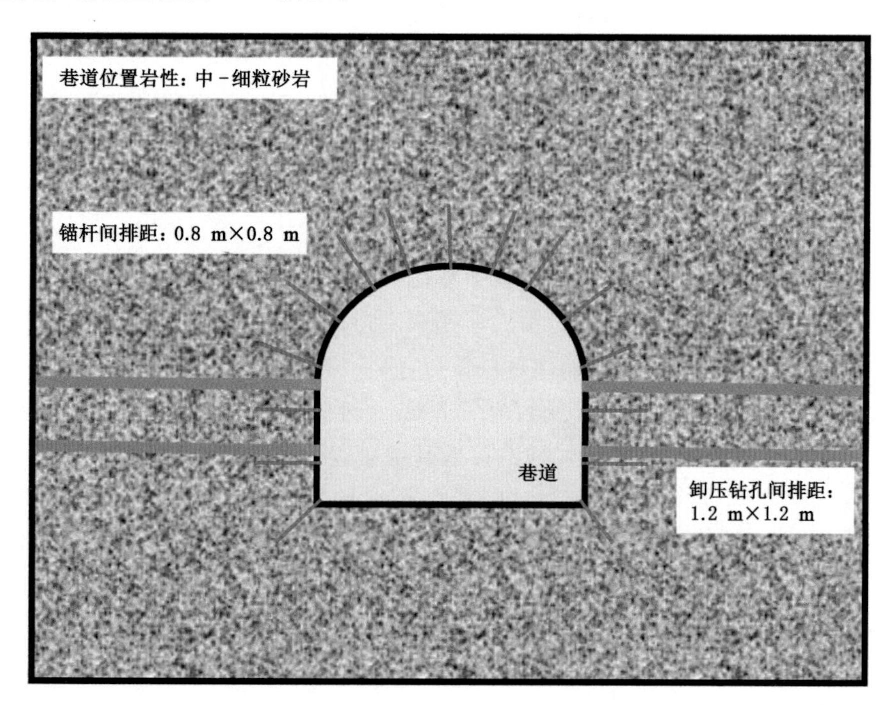

图 5-24 试验巷道支护断面图

5.2.2 矿压观测结果与分析

在工程试验巷道进行深部巷道围岩“卸压-支护”控制技术[130]的试验，通过记录不同时间段围岩表面变形量和锚杆受力情况，在巷道支护过程中，及时进行矿压监测[131]，包括围岩表面的变形监测、锚杆受力监测等。

5.2.3 巷道表面变形分析

围岩表面移近量的监测主要包括巷道顶板、底板移近量和两帮移近量，监测方法采用十字测试法，测试工具选用“卷尺＋细线”，如图 5-25 所示。巷道每掘进 50 m，布置 1 个表面移近观测站，并及时进行变形监测，掘进初期，每天观测 1 次,2 周后每周观测 2 次。

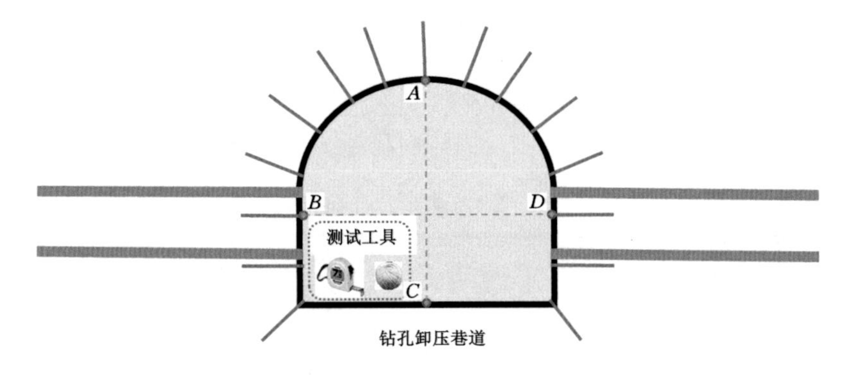

图 5-25　十字测试法及测试工具

图 5-26 和图 5-27 为 3 个巷道表面移近观测站监测的围岩表面移近量数据,总体来看,三河尖煤矿吴庄区运输大巷围岩变形趋势基本保持一致。从图中可以分析出,在巷道初掘 2 周(14 d)内,顶板、底板和两帮快速变形,顶板、底板移近量约为 180 mm,两帮移近量约为 170 mm,两帮移近量小于顶板、底板移近量,随着巷道掘出时间的推移,围岩移近量增幅逐渐平稳(30 d 后),此时顶板、底板移近量在196～224 mm 之间,其中底板移近量占顶板、底板移近量的 70%～80%,现场实测过程中发现最大底鼓量达 700 mm,两帮变形量在 247～270 mm 之间。从巷道变形趋势可以将巷道变形阶段分为两个,即围岩快速变形阶段和围岩稳定变形阶段。围岩快速变形阶段是由于巷道掘进初期,围岩能

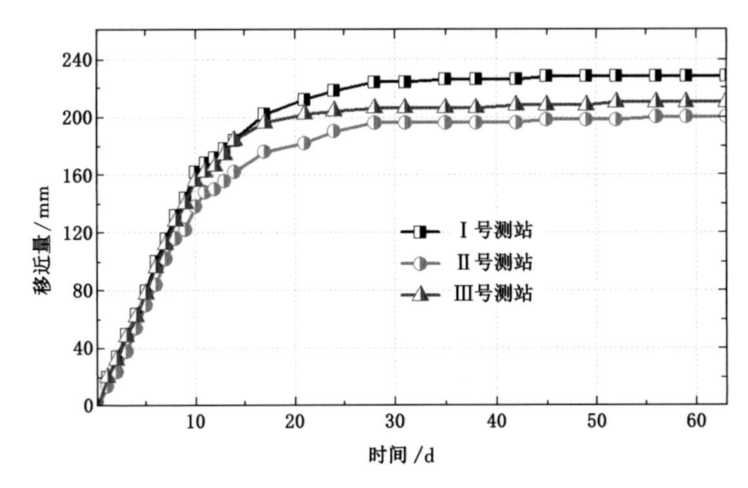

图 5-26　顶板、底板移近量监测数据

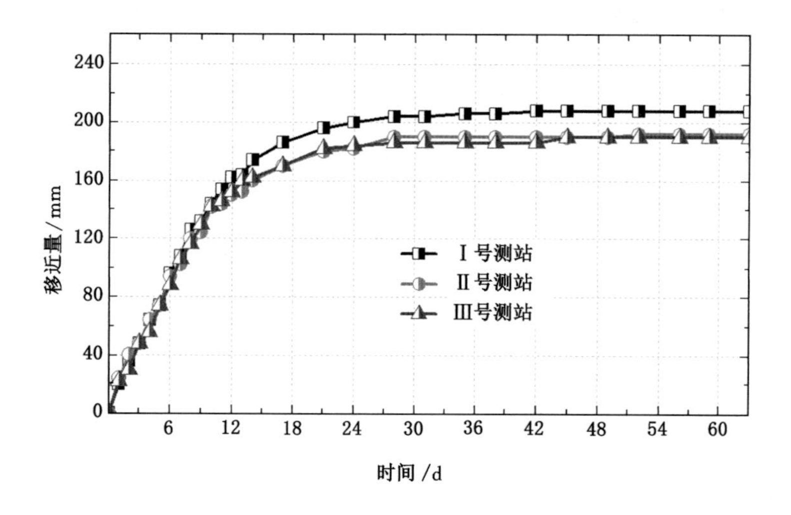

图 5-27 两帮移近量监测数据

量大幅度耗散，一定程度上降低了围岩强度，导致巷道围岩快速变形，而围岩稳定变形阶段是指巷道围岩能量耗散情况逐渐稳定，即锚杆形成的主动支护结构对围岩的能量耗散控制较为显著，表明围岩能量耗散主要发生在巷道掘进初期。

5.2.4 锚杆受力分析

锚杆受力主要指锚杆所受轴向力大小，一般用来评估锚杆参与主动支护的程度，预测锚杆对围岩体变形的控制作用和强度储备。采用锚杆压力枕进行测试锚杆受力情况，巷道每掘进 200 m，布置 1 个锚杆受力观测站，图 5-28 给出了锚杆测点布置示意图，图 5-29 给出了一个锚杆受力观测站的观测结果。

从图 5-28 可以看出，在巷道初掘 2 周(14 d)内，锚杆受力迅速增加，1 号测点锚杆受力增加至 114 kN，增速约 8.14 kN/d；2 号测点锚杆受力增加至 117 kN，增速约 8.36 kN/d；3 号测点锚杆受力增加至 143 kN，增速约 10.21 kN/d；4 号测点锚杆受力增加至 124 kN，增速约 8.86 kN/d。在巷道初掘 14～30 d 内，1、2 号测点处的锚杆受力基本达到平衡状态，3、4 号测点处的锚杆受力仍在缓慢增加。巷道初掘 40 d 后各观测点锚杆的受力整体都不再发生变化，此时，1、2、3、4 号测点锚杆受力分别为 128、140、162、152 kN。锚杆受力稳定后，3 号测点锚杆受力最大，其次是 4 号测点，1、2 号测点锚杆受力相对较小，这是由于巷道断面形状为直墙半圆拱形，其拱形顶板具有较好的自承能力，而巷道帮部受顶板和帮部围岩的共同作用，导致 3 号测点锚杆受力较大，4 号测点次之，查文献可知[84]，型号为 BHRB500，直径为

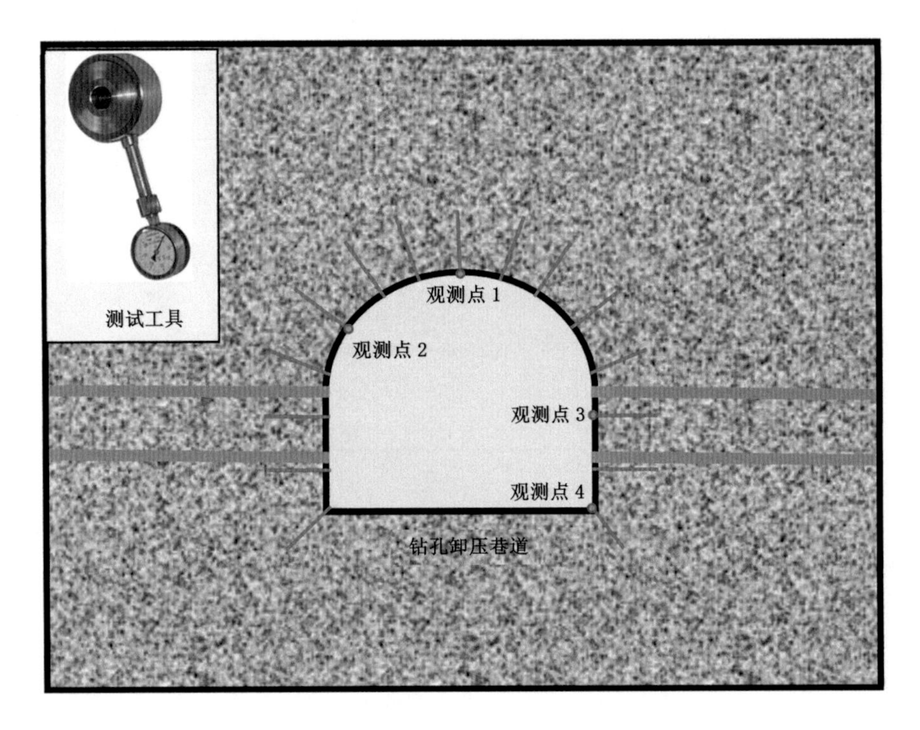

图 5-28　锚杆受力观测站测点布置示意图

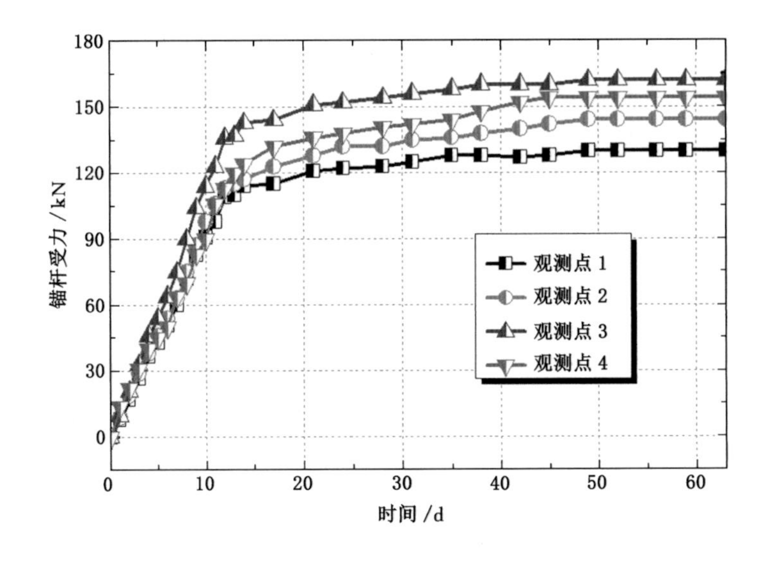

图 5-29　锚杆受力观测站的观测结果

20 mm 的左旋无纵筋螺纹钢高强锚杆拉断载荷为 210.5 kN，4 个测点的锚杆最大受力分别为拉断载荷的 60.8%、66.5%、77.0%、72.2%，锚杆自身仍有较大的承载空间，表明支护设计的安全系数较高。

5.3 本章小节

基于理论研究结果，从调控围岩能量耗散角度提出了深部巷道高强锚固支护技术和深部巷道卸压锚固协同控制技术，确定了卸压参数和支护参数，并在三河尖煤矿吴庄区运输大巷和界沟煤矿 1025 机巷进行了现场工业性试验，现场监测结果表明，采用设计的卸压支护技术和参数，促使了支护结构与围岩形成统一的、均衡的承载结构，有效控制了巷道围岩的能量耗散，抵抗了围岩的剧烈变形，从整体来看，试验巷道围岩维护情况较好，可在类似条件下的巷道围岩控制领域推广应用。

6 主要结论

(1) 采用实验室加载和卸载试验的方法，测试了试验矿井煤岩体物理力学参数，研究发现，随着围压或静水压力的增加，试样处于压密阶段的时间在逐渐减少。该现象有效反映了一种深部岩体效应：随着埋深的增加，静水压力逐渐升高，岩体本身的密实程度逐渐增加。

(2) 测试试样在单轴试验条件下以纵向劈裂为主，其间伴随局部剪切破坏，破碎程度较大；在常规三轴压缩时，试样以剪切破坏为主，且随着围压的增大试样破碎程度变小，表明围压增加试样由劈裂破坏转化为剪切破坏。

(3) 基于试验结果，计算了试样吸收能量、轴向输入能量、环向膨胀对液压油做功所释放的能量、积聚弹性能以及耗散能，揭示了这些能量随着围压的增加呈线性增加的规律，以能量演化可将岩石变形过程划分为 4 个阶段，即线性积聚阶段、渐进耗散阶段、瞬间释放阶段、持续耗散阶段。

(4) 开发并验证了 $FLAC^{3D}$ 能量计算模型，实现了岩石变形破坏过程中能量演化的可视化表述；分析了不同围压下岩石受载变形过程的能量演化特征，从能量角度揭示了岩石的变形破坏机制，研究发现采用开发的耗散能算法可有效描述岩石的变形破坏特征，可用耗散能集中程度表示岩石破坏的严重程度。

(5) 研究了巷道埋深、侧压系数、断面形状对深部巷道围岩能量耗散及其稳定性的影响规律，得到以下结论：

① 随着巷道埋深的增加，围岩耗散能密度、能量耗散范围以及变形破坏范围和程度持续增加，当埋深大于 800 m 后，随着埋深继续增加，巷道出现能量分区耗散现象，同时能量分区耗散越明显。

② 随着巷道侧压系数的加大，巷道顶板和底板岩层的耗散能密度、能量耗散范围以及变形破坏范围和程度持续增加，帮部围岩耗散能密度和变形破坏程度整体呈增加趋势，但是其耗散能集中密度、能量耗散范围先增加后减小。在巷道支护设计时，若侧压系数较大，巷道在设计正常支护的同时，应注意顶板和底板的加强支护。

③ 巷道断面形状不同，围岩破坏位置也不同，矩形和梯形巷道顶板和帮部能量耗散较为集中，为主破坏区域，半圆拱形巷道能量耗散主要集中在浅部围岩，主破坏区域发生在两帮及底板岩层，圆形巷道围岩能量耗散范围和变形破坏程度相对小，围岩破坏范围小。

(6) 研究了卸压钻孔长度、直径、排距和间距对深部巷道能量耗散的调控效果，从能量角度提出了卸压参数的设计方法，具体如下：

① 卸压钻孔未穿透应力峰值区时，对巷道围岩能量耗散能集中密度影响较小；随着钻孔长度的增加，巷道围岩能量耗散能集中密度增大，卸压效果增加，巷道围岩变形得到有效控制；一旦卸压钻孔长度大于 2 倍的应力峰值区距离时，巷道围岩卸压区耗散能密度变化逐渐稳定，同时，增加钻孔长度加大了施工时间与成本，因此，卸压钻孔以穿透巷道应力集中区为宜。

② 钻孔直径、排距和间距之间存在相互作用，钻孔直径影响巷道间排距的确定。在工程现场，可根据矿井钻机功率优先设计钻孔直径，然后以 D/R 和 D/I 作为变量，模拟得到充分卸压状态对应的 D/R 和 D/I 值，从而设计卸压钻孔间排距。合理的间排距应保证邻近钻孔围岩能量耗散区域相互叠加，内部不存在“0”耗散值，此时对于维护巷道围岩稳定较为有利。

(7) 研究了锚杆预紧力、长度、间排距等参数对深部巷道和深部卸压巷道围岩能量耗散的调控效应，得到以下结论：

① 随着锚杆预紧力和长度的增加，锚杆支护结构吸能和极限储能呈现线性增长趋势。锚杆极限储能受锚杆直径和间排距共同作用影响，其中以间排距影响程度最为显著。间排距减小，锚杆支护结构的储能载荷量在不断加强。

② 锚杆预紧力、锚固长度的增加以及间排距的减小使围岩能量耗散得到明显改善，高预紧力锚杆支护可有效抑制围岩的能量耗散和变形，锚固长度的增加提高了支护结构强度。

参考文献

[1] 韩可琦,王玉浚.中国能源消费的发展趋势与前景展望[J].中国矿业大学学报,2004,33(1):1-5.

[2] 全国煤化工信息总站.2002 年—2017 年中国一次能源的生产和消费结构优化成效[J].煤化工,2018,46(3):51.

[3] 国家发展改革委,国家能源局.煤炭工业发展“十三五”规划[EB/OL].(2016-12-30)[2022-06-20]. https://www.ndrc.gov.cn/xxgk/zcfb/tz/201612/W020190905516179700656.pdf.

[4] LI L,LEI Y L,PAN D Y. Economic and environmental evaluation of coal production in China and policy implications[J]. Natural hazards,2015,77(2):1125-1141.

[5] 方圆,张万益,曹佳文,等.我国能源资源现状与发展趋势[J].矿产保护与利用,2018(4):34-42,47.

[6] 吴海.深部倾斜岩层巷道非均称变形演化规律及稳定控制[D].徐州:中国矿业大学,2014.

[7] QIAO W,LI W P,ZHANG X.Characteristic of water chemistry and hydrodynamics of deep Karst and its influence on deep coal mining[J].Arabian journal of geosciences,2014,7(4):1261-1275.

[8] 宋洪柱.中国煤炭资源分布特征与勘查开发前景研究[D].北京:中国地质大学(北京),2013.

[9] 蓝航,陈东科,毛德兵.我国煤矿深部开采现状及灾害防治分析[J].煤炭科学技术,2016,44(1):39-46.

[10] 李春元.深部强扰动底板裂隙岩体破裂机制及模型研究[D].北京:中国矿业大学(北京),2018.

[11] LI S C,WANG Q,WANG H T,et al.Model test study on surrounding rock deformation and failure mechanisms of deep roadways with thick top

coal [J].Tunnelling and underground space technology,2015,47:52-63.

[12] 黄万朋,李超,邢文彬,等.蠕变状态下千米深巷道长期非对称大变形机制与控制技术[J].采矿与安全工程学报,2018,35(3):481-488,495.

[13] YANG X J,WANG E Y,WANG Y J,et al.A study of the large deformation mechanism and control techniques for deep soft rock roadways[J]. Sustainability,2018,10(4):1100.

[14] HUANG W P, YUAN Q, TAN Y L, et al. An innovative support technology employing a concrete-filled steel tubular structure for a 1000-m-deep roadway in a high in situ stress field [J]. Tunnelling and underground space technology,2018,73:26-36.

[15] 王猛,王襄禹,肖同强.深部巷道钻孔卸压机理及关键参数确定方法与应用[J].煤炭学报,2017,42(5):1138-1145.

[16] ZHANG W,HE Z M,ZHANG D S,et al.Surrounding rock deformation control of asymmetrical roadway in deep three-soft coal seam: a case study[J].Journal of geophysics and engineering,2018,15(5):1917-1928.

[17] YANG S Q, CHEN M, JING H W, et al. A case study on large deformation failure mechanism of deep soft rock roadway in Xin'an coal mine,China[J].Engineering geology,2017,217:89-101.

[18] 侯朝炯.深部巷道围岩控制的关键技术研究[J].中国矿业大学学报,2017,46(5):970-978.

[19] ZHANG J P,LIU L M,CAO J Z,et al.Mechanism and application of concrete-filled steel tubular support in deep and high stress roadway[J].Construction and building materials,2018,186:233-246.

[20] 王襄禹,柏建彪,胡忠超.基于变形压力分析的有控卸压机理研究[J].中国矿业大学学报,2010,39(3):313-317.

[21] 侯朝炯团队.巷道围岩控制[M].徐州:中国矿业大学出版社,2013.

[22] 康红普.深部煤矿应力分布特征及巷道围岩控制技术[J].煤炭科学技术,2013,41(9):12-17.

[23] 李学华,黄志增,杨宏敏,等.高应力硐室底鼓控制的应力转移技术[J].中国矿业大学学报,2006,35(3):296-300.

[24] 侯朝炯.深部巷道围岩控制的有效途径[J].中国矿业大学学报,2017,46(3):467-473.

[25] 娄培杰.动压影响底板巷道大变形力学机理及围岩控制技术研究[D].徐州:中国矿业大学,2014.

[26] 袁超.深部巷道围岩变形破坏机理与稳定性控制原理研究[D].湘潭:湖南科技大学,2017.

[27] 王襄禹.高应力软岩巷道有控卸压与蠕变控制研究[D].徐州:中国矿业大学,2008.

[28] 李学华,侯朝炯,柏建彪,等.高应力巷道围岩应力转移技术与工程应用研究[C]//中国煤炭工业协会,山东能源新汶矿业集团.全国煤矿千米深井开采技术.徐州:中国矿业大学出版社,2013:49-56.

[29] 柏建彪,王襄禹,闫帅,等.基于应力场干预的巷道围岩控制技术[J].矿业工程研究,2019,34(2):1-7.

[30] 王璐.二次损伤岩石的蠕变研究综述[J].工程技术研究,2022,7(7):39-42.

[31] 中国矿业大学(北京),北京力岩科技有限公司.深井巷道切顶卸压-支护吸能控制方法:202210420501.X[P].2022-07-15.

[32] 李炜,周正,娄捷,等.关于热力学定律的一些讨论[J].复旦学报(自然科学版),2021,60(4):510-514.

[33] 徐艳洁,雷钧,谷岩. 考虑偶应力理论的广义有限差分法[C]//北京力学会.北京力学会第二十五届学术年会会议论文集.北京:[出版者不详],2019:676-678.

[34] 谢和平,彭苏萍,何满潮.深部开采基础理论与工程实践[M].北京:科学出版社,2006.

[35] 何满潮,钱七虎.深部岩体力学研究进展[C]//中国岩石力学与工程学会东北分会.第九届全国岩石力学与工程学术大会论文集.北京:科学出版社,2006:49-62.

[36] 谢和平."深部岩体力学与开采理论"专辑特约主编致读者[J].煤炭学报,2019,44(5):1281-1282.

[37] 王猛,王襄禹.深部巷道围岩钻孔卸压与锚注支护协同控制技术[M].徐州:中国矿业大学出版社,2019.

[38] BROWN E T,HOEK E.Trends in relationships between measured in-situ stresses and depth[J].International journal of rock mechanics and mining sciences & geomechanics abstracts,1978,15(4):211-215.

[39] HOEK E,BROWN E T.Underground excavation in rock[M].London:

Institution of Mining and Metallurgy,1980.
[40] 何满潮,谢和平,彭苏萍,等.深部开采岩体力学研究[J].岩石力学与工程学报,2005,24(16):2803-2813.
[41] PYTEL W,PALAC-WALKO B. Geomechanical safety assessment for transversely isotropic rock mass subjected to deep mining operations[J]. Canadian geotechnical journal,2015,52(10):1477-1489.
[42] 杨峰.高应力软岩巷道变形破坏特征及让压支护机理研究[D].徐州:中国矿业大学,2009.
[43] 黄万朋.深井巷道非对称变形机理与围岩流变及扰动变形控制研究[D].北京:中国矿业大学(北京),2012.
[44] HOKE E,BROWN E T.Empirical strength criterion for rock masses[J]. Journal of geotechnical the engineering division,1980,106(9):1013-1035.
[45] 于学馥,郑颖人,刘怀恒,等.地下工程围岩稳定分析[M].北京:煤炭工业出版社,1983.
[46] 袁文伯,陈进.软化岩层中巷道的塑性区与破碎区分析[J].煤炭学报,1986(3):77-86.
[47] 刘夕才,林韵梅.软岩巷道弹塑性变形的理论分析[J].岩土力学,1994,15(2):27-36.
[48] 付国彬.巷道围岩破裂范围与位移的新研究[J].煤炭学报,1995,20(3):304-310.
[49] SALAMON M D G. Energy considerations in rock mechanics: fundamental results[J].Journal of the Southern African Institute of Mining and Metallurgy,1984,84(8):233-246.
[50] 彭赐灯.煤矿围岩控制[M].翟新献,翟俨伟,译.3版.北京:科学出版社,2014.
[51] 邹亮. 软岩巷道离壁支护与能量分析[J]. 江西煤炭科技,2011(3):102-104.
[52] 谢和平,鞠杨,黎立云.基于能量耗散与释放原理的岩石强度与整体破坏准则[J].岩石力学与工程学报,2005,24(17):3003-3010.
[53] 谢和平,鞠杨,黎立云,等.岩体变形破坏过程的能量机制[J].岩石力学与工程学报,2008,27(9):1729-1740.
[54] 张斌川.基于能量平衡理论的深部软岩巷道支护技术研究[D].北京:中国矿业大学(北京),2015.

[55] 高明仕,张农,窦林名,等.基于能量平衡理论的冲击矿压巷道支护参数研究[J].中国矿业大学学报,2007,36(4):426-430.
[56] 王桂峰,窦林名,李振雷,等.支护防冲能力计算及微震反求支护参数可行性分析[J].岩石力学与工程学报,2015,34(增刊2):4125-4131.
[57] 单仁亮,杨昊,钟华,等.让压锚杆能量本构模型及支护参数设计[J].中国矿业大学学报,2014,43(2):241-247.
[58] 韩瑞庚.地下工程新奥法[M].北京:科学出版社,1987.
[59]朱汉华,杨建辉,尚岳全.隧道新奥法原理与发展[J].隧道建设,2008,28(1):11-14.
[60] 张国云.新奥法的基本思想和主要原则[J].隧道建设,1981:50-55
[61] 葛浩然,蒋键.新奥法在西洱河隧洞施工中的应用[J].水力发电,1987(2):26-30,44.
[62] 张向阳,姚正伦,顾金才,等.软岩洞室中支护方法研究[J].地下空间,1999,19(5):345-350.
[63] 冯豫.我国软岩巷道支护的研究[J].矿山压力与顶板管理,1990(2):42-44,67.
[64] SUN J, WANG S J. Rock mechanics and rock engineering in China: developments and current state-of-the-art[J].International journal of rock mechanics and mining sciences,2000,37(3):447-465.
[65] 孙钧,潘晓明,王勇.隧道软弱围岩挤压大变形非线性流变力学特征及其锚固机制研究[J].隧道建设,2015,35(10):969-980.
[66] 孙钧,潘晓明,王勇.隧道围岩挤入型流变大变形预测及其工程应用研究[J].河南大学学报(自然科学版),2012,42(5):646-653.
[67] 康红普.我国煤矿巷道围岩控制技术发展70年及展望[J].岩石力学与工程学报,2021,40(1):1-30.
[68] 吴博文.软岩巷道围岩裂纹演化机制与大变形控制研究[D].徐州:中国矿业大学,2021.
[69] 董方庭,等.巷道围岩松动圈支护理论及应用技术[M].北京:煤炭工业出版社,2001.
[70] 王襄禹,柏建彪,王猛,等.深部巷道有控卸压与围岩稳定控制研究[M].徐州:中国矿业大学出版社,2015.
[71] 董方庭,郭志宏.巷道围岩松动圈支护理论[C]//何满潮,等.世纪之交软岩

工程技术现状与展望.北京:煤炭工业出版社,1999:52-60.
[72] 方祖烈.拉压域特征及主次承载区的维护理论[C]//何满潮,等.世纪之交软岩工程技术现状与展望.北京:煤炭工业出版社,1999:48-51.
[73] 侯朝炯,勾攀峰.巷道锚杆支护围岩强度强化机理研究[J].岩石力学与工程学报,2000,19(3):342-345.
[74] 康红普,林健,吴拥政.全断面高预应力强力锚索支护技术及其在动压巷道中的应用[J].煤炭学报,2009,34(9):1153-1159.
[75] 何满潮.工程地质力学的挑战与未来[J].工程地质学报,2014,22(4):543-556.
[76] 何满潮,邹正盛,彭涛.论高应力软岩巷道支护对策[J].水文地质工程地质,1994(4):7-11
[77] 吕梁杰,秦飞龙.利用开采解放层治理强矿压[J].煤,2019,28(4):48-49.
[78] 王猛,司英涛,胡景宝,邓华易.深部巷道围岩卸压协调控制技术[J].河南理工大学学报(自然科学版),2017,36(5):9-16.
[79] 卢兴利,刘泉声,苏培芳.考虑扩容碎胀特性的岩石本构模型研究与验证[J].岩石力学与工程学报,2013,32(9):1886-1893.
[80] 尤明庆,华安增.岩石试样破坏过程的能量分析[J].岩石力学与工程学报,2002,21(6):778-781.
[81] 刘天为,何江达,徐文杰.大理岩三轴压缩破坏的能量特征分析[J].岩土工程学报,2013,35(2):395-400.
[82] 王涛,韩煊,赵先宇,等.FLAC3D 数值模拟方法及工程应用:深入剖析 FLAC3D 5.0[M].北京:中国建筑工业出版社,2015.
[83] WANG M,ZHENG D J,NIU S J,et al.Large deformation of tunnels in longwall coal mines[J].Environmental earth sciences,2019,78(2):45.
[84] 陆银龙,王连国,杨峰,等.软弱岩石峰后应变软化力学特性研究[J].岩石力学与工程学报,2010,29(3):640-648.
[85] 王春波,丁文其,乔亚飞.硬化土本构模型在 $FLAC^{3D}$ 中的开发及应用[J].岩石力学与工程学报,2014,33(1):199-208.
[86] 王猛,宋子枫,郑冬杰,等.$FLAC^{3D}$ 中岩石能量耗散模型的开发与应用[J].煤炭学报,2021,46(8):2565-2572.
[87] 张振全.深部巷道围岩应力壳时空演化特征与支护机理研究[D].北京:中国矿业大学(北京),2018.

[88] 郭建强,刘新荣,黄武锋,等.基于弹性应变能的 Mohr-Coulomb 强度准则讨论[J].同济大学学报(自然科学版),2018,46(9):1168-1174.

[89] 张志镇,高峰.受载岩石能量演化的围压效应研究[J].岩石力学与工程学报,2015,34(1):1-11.

[90] 杨永明,鞠杨,陈佳亮,等.三轴应力下致密砂岩的裂纹发育特征与能量机制[J].岩石力学与工程学报,2014,33(4):691-698.

[91] 田勇,俞然刚.不同围压下灰岩三轴压缩过程能量分析[J].岩土力学,2014,35(1):118-122,129.

[92] 赵光明,许文松,孟祥瑞,等.扰动诱发高应力岩体开挖卸荷围岩失稳机制[J].煤炭学报,2020,45(3):936-948.

[93] 江成玉,刘勇,韩连昌,等.深部高应力软岩巷道变形特征及支护技术研究[J].煤炭工程,2021,53(1):47-51.

[94] 贺永年,韩立军,邵鹏,等.深部巷道稳定的若干岩石力学问题[J].中国矿业大学学报,2006,35(3):288-295.

[95] 景锋.中国大陆浅层地壳地应力场分布规律及工程扰动特征研究[D].北京:中国科学院,2008.

[96] 杨永明,鞠杨,陈佳亮,等.三轴应力下致密砂岩的裂纹发育特征与能量机制[J].岩石力学与工程学报,2014,33(4):691-698.

[97] 温韬,唐辉明,刘佑荣,等.不同围压下板岩三轴压缩过程能量及损伤分析[J].煤田地质与勘探,2016,44(3):80-86.

[98] 张文鹏.大深度矿井巷道围岩破坏原因分析及支护技术研究[J].机械管理开发,2022,37(4):204-205,210.

[99] 刘红岗.深井煤巷钻孔卸压机理的研究与应用[D].徐州:中国矿业大学,2004.

[100] 王襄禹,柏建彪,王猛,等.深部巷道有控卸压与围岩稳定控制研究[M].徐州:中国矿业大学出版社,2015.

[101] 王猛,郑冬杰,王襄禹,等.深部巷道钻孔卸压围岩弱化变形特征与蠕变控制[J].采矿与安全工程学报,2019,36(3):437-445.

[102] 朱初初.基于能量分析的锚杆与锚索协同支护研究[D].徐州:中国矿业大学,2015.

[103] 吴忠健.基于能量平衡理论的深部软岩巷道支护技术思考[J].矿业装备,2016(11):38-40.

[104] MITRI H S,TANG B,SIMON R. FE modelling of mining-induced energy release and storage rates[J]. Journal of the Southern African Institute of Mining and Metallurgy,1999,99(2):103-110.

[105] 颜丙乾.三山岛金矿节理岩体变形破坏机理及滨海开采突水防治[D].北京:北京科技大学,2021.

[106] 钱鸣高,石平五.矿山压力与岩层控制[M].徐州:中国矿业大学出版社,2010.

[107] 王凯兴,窦林名,潘一山,等.块系覆岩破坏对巷道顶板的防冲吸能效应研究[J].中国矿业大学学报,2017,46(6):1211-1217,1230.

[108] 郭晓菲,郭林峰,李臣,等.基于塑性区形态系数的巷道冲击风险性量化评估方法[J].中国矿业大学学报,2021,50(1):39-49,78.

[109] 沈明荣,陈建峰.岩体力学[M].2版.上海:同济大学出版社,2015.

[110] 康红普,徐刚,王彪谋,等.我国煤炭开采与岩层控制技术发展40a及展望[J].采矿与岩层控制工程学报,2019,1(1):013501-1-33.

[111] YANG D F,ZHANG D Y,NIU S J,et al. Experiment and study on mechanical property of sandstone post-peak under the cyclic loading and unloading[J]. Geotechnical and geological engineering,2018,36(3):1609-1620.

[112] 王猛,司英涛,胡景宝,等.深部巷道围岩卸压协调控制技术[J].河南理工大学学报(自然科学版),2017,36(5):9-16.

[113] 马骥,赵志强,师皓宇,等.基于蝶形破坏理论的地震能量来源[J].煤炭学报,2019,44(6):1654-1665.

[114] 孙训方,方孝淑,陆耀洪.材料力学[M].3版.北京:高等教育出版社,2012.

[115] 李成杰.深部巷道爆破卸压机理与围岩稳定性研究[D].淮南:安徽理工大学,2021.

[116] 孙艺丹.深部开采覆岩断裂动载下巷道围岩失稳机理及控制研究[D].阜新:辽宁工程技术大学,2020.

[117] 工启智,杨井瑞,张财贵,等.圣维南原理的应用及屈服面形状大小的确定[J].力学与实践,2014,36(2):216-218,221.

[118] 钱唯.深部损伤-破裂围岩力学特性与碎胀扩容大变形本构模型研究[D].徐州:中国矿业大学,2021.

[119] 郭红军.实体煤巷道掘进围岩卸荷能量演化规律与冲击机理研究[D].徐

州:中国矿业大学,2019.

[120] 王猛,李志学,夏恩乐,等.深部巷道围岩能量耗散与支护调控效应[J].采矿与安全工程学报,2022,39(4):741-749.

[121] 许宏发,王武,江森,等.灌浆岩石锚杆拉拔变形和刚度的理论解析[J].岩土工程学报,2011,33(10):1511-1516.

[122] 王洪涛,王琦,王富奇,等.不同锚固长度下巷道锚杆力学效应分析及应用[J].煤炭学报,2015,40(3):509-515.

[123] 东兆星,刘刚.井巷工程[M].3 版.徐州:中国矿业大学出版社,2013.

[124] 康红普,王金华,等.煤巷锚杆支护理论与成套技术[M].北京:煤炭工业出版社,2007.

[125] 窦林名,邹喜正,曹胜根,等.煤矿围岩控制[M].徐州:中国矿业大学出版社,2010.

[126] 郭红军.实体煤巷道掘进围岩卸荷能量演化规律与冲击机理研究[D].徐州:中国矿业大学,2019.

[127] 段振西.喷射混凝土支护理论的分析[J].煤炭科学技术,1974(5):43-48,42.

[128] 刘跃东,康红普.加卸载路径下含水泥岩力学行为和破坏形态研究[J].采矿与安全工程学报,2022,39(5):1011-1020.

[129] 王桂峰,窦林名,李振雷,等.支护防冲能力计算及微震反求支护参数可行性分析[J].岩石力学与工程学报,2015,34(增刊 2):4125-4131.

[130] 李铭.锚网喷、锚索联合支护在深部矿井巷道中的应用[J].中国煤炭,2013,39(3):33-36.

[131] 王威.煤矿综采工作面矿压监测技术研究[J].西部探矿工程,2021,33(12):129-130.